生态农业丛书

生态茶业研究与展望

陈宗懋　林　智　周　利等　著

科学出版社
龍門書局
北京

内 容 简 介

本书介绍了生态茶业的基本理论和实践发展，内容包括生态茶业的理论与模式、茶树栽培的生态学原理与应用、茶园有害生物的生态防控、茶叶污染物的生态控制、气候变化与茶园生态调控、茶树生态与加工品质、茶资源的生态循环利用、生态茶业的信息化技术与应用、生态茶业的制度规范与标准化。

本书可供茶业相关的政府工作人员、科研院所研究人员和高等院校师生参考使用，也可作为本科以上学历的新型农业经营主体的工具书。

图书在版编目(CIP)数据

生态茶业研究与展望/陈宗懋等著. —北京：龙门书局，2023.12
（生态农业丛书）
国家出版基金项目
ISBN 978-7-5088-6312-2

Ⅰ. ①生…　Ⅱ. ①陈…　Ⅲ. ①无污染茶园-研究-中国　Ⅳ. ①S571.1

中国版本图书馆 CIP 数据核字（2022）第 240445 号

责任编辑：吴卓晶　柳霖坡 / 责任校对：王万红
责任印制：肖　兴 / 封面设计：东方人华平面设计部

科学出版社
龍門書局 出版
北京东黄城根北街 16 号
邮政编码：100717
http://www.sciencep.com
北京中科印刷有限公司 印刷
科学出版社发行　各地新华书店经销
*
2023 年 12 月第 一 版　开本：720×1000 1/16
2023 年 12 月第一次印刷　印张：17 1/4
字数：350 000

定价：179.00 元
（如有印装质量问题，我社负责调换）
销售部电话 010-62136230　编辑部电话 010-62143239（BN12）

《生态茶业研究与展望》
编委会

生态农业丛书序言

世界农业经历了从原始的刀耕火种、自给自足的个体农业到常规的现代化农业，人们通过科学技术的进步和土地利用的集约化，在农业上取得了巨大成就，但建立在消耗大量资源和石油基础上的现代工业化农业也带来了一些严重的弊端，并引发一系列全球性问题，包括土地减少、化肥农药过量使用、荒漠化在干旱与半干旱地区的发展、环境污染、生物多样性丧失等。然而，粮食的保证、食物安全和农村贫困仍然困扰着世界上的许多国家。造成这些问题的原因是多样的，其中农业的发展方向与道路成为人们思索与考虑的焦点。因此，在不降低产量前提下螺旋上升式发展生态农业，已经迫在眉睫。低碳、绿色科技加持的现代生态农业，可以缓解生态危机、改善环境和生态系统，更高质量地促进乡村振兴。

现代生态农业要求把发展粮食与多种经济作物生产、发展农业与第二三产业结合起来，利用传统农业的精华和现代科技成果，通过人工干预自然生态，实现发展与环境协调、资源利用与资源保护兼顾，形成生态与经济两个良性循环，实现经济效益、生态效益和社会效益的统一。随着中国城市化进程的加速与线上网络、线下道路的快速发展，生态农业的概念和空间进一步深化。值此经济高速发展、技术手段层出不穷的时代，出版具有战略性、指导性的生态农业丛书，不仅符合当前政策，而且利国利民。为此，我们组织了本套生态农业丛书。

为了更好地明确本套丛书的撰写思路，于 2018 年 10 月召开编委会第一次会议，厘清生态农业的内涵和外延，确定丛书框架和分册组成，明确了编写要求等。2019 年 1 月召开了编委会第二次会议，进一步确定了丛书的定位；重申了丛书的内容安排比例；提出丛书的目标是总结中国近 20 年来的生态农业研究与实践，促进中国生态农业的落地实施；给出样章及版式建议；规定丛书编写时间节点、进度要求、质量保障和控制措施。

生态农业丛书共 13 个分册，具体如下：《现代生态农业研究与展望》《生态农田实践与展望》《生态林业工程研究与展望》《中药生态农业研究与展望》《生态茶业研究与展望》《草地农业的理论与实践》《生态养殖研究与展望》《生态菌物研究与展望》《资源昆虫生态利用与展望》《土壤生态研究与展望》《食品生态加工研究与展望》《农林生物质废弃物生态利用研究与展望》《农业循环经济的理论与实践》。13 个分册涉及总论、农田、林业、中药、茶业、草业、养殖业、菌物、昆虫利用、土壤保护、食品加工、农林废弃物利用和农业循环经济，系统阐释了生态农业的理论研究进展、生产实践模式，并对未来发展进行了展望。

本套丛书从前期策划、编委会会议召开、组织编写到最后出版，历经近 4 年的时间。从提纲确定到最后的定稿，自始至终都得到了李文华院士、沈国舫院士和刘旭院士等编委会专家的精心指导；各位参编人员在丛书的撰写中花费了大量的时间和精力；朱有勇院士和骆世明教授为本套丛书写了专家推荐意见书，在此一并表示感谢！同时，感谢国家出版基金项目（项目编号：2022S-021）对本套丛书的资助。

我国乃至全球的生态农业均处在发展过程中，许多问题有待深入探索。尤其是在新的形势下，丛书关注的一些研究领域可能有了新的发展，也可能有新的、好的生态农业的理论与实践没有收录进来。同时，由于丛书涉及领域较广，学科交叉较多，丛书的编写及统稿历经近 4 年的时间，疏漏之处在所难免，恳请读者给予批评和指正。

生态农业丛书编委会

2022 年 7 月

前　言

作为农业文明古国，中国自古推崇农业的整体、协调、良性循环的生态学思想。战国时期就有“夫稼，为之者人也，生之者地也，养之者天也”的记载，即农业是天、地、人三者的有机统一体。《齐民要术》中记载桑树套种禾豆类植物，可起到增产肥田、高效用地的作用。我国是茶叶的发祥地，有着悠久的茶叶历史。据《茶经·六之饮》记载，“茶之为饮，发乎神农氏，闻于鲁周公”。公元 780 年，唐代陆羽编写了世界上第一部茶叶专著《茶经》，书中阐述了土壤对茶叶品质的影响，是中唐以前茶叶实践经验的总结。明代罗廪的《茶解》中提出茶园间作，人工构建复合茶园以改善茶园生态环境，如在茶园间作桂、梅、兰、菊等，形成上层为桂、梅等乔木树层，中层为茶树层，下层为低矮的兰、菊等。至清代，我国茶叶产区已扩大到 40.0 万～46.7 万 hm^2。中华人民共和国成立后，我国茶产业进入快速发展时期。目前我国是世界上最大的茶叶生产国。2019 年我国茶园面积为 306.6 万 hm^2，占世界茶园总面积的 61.3%；茶叶产量为 279.9 万 t，占世界茶叶总产量的 45.5%。

20 世纪 90 年代后期，可持续发展战略在全球兴起。作为农业可持续发展的一种实践模式，生态农业进入了蓬勃发展的新时期，也带动了生态茶业的发展。生态茶业属于生态农业的范畴，是在借鉴传统茶业经验的基础上发展起来的一种新型茶业模式。生态茶业运用生态学和生态经济学的原理，通过研究茶树栽培、茶园病虫害防控、茶叶污染物控制、茶园气候变化、茶叶加工、茶资源利用、茶业信息化、茶业制度规范与标准化建设对茶叶生产和茶产业的影响，按照“整体、协调、循环、再生”的原则，将现代科学技术与传统茶业技术的精华有机结合，用以指导茶业结构的调整与优化，协调环境资源利用与保护间的矛盾，形成生态与经济良性循环，经济、生态、社会三大效益并举的新型茶业体系。随着中国经济的快速发展和城市化进程的加速，生态茶业将得到进一步深化发展。

本书分 9 章介绍生态茶业涉及的方面。第 1 章，生态茶业的理论与模式，由肖润林负责撰写；第 2 章，茶树栽培的生态学原理与应用，由阮建云负责撰写；第 3 章，茶园有害生物的生态防控，由陈宗懋负责撰写；第 4 章，茶叶污染物的生态控制，由周利负责撰写；第 5 章，气候变化与茶园生态调控，由李鑫负责撰写；第 6 章，茶树生态与加工品质，由林智负责撰写；第 7 章，茶资源的生态循环利用，由刘仲华负责撰写；第 8 章，生态茶业的信息化技术与应用，由房婉萍负责撰写；第 9 章，生态茶业制度规范与标准化，由孙威江负责撰写。

本书出版得到了国家出版基金和中国农业科学院科技创新工程等项目的支持，在此表示感谢。限于作者理论和技术水平，书中疏漏之处在所难免，敬请广大读者批评指正。

著　者

2022 年 8 月

目　录

第1章 生态茶业的理论与模式

生态茶业属于生态农业的范畴，是继传统茶业之后的一种人与自然协调发展的新型茶业模式。生态茶业的核心是合理利用资源，实现茶产业的可持续发展，体现在产业全链条上是综合利用各种生产要素的最佳组合，最终实现并提升茶区的经济效益、生态效益、社会效益等。

1.1 生态茶业的基本概念

生态茶业是运用生态学、生态经济学的原理和系统科学的方法，按照“整体、协调、循环、再生”的原则，将现代科学技术与传统茶业技术的精华有机结合，通过协调资源利用与环境保护间的矛盾，形成生态与经济良性循环，经济效益、生态效益、社会效益并举的新型茶业体系。生态茶业涉及茶产业全过程，包括茶园选址、建园、茶树品种选择、茶树栽培、茶园管理、鲜叶采摘、茶叶加工、茶叶储运、茶叶销售、茶园休闲观光等茶产业全链条。

1.1.1 茶园生态系统的组成

茶园是指种植茶树，通过修剪、施肥、除杂草等人工栽培管理收获茶鲜叶（加工茶叶的原料）的农田（园地）。茶园生态系统是由茶树及其伴生生物和茶园环境相互作用而成的结构有序的农业系统。

1. 茶树及其伴生生物

茶园生态系统的核心是茶树。茶园生态系统包含人工种植的具有遮光、防风和保护天敌功能的乔木树种，具有培肥和提升地力功能的绿肥植物，为了防控害虫而人工放养的天敌昆虫，共生长的灌木、杂草、昆虫、微生物、蚯蚓、鸟雀等。

2. 茶园环境

茶园环境包含土壤环境、气候环境，是茶园生态系统的重要组分。茶园土壤环境包括土壤理化性状（黏粒组成，孔隙度，容重，有机质及氮、磷、钾等元素含量等)、土壤微生物、土壤动物、土壤水分、土壤温度、土壤酸碱度等；茶园气候环境包括茶园光照、温度、湿度、风速、气压和干湿沉降等。

1.1.2 茶园生态系统的结构

茶园生态系统的结构是指生态系统各成分在空间上和时间上相对有序的稳定状态，包括形态结构和营养结构两方面。

1. 茶园生态系统的形态结构

茶园生态系统包括生物种类、种群数量、种群的空间配置（水平分布、垂直分布和多层次分布)、种群的时间变化（发育）等。如茶园生态系统中的茶树、杂草、昆虫、微生物的种类和数量；各种群在空间结构上的层次现象：高层有乔木，中层有茶树，中下层有草本植物，地面有苔藓、地衣类，地下有根系；每一生物种类的数量。

2. 茶园生态系统的营养结构

茶园生态系统中生物与生物之间，生产者、消费者和分解者之间以食物营养为纽带所形成的食物链和食物网建立起各组分间的营养关系，是生态系统中能量转化和物质循环的基础。

1.1.3 茶园生态系统的功能

茶园生态系统中茶树与伴生生物之间、生物与环境之间存在密切的生物关系、物理关系和化学关系，它们之间相互依存、相互制约，并通过茶园输入和输出完成能量转化和物质循环。

1. 生物关系

茶树与茶园生物之间既存在互利互惠的共生关系，也存在相互制约的竞争关系。茶园生态系统中的动物，如茶假眼小绿叶蝉、茶毛虫、茶尺蠖、茶刺蛾、茶蓑蛾等取食茶树叶片的昆虫，不利于茶树生长发育和茶叶产量、品质的形成；瓢虫、草蛉、蜻蜓、寄生蜂、蜘蛛和鸟类等都是茶园捕食害虫或寄生害虫的天敌，可以有效控制茶园害虫的数量，有利于茶树生长发育和茶叶产量、品质的形成。

茶园生态系统中除茶树以外的植物，如大部分豆科植物和矮小的禾本科植物等，不仅有改善土壤结构、增加土壤有机质和有效养分含量等作用，还有利于蜘蛛、草蛉和瓢虫等天敌的栖息；高大乔木对茶树的适度遮光有利于茶鲜叶品质的改善，也有利于鸟类（多数鸟是茶毛虫、茶刺蛾等茶园鳞翅目害虫的重要天敌）的栖息；土茯苓、牛筋草、马唐、空心莲子草、香附子、辣蓼等茶园杂草和茶树之间存在的水肥竞争影响茶树生长发育和茶叶产量、品质的形成。

茶园生态系统中的固氮菌等植物根际微生物能够促进土壤团粒结构形成、提高土壤养分的有效性等，有利于茶树生长发育和茶叶产量、品质的形成；也有一些细菌、真菌和病毒会导致茶树生病、生长不良，影响茶树生长发育和茶叶产量、品质的形成。

2. 物理关系

光照、温度、湿度、风速等物理因素影响茶树的生长和茶鲜叶产量、品质的形成。具有遮光和防风功能的生态树木能够有效改善茶园的光照、温度、湿度等小气候环境。还有一些物理因素可以影响茶园动物的生长和行为，如利用杀虫灯和粘虫板诱杀茶园害虫。幼年茶园秸秆覆盖（黑色地膜覆盖）或间种白三叶草等可以阻碍杂草种子萌发，控制茶园杂草的生长。

3. 化学关系

在茶树-茶蚜-天敌三级营养关系中，茶梢挥发物、茶蚜和被害梢挥发物分别对茶蚜、茶蚜天敌（瓢虫、草蛉和蚜茧蜂）具有远距离定向引诱力。物种间通过信息化学物质直接或间接地发生联系，这种联系提示，改善植物之间的连通性使茶树、害虫和天敌之间的化学通信联系得以保持顺畅，尤其有利于改善天敌的迁移能力和捕食效率。生产实际中这种联系提示，将它们的通信活性组分按一定的比例配制，可有效引诱天敌的捕食和寄生，为开发具有化学通信活性成分的诱捕（杀）技术提供广阔的空间。

4. 茶园输入和输出

茶园输入包括太阳辐射、降雨、干湿沉降、空气流动（风）和流水等自然输入，也包括机械动力、遮光保温材料、灌溉、化肥、农药等人工输入。茶园通过茶树的光合作用将二氧化碳同化，除输出优质茶鲜叶外，还向大气输出氧气、氧化亚氮等气体，通过地表径流输出氮、磷、农药和泥沙等。

1.2　生态茶业的基本原理

1.2.1　稳定平衡原理

茶业生态系统是一个具有特定结构和功能的人工生态系统，只有在物质循环和能量流动顺畅的情况下才能发挥系统的整体效能。茶叶生产是一个系统过程，其产量和质量的形成绝非单个因素的简单相加。优化茶园生态系统的结构，才能更好地发挥各种有益的效能，使其整体功能大于各部分功能之和。

1.2.2 生态效率原理

生态效率是通过计算能量流动过程中各个不同点的能量比值而得到的。提高生态农业系统生态效率的措施主要有：①做好相邻两营养级物种的选配和数量控制，提高营养级物种对低一级营养级物种的利用效率；②选择净生长效率高的物种；③在原有的食物链中增加新的环节，提高能量转化率。

1.2.3 物质循环利用原理

物质会沿着特定的途径进行循环，从周围环境到生物体，再从生物体回到周围环境。利用物质循环规律，使不易循环的物质进入循环，并增加循环利用的中间环节，提高生态系统的效能。生态茶业把常规茶业中被排除、阻断或阻滞的营养物质循环恢复和疏通起来，并通过物理作用、化学作用、微生物作用等使其加速运行。生态系统的物质循环规律为提高生态茶业的经营效益提供理论指导。

多层次利用物质和能量是自然生态系统的基本功能之一。生态茶业的一个重要方面就是更有效地进行物质、能量的多层次、多途径利用：一是减少营养物质外流，以提高资源的利用率，如通过农林复合系统减少水土流失，从而减少养分的流失；二是加速营养物质在茶园土壤-大气中的循环，促使更多的养分进入茶园生态系统，如扩种具有共生固氮功能的豆科作物；三是利用茶叶深加工、多级利用在内的系统内物质闭合循环的机制，获得良好的经济效益。

1.2.4 物种相互作用原理

生态系统各种生物间的相互关系可以分为共生和对抗两种。控制、协调和利用好这些关系，可获得生态茶业的经济效益和生态效益。共生是一种普遍的自然现象，利用物种之间的共生关系，可营造共存共荣的生物复合群体，如将茶树和豆科植物种植在一起，提高茶叶产量；利用物种间的捕食和寄生关系可达到控制茶园病虫害的目的。对抗是指微生物之间、植物和动物之间、植物和植物之间通过化学物质产生的相互抑制和排斥作用，如茶树自身可挥发趋避茶树害虫的化合物，使茶树害虫远离。

1.2.5 生态位原理

生态位（ecological niche）是指个体或种群在种群或群落中的时空位置及功能关系，也称为生态龛或小生境。在生态学中，生态位是指在生态系统和群落中，一个物种与其他物种相关联的特定时间位置、空间位置和功能地位。生态位被认为是一种 n 维超体积，其中 n 代表确定该生态位的参数的个数，每种环境因素成为一个维度，如温度、食物、地表湿度等。两个物种的生态位在任一维度上的分

离都会导致它们生态位的分离。在生态茶业中，可根据茶树和茶园其他物种种群在时间和空间生态位上的差异，将茶树与其他物种在时间和空间上合理配置，避免竞争，并充分利用有限的资源，提高效益。因此，对与茶树竞争激烈的物种在时间或空间上进行合理配置，弱化其他物种与茶树的竞争，提高茶叶产量和效益；通过茶树与其他种群的合理配置，利用未被充分利用的生态空间和有效资源，如茶-林-草组合；利用时间生态位，采用茶-花生等套种，可有效避免环境资源的浪费。

1.3　生态茶业技术

1.3.1　生态茶业技术的特征

生态茶业技术指的是基于生态学、生物学和农学等基本原理和茶叶生产实践经验，在传统农业和常规农业基础上发展起来的，既能促进茶叶增产提质，又能提高生态资源效能和保护生态环境的方式与方法（骆世明，2009）。通过实施生态茶业技术，可调整茶园种群结构，维持茶园生态种群平衡；形成生态系统的良性循环结构，提高物质的循环利用效率。生态茶业技术的主要特征如下。

1. 综合性

生态茶业以实现茶产业的可持续发展为目标，既要考虑茶叶生产的可持续性，也要考虑资源和环境的可持续性。可持续性的要求决定了生态茶业中的技术不可能是单一技术，而是技术的集成体系。通常情况下，在生态茶业建设初期需要调查分析和评价原茶叶生产现状，然后设计适宜的生产技术并进行技术组装。该技术体系要强调技术适用性、协调性和效果协同性（如经济效益、生态效益、社会效益）等集成效应。

2. 地域性

生态茶业技术体系设计的首要原则是因地制宜。我国茶区范围广、跨度大，各茶区气候条件、适种品种、病虫害发生、加工工艺、经济发展、社会需求等存在差异，相应的生态茶业技术体系呈现明显的地域性特点，所以在生态茶业技术研究和选择上要注意地域可行性。

1.3.2　生态茶业的主要技术

1. 生态栽培技术

茶树生态栽培技术如下。①茶树修剪是优化茶树生长、减少茶园病虫害的手段之一。茶树定型修剪，可优化茶树生长的树冠树型，提高光能和土地利用率，提高单位产量。对不同时期茶树进行轻修剪或重修剪，可降低病虫口密度，减少病虫害发生。②茶园的间作和套种是解决茶园肥源的重要途径之一。将绿肥种植与有选择性的留草养草相结合，可选择矮生型、茎粗禾叶多、根系小、浅根型的品种。同时应考虑有利于提高土壤肥力或不会过多掠夺土壤肥力和水分、与茶树没有共同病害的草类品种。③茶园土壤酸化治理可降低茶树中铅、铝等金属元素残留。

2. 清洁化加工技术

茶叶清洁化加工技术要求在茶叶加工过程贯彻清洁生产思想，采用绿色制造和绿色化学等技术，进行全过程控制，尽可能减少废物排放。具体包括：①茶叶加工厂的环境和设施要符合无公害茶叶生产的要求；②原辅材料优先选用无毒无害和可再生资源；③生产上尽可能选用电、天然气、石油液化气、柴油等清洁能源或生物质颗粒等再生能源；④选用符合清洁化生产要求的茶叶加工机械，尽可能减少机械设备对茶叶造成重金属、微生物及有毒有害物质的污染；⑤尽可能采用连续化自动化加工装备或生产线，以提高生产效率和能源的利用率，同时减少人工操作对茶叶的污染；⑥采用节能减排新技术（如降尘减噪技术、热循环利用技术等），尽可能减少茶叶加工过程中废水、废气、废热等的排放，最大限度地减少对环境的污染。

3. 污染物控制技术

污染物控制技术对包括茶叶在内的农产品均强调从田间到餐桌全过程的质量安全。茶叶中残留的农药、金属元素、氟、蒽醌等污染物问题是影响我国茶叶质量安全、饮茶者健康、出口贸易和我国茶产业发展的负面因素。污染物控制技术要在分析污染物的污染水平、污染物的形成、来源和可能的健康风险的基础上实施。目前茶叶的安全保障技术主要包括：①污染物的源头控制技术，如茶园农药的合理选用和施用技术、茶园土壤改良技术、茶叶加工燃料和加工设备升级措施；②污染物的过程调控技术，如化学农药的合理施用技术、茶叶合理采摘技术、茶叶加工工艺调控技术；③污染物的终端治理技术，如科学制定污染物的最大残留限量（maximum residue limits，MRLs）标准。

4. 病虫害防控技术

根据我国茶区茶园的生态气候学特点和茶树有害生物的发生、防治特点，我国茶园有害生物的防控经历了以化学防治为主的阶段、综合防治阶段、有害生物综合治理（integrated pest management，IPM）阶段。新时代建立了基于视觉和嗅觉生理的物理学防治技术、基于嗅觉生理的化学生态学防治技术、基于味觉和嗅觉生理的生物化学防治技术、基于天敌种群控制的生物学防治技术，形成了以预防为主、防治结合的茶园病虫害防控技术体系。

5. 信息化技术

茶业信息化是茶产业发展的必然选择，目前我国茶业信息化建设不足。生态茶业信息化建设关键技术包括茶业大数据技术、茶业物联网技术、茶业区块链技术、茶业监测预警技术、茶业云计算技术、3S 技术、茶业精准装备技术、茶业信息分析技术等。

6. 生态茶资源循环利用技术

生态茶资源循环利用是一个技术密集型的新领域，是农业、食品、医药保健、日用化工等多行业跨界融合的技术集成。其关键技术主要包括：①茶多酚、儿茶素（catechin，C）、茶氨酸、茶黄素、咖啡碱、纤维素、半纤维素、微晶纤维素、茶皂素、茶蛋白质、茶精油、茶树花黄酮等有效成分的提取制备技术；②速溶茶、茶浓缩汁、茶叶籽油、茶树花提取物等功能成分的分离纯化和利用技术；③天然药物、保健食品、茶食品、食品添加剂、个人护理品、动物健康产品、植物保护剂、建材添加剂等功能性终端产品的开发利用技术。

1.4　生态茶业模式

1.4.1　生态茶业模式的定义

生态茶业模式是以茶业可持续发展为目的，按照生态学和经济学原理，组装各种茶叶生产相关技术，建立起来的有利于人类生存和自然环境间相互协调，并能实现经济效益、生态效益、社会效益协调发展的现代化茶产业经营体系。

1.4.2　生态茶业模式的类型

1. 茶-草复合茶园模式

根据物种相互作用原理和生态效率原理，在茶树树冠覆盖度较小的幼龄茶园和台刈茶园中，套种具有固氮作用或经济效益高的草本作物，如豆科中的草本植物等，形成茶-草两层结构，既能增加地面覆盖度、保持水土、改良熟化土壤、促进茶树丰产结构形成，又能提高这类茶园的土地利用率、增加茶园收益。如秋冬季套种蔬菜，夏秋季间作花生，可增加茶园收入。

茶园行间连续间种白三叶草，可以增加茶园土壤有机质含量和土壤团聚体数量，改善通透性（孔隙度增加），明显增加了全氮、水解氮和有效钾的含量。白三叶草具有大量的固氮菌，通过将空气中氮气固定，合成转化为白三叶草和茶树直接利用的氮肥，从而增加茶园土壤氮含量（表 1-1），明显改善了土壤蚯蚓的种群生物量，提高了土壤质量。

表 1-1 茶-草复合茶园土壤理化性状分析（宋同清 等，2006）

处理	pH	有机质/（g/kg）	全氮/（g/kg）	全磷/（g/kg）	全钾/（g/kg）	水解氮/（mg/kg）	有效磷/（mg/kg）	有效钾/（mg/kg）	容重/（g/cm^3）	孔隙度/%
清耕	5.7	11.2	0.78	0.38	20.50	78.67	10.79	15.60	1.31	49.87
间种白三叶草	6.1	13.9	1.04	0.38	18.37	108.70	9.80	18.13	1.27	52.06

在 15～26℃时茶树根系生长和吸收养分、水分最好；超过 29℃生长缓慢，吸收功能减退；大于 35℃根系不能吸收养分，会出现坏死现象。5～9 月高温时，茶-草（白三叶草）复合茶园显著减少了地表 5cm、10cm、15cm、20cm 土层有害高温出现的次数（表 1-2），有效缓解夏秋季高温对茶树根系的伤害。

表 1-2 茶-草复合茶园不同土层有害高温出现次数（彭晚霞 等，2006） （单位：cm）

月份	总次数	土层深度/cm					
		0	5		10	15	20
		（≥37℃）	（≥35℃）	（≥29℃）	（≥29℃）	（≥29℃）	（≥29℃）
		T/CK	T/CK	T/CK	T/CK	T/CK	T/CK
5	203	0/22	0/0	0/16	0/6	0/0	0/0
6	196	0/29	0/3	7/44	0/15	0/11	0/5
7	203	22/67	0/29	60/123	39/108	20/58	12/87
8	203	49/40	0/21	57/94	46/81	35/73	31/63
9	182	11/4	0/0	3/17	0/3	0/1	0/0
总计	987	82/162	0/53	127/294	85/213	55/143	43/155

注：CK 为单一茶园；T 为茶-草（白三叶草）复合茶园。

春季茶园杂草平均株高无显著差异，但茶-草复合茶园的杂草总数量只有对照茶园的 22.5%，生物量只有对照茶园的 17.8%，均明显低于对照茶园；夏季茶-草复合茶园杂草总数量、平均株高和生物量均明显低于对照茶园，分别是对照的 31.9%、31.0%和 9.1%；秋季茶-草复合茶园杂草总数量、平均株高和生物量均明显低于对照茶园，分别为对照茶园的 29.7%、58.0%和 25.9%（表 1-3）。

表 1-3 茶-草复合茶园控制杂草效果（肖润林 等，2008）

杂草参数	春（4 月）		夏（7 月）		秋（9 月）	
	间种	清耕	间种	清耕	间种	清耕
杂草总数量	391	1 736	107	335	96	323
平均株高/cm	21.4	27.7	24.3	78.3	24.2	41.7
生物量/（g/m^2）	83.3	466.7	278.7	3 066.7	137.7	531.5

2. 茶-林复合生态茶园模式

茶-林（经济林、用材林）生态系统是一种持续的农业生产方式，是一类典型的复合生态茶园模式。它利用系统内不同物种间的生态互补功能，提高养分的吸收利用效率，减缓水土流失，改善了茶园的小气候条件，同时提高系统内的生物多样性，充分利用水、肥、光、热等资源，提高系统的生产力，增加碳储量。

目前茶-林复合生态茶园的栽培模式包括两类。第一类是经济林木类直接有序种于茶园中，其密度视树冠大小和林木大小而定。此类茶园在林木成林后荫蔽度很高，可达 60%～80%，茶园中基本只有散射光，直射光被林木树冠挡住。与单一茶园相比，茶-林复合生态茶园内温度低 2～5℃，茶园相对湿度提高 16%左右，表层（0～5cm）土壤含水率显著提高（表 1-4），茶园内生物多样性增加，林木、林木昆虫、茶树、茶园昆虫等构成复杂的群落结构。茶园内昆虫群落结构随林木种类、树冠形态、荫蔽程度不同而不同。一般茶树螨类、蚧类、叶蝉的种群数量降低，农药施用量也降低。其林木的选择：首先考虑树木品种、高度、树冠面积、水和营养需求；其次考虑林木病虫害种类和茶树的关系，同时要对茶树无明显的化感抑制作用。第二类是在茶园周围种植以防护为主的林木。此类茶园的荫蔽度视茶园面积而定，如果茶园面积小，周围是高大乔木，茶园早晚荫蔽，中午受直射光照射。此类茶园实际已形成了单一茶园生态系统，林地对茶园的生态系统影响很低。其林木的选择：首先考虑对茶树营养需求影响小，不与茶树争水、争肥，保证茶园湿度，降低温度，提高荫蔽度，降低风速，有利于控制病虫害；其次与茶树无相同的病虫害。

表 1-4　茶-杉复合茶园与单一茶园表层土壤含水量与茶园湿度变化
（董成森 等，2006）

项目	处理	4 月	5 月	6 月	7 月	平均
0～5cm 土壤含水量/%	复合茶园	17.4	17.2	17.2	16.3	17.0
	单一茶园	13.8	14.2	12.8	10.7	12.9
湿度/%	复合茶园	85.4	84.6	81.3	76.4	81.9
	单一茶园	72.6	71.2	70.9	67.5	70.6

茶-林复合生态茶园引入的多数是高于茶树的树种，使茶树上层有乔木林冠遮蔽，达到防风、改善茶园光照、调节茶园温湿度的目的，以利于鸟类等茶园害虫天敌的栖息。茶树接收到光照中散射光、漫射光的比例也大幅度增加。生态树种以刺槐、合欢、槐、任豆、紫荆、皂荚等落叶、豆科乔木或小乔木为最佳，银杏、枫香、樱花、含笑、玉兰、桂花等观赏树木也可用于以生态旅游为主的生态茶园。

冯耀宗（1986）研究茶-胶复合生态茶园群体平均辐射吸收量高于纯茶园和纯胶园（表 1-5）。同时茶-林复合生态茶园内有上层乔木树种的阻滞作用，其茶园内风速小于纯茶园，一般低于纯茶园 10%～30%，故茶园内气温的年变幅和日变幅都较稳定，复合生态茶园的结构具有冬暖夏凉的作用（表 1-6）。树冠截留雨水的作用和蒸散量的减少，使土壤含水量相对增加（表 1-7），在 0～25cm 表层土壤，绝对含水量基本上为复合茶园＞纯茶园。

表 1-5　茶-胶复合生态茶园全年辐射平衡各分量值比较（冯耀宗，1986）

茶园类型	辐射投入量/[J/（cm^2·min）]	反射量/[J/（cm^2·min）]	冠层下剩余量/[J/（cm^2·min）]	植物体吸收量/[J/（cm^2·min）]	郁闭度/%	群体平均辐射吸收量（按实际郁闭度计）/[J/（cm^2·min）]	群体平均辐射吸收量/%
纯胶园	2.646	0.493	0.326	1.827	64	1.170	44
纯茶园	2.646	0.543	0.155	1.948	90	1.751	66
茶-胶复合	2.207	0.359	0.150	1.697	35	1.889	71

表 1-6　不同树种复合生态茶园对温度的影响（段建真和郭素英，1992）　（单位：℃）

茶园类型	3 月 25 日			6 月 20 日			9 月 10 日			12 月 21 日		
	7:00	13:00	17:00	7:00	13:00	17:00	7:00	13:00	17:00	7:00	13:00	17:00
茶-乌桕	9.0	11.0	10.0	26.0	28.0	25.0	27.0	30.0	27.5	4.0	7.0	5.5
茶-杉树	9.5	11.5	11.0	26.0	28.5	25.0	26.5	30.0	27.0	5.5	7.5	6.0
茶-油桐	9.0	11.5	11.5	26.5	28.0	26.0	27.0	30.0	27.0	3.5	7.0	4.0
纯茶园	8.5	10.5	9.5	27.0	29.0	27.0	29.0	32.0	31.0	3.0	6.5	4.0

表 1-7　不同树种复合生态茶园中的土壤绝对含水量（段建真和郭素英，1992）（单位：%）

茶园类型	4 月	5 月	6 月	7 月	8 月	9 月	10 月
茶-杉	18.33	20.93	18.40	26.80	13.07	19.47	10.73
茶-乌桕	17.90	25.20	16.63	25.33	11.07	18.57	12.03
纯茶园	17.00	20.63	14.30	21.37	9.27	14.40	11.67

在长达几十年的茶-林复合生态茶园中，成功间种的植物如下。①用材树种：杉树、泡桐、樟树、桤木、台湾相思树、铁刀木、合欢、楹树、湿地松、香椿、黄柏、楝树等；②经济树种：乌桕、油桐、板栗、橡胶、黄樟、桂花、核桃、八角树、银杏、山苍子、广玉兰等；③果树：杧果、荔枝、猕猴桃、樱桃、柿等。湖南省长沙市百里茶廊有面积超过 200 hm^2 规模化的茶-桂花复合生态茶园（图 1-1），也有很多规模在 10 hm^2 左右零星分布的茶-松、茶-杉（图 1-2）、茶-景叶白兰和茶-杜仲等茶-林复合生态茶园。

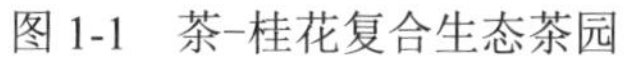
图 1-1 茶-桂花复合生态茶园

图 1-2 茶-杉复合生态茶园

3. 茶-林-草复合生态茶园模式

茶-林-草复合生态茶园是指茶、林和草本植物构成的乔、灌、草多物种立体空间类型，模拟天然森林群落的高低生态位错落，充分利用土壤、气候等资源，维持系统长期较高的生产力，提高系统的经济效益和生态效益。

茶-林-草复合生态茶园模式主要是在茶-林复合的基础上，将草（牧草或绿肥）纳入系统之内，是一项用养结合、就地解决有机肥源的有效措施，提高系统的综合效益。间作是我国茶树栽培的特点之一，茶-林-草复合生态系统主要是在幼龄茶园、台刈茶园、种植密度较低茶园间作，或者在茶园梯边、坎边、沟边种植草（牧草或绿肥）。草（牧草或绿肥）种类和品种的选择须考虑草（牧草或绿肥）的生长习性，“看肥选肥”；根据茶区气候，做到“看天选肥”；根据土壤特点，做到“看土选肥”；根据茶园类型，做到“看园选肥”，因地制宜，合理选择，科学种植。通过长期的茶园草（牧草或绿肥）种植实践选育出适用不同茶园种植的绿肥品种，主要以豆科作物为主。茶园草（牧草或绿肥）主要品种抗性和养分含量见表 1-8。

表 1-8 茶园草（牧草或绿肥）主要品种抗性和养分含量（傅海平 等，2017）

类型	品种	科属	株型	抗性		养分含量/%		
				抗旱性	抗瘠性	氮（N）	磷（P_2O_5）	钾（K_2O）
春播夏季绿肥	茶肥 1 号	豆科决明属	高秆型	+++++	+++++	3.85	0.34	1.12
	猪屎豆	豆科猪屎豆属	高秆型	+++++	+++++	2.71	0.31	0.80

续表

类型	品种	科属	株型	抗性		养分含量/%		
				抗旱性	抗瘠性	氮（N）	磷（P_2O_5）	钾（K_2O）
春播夏季绿肥	田菁	豆科田菁属	高秆型	+++++	++++	0.52	0.07	0.15
	圆叶决明	豆科决明属	匍匐型	++++	+++	2.67	0.28	1.29
	柽麻	豆科野百合属	高秆型	+++++	++++	2.98	0.50	1.10
	饭豆	豆科扁豆属	蔓生型	++++	+++	2.05	0.49	1.96
	豇豆	豆科豇豆属	半蔓生型	+++++	+++	2.20	0.88	1.20
	花生	豆科落花生属	半匍匐型	+++++	+++	4.45	0.77	2.25
	大豆	豆科大豆属	矮生型	++	++	3.10	1.40	3.60
秋播冬季绿肥	毛叶苕子	豆科巢菜属	匍匐型	+++	+++	3.48	0.72	2.38
	光叶苕子	豆科巢菜属	匍匐型	+++	+++	3.11	0.53	3.77
	蓝花苕子	豆科巢菜属	匍匐型	+++	+++	3.05	0.64	2.21
	救荒野豌豆	豆科野豌豆属	匍匐型	++++	++++	3.63	0.51	1.82
	野豌豆	豆科野豌豆属	匍匐型	++++	++++	3.33	0.61	2.35
	窄叶野豌豆	豆科野豌豆属	匍匐型	+++	++++	3.40	0.58	2.79
	紫云英	豆科黄芪属	半匍匐型	+	++	2.75	0.66	1.91
	豌豆	豆科豌豆属	匍匐型	+++	+++	2.76	0.82	2.81
	蚕豆	豆科豌豆属	直立	+++	++	2.75	0.60	2.25
	肥田萝卜	十字花科	直立	++++	++++	2.89	0.64	3.66
	油菜	十字花科	直立	++++	+++	0.74	0.19	3.45
	黑麦草	禾本科	直立	++++	+++	2.00	0.48	3.25
多年生绿肥	爬地木兰	豆科	匍匐型	+++	+++	2.47	0.42	3.26
	紫穗槐	豆科紫穗槐属	小灌木型	++++	++++	3.36	0.76	2.01
	木豆	豆科木豆属	小灌木型	++++	++++	2.87	0.19	1.40

注：“+”代表抗性，“+”多代表抗性强，“+”少代表抗性弱。

与纯茶园相比，茶-林-草复合生态茶园模式能够调节茶园的光照强度，提高光能利用率，改善土壤物理性状，提高土壤肥力，加快系统的养分循环，其 0～40 cm 土层的有机质、全氮、速效磷、速效钾含量明显高于纯茶园；改善茶园气候因子，如茶园温度，土壤的水、气、热，具有减风、降温、增湿、减少光亮和增强茶园自我调节能力，增强茶园系统的抗逆性，为有益生物的繁衍与保护提供适宜生态条件，同时也提高茶叶品质和产量，达到环境效益和经济效益的双丰收。茶-桂花-茶肥 1 号复合生态茶园和茶-桂花-毛叶苕子复合生态茶园分别见图 1-3 和图 1-4。

图 1-3 茶-桂花-茶肥 1 号复合生态茶园

图 1-4 茶-桂花-毛叶茗子复合生态茶园

4. 林-茶-草-牧复合生态模式

林-茶-草-牧复合生态模式是指借助接口技术或资源利用在时空上的互补性所形成的两个或两个以上产业或组分的复合生产模式（接口技术是指联结不同产业或不同组分之间物质循环与能量转换的连接技术。如种植业为养殖业提供饲料饲草，养殖业为种植业提供有机肥，其中利用秸秆转化饲料技术、利用粪便发酵和有机肥生产技术均属接口技术）。这类模式的基本结构是林+茶+草+畜牧养殖业（图 1-5）。具体操作方法通常为林、草与茶间作、混作或邻作，构成林-茶-草复合种植模式，充分利用资源，从而改善茶园生态环境，同时，在茶园的周边地区或农户庭院中建立畜禽养殖场，或者直接采用放养的方式，形成一个产业链的物质循环与能量多级利用的相对闭合的生态农业体系。该模式中林业为茶园提供良好的生态环境，同时维持生物多样性、涵养水源、防治水土流失和防止风灾等自然灾害发生，发挥生态服务功能；纳入系统的鸡在茶园觅食、活动，可清除茶园杂草，消灭茶园害虫，疏松茶园土壤，增进茶园肥力，减少茶园施肥，降低喷药次数；同时茶园养鸡还可节省养殖场地与鸡饲料费用，鸡的活动量大，肌肉紧致，营养丰富，鲜香味美，价高易销。将种茶与养鸡结合，互惠互利，一举多得。

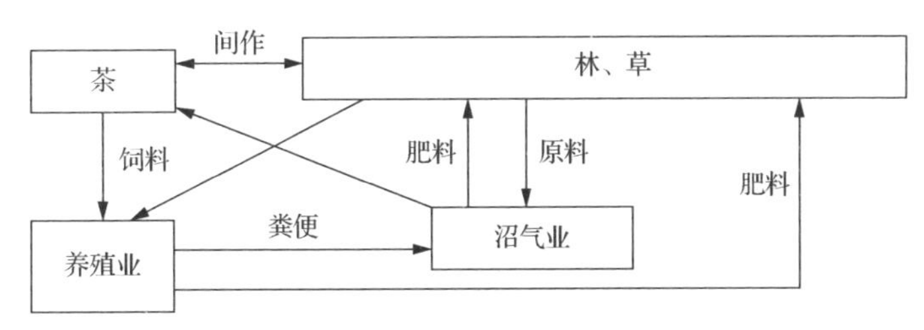

图 1-5 林-茶-草-牧复合生态模式

林+茶+鱼模式常见于丘陵坡地，通常以集水区为单元，在山顶或四周种植水土保持林，山腰建立茶园，或者间作草（牧草或绿肥），山脚筑塘养鱼，从而形成由林地、茶园、旱地和鱼塘 4 个子系统组成的山坡地垂直的立体复合生态农业模式。该系统的基本成分有植物、动物、微生物和无机环境等，存在物质流、能量流和价值流的联系，山顶的林业主要起水土保持、防风和维护生物多样性的功能，可为坡中部和下部的茶园、渔业生产系统提供良好的生态环境，并为坡下部的鱼塘提供持续稳定的地下水补给；茶园系统不仅具有保持水土的功能，还可以产生良好的经济效益；旱地系统间作草（牧草或绿肥）可为渔业生产提供饲草或饲料资源，为茶园提供有机肥源，减少茶园化肥的施用。

5. 家庭农场式生态茶业模式

家庭农场式生态茶业模式是指以家庭为生产单元、经营主体，流转承包中小规模（300～500 亩，1 亩≈667 m^2）土地进行茶叶生产，茶园日常管理和茶叶加工主要依靠家庭成员，集中在春季聘用附近劳动力手工采摘春季茶鲜叶，以传统手工工艺加工茶叶，为固定客户、专卖店以传统手工工艺生产加工高档名优茶的茶产业模式。生态茶业模式可以结合乡村旅游开展“家庭体验一日茶园生活”等活动，让游客在春风拂面、茶香阵阵的茶园体验采茶、炒茶和品茶，享受一天的闲暇时光。

6. 一村（镇）一品生态茶业模式

一村（镇）一品生态茶业模式是指以村或镇为单元，依托一家国家级农业产业化龙头企业（省级农业产业化龙头企业），村委会（镇政府）支持协助，大多数村民参与（股），将茶产业做成主导产业的茶产业模式。其目标是将村（镇）建设成为一个茶产业兴旺、环境（特别是茶园环境）优美、基础设施完善、茶农生活文明富足、一二三产业高度融合的社会主义新农村，创建一村（镇）一品示范村（镇）、社会主义新农村建设试点和农村综合性改革试点等，为农业农村发展提供示范样板。

茶产业龙头企业是一村（镇）一品生态茶业模式的主要依托和投资主体，负责组织资金和各方面资源开展生态茶园建设，包括茶树的栽培管理、茶叶优质安全标准化生产、茶叶附加值和品牌知名度的提升、茶叶产品销售网络建设。努力将茶叶产品品牌打造为中国驰名商标，将企业本身发展成为农业产业化龙头企业，同时发展完善茶叶生产相关的产业，如茶叶深加工、茶叶生产机械、茶叶包装、茶叶运输等，茶产业产值占村（镇）经济总量的 60%以上。茶产业龙头企业通过优先聘用所在村（镇）的村民从事自有茶园管理、茶鲜叶采摘、茶叶加工、茶叶产品销售、企业管理等工作，引导和支持村民进行茶叶专用包装材料生产、创办

茶叶专用运输等小微企业、发展农村电子商务、开设茶馆和茶叶专卖店等进行线上线下茶叶销售，形成家家户户参与茶产业的格局。企业在生态茶产业健康发展中获得的利润用于完善茶园生产设施的同时，也进一步改善村组之间的交通条件（公路硬化、亮化），美化乡村环境（如将茶园建设成为村民休闲健身的公园），完善小学、幼儿园、村级卫生室、中小型超市等村民文化教育场地和生活服务设施，让男女老少都从一村（镇）一品生态茶产业发展中受益。

村委会（镇政府）把促进企业持续发展作为党建工作的重心，主导村（镇）茶产业发展的中长期规划，村（镇）统一流转适宜建立茶园的空闲土地，以土地作为股份参股茶产业龙头企业，协助龙头企业统一进行茶园布局、茶乡（茶街）建设，积极解决企业经营活动中涉及的土地流转、劳务用工等方面出现的问题，并充分利用项目资金完善茶园道路、景观、灌溉等设施，将这些设施折合成股份交由企业使用。股份收益可壮大村（镇）集体经济，主要用于完善村民医疗、养老等社会保障体系。

7. 地域特色生态茶业模式

地域特色生态茶业模式是指在特殊的小气候或独特的土壤、水环境小区域内，种植具有地方传统特色的茶叶品种，应用茶园生态管理及茶树栽培技术，采用独特的茶叶加工工艺，形成在国内外有重要影响的茶产品品牌（地理标志产品、中国驰名商品）的茶产业模式，如浙江龙井村龙井茶、湖南湘西保靖黄金村黄金茶、江苏洞庭碧螺春等茶产品。该模式大多依靠传统的劳动力密集型方式。茶树栽培和茶园管理是精耕细作，由人工采摘春茶芽（在保障春茶鲜叶优质高产基础上将夏秋季鲜叶采集粗加工成红茶或黑茶的原料），经熟练技师手工加工，生产的茶叶产品以专卖店等销售渠道进行销售。

地域特色生态茶业模式一般见于森林茂密、云雾缭绕、峡谷相间、地势高差悬殊、重山环抱之中的盆地或缓坡，该地域有“一山有四季，十里不同天”的特色山区小气候。土壤多为板页岩等发育而成的石砾土壤，有机质含量高，土层深厚，水系发达，山谷间溪河密布，水资源丰富，是生产名优绿茶的优良地域。地域特色生态茶业模式依托地方特色鲜明的茶树品种，一般具有发芽早、芽头粗壮、叶色翠绿、氨基酸含量高、水浸出物含量高、低酚氨比等特点，并具有独特的栽培技术。如湘西保靖黄金茶采用立体采摘与夏秋梢留养技术相结合，确保第一批春茶茶芽粗壮、氨基酸含量平均 6%以上，5 月底采完春茶和第一批夏茶后重修剪或台刈，施菜籽饼肥等有机肥，留养好夏秋梢，适当采用以采代剪方式培养次年春茶的主力生产技术。

8. 一二三产业融合的多功能生态茶业模式

三产融合的多功能生态茶业模式是指以生态茶园为依托，在保障茶鲜叶优质安全高效生产的基础上，通过生态茶园景观构建、茶产业集聚和相关产业联动等实现茶业由以前单一茶园管理和茶叶加工向三产融合拓展，大力开发物流、休闲、观光、康养、度假等服务功能，通过建设生态观光茶园带动茶园休闲、茶园民宿、茶叶采摘体验、做茶体验、青少年科普教育等服务功能拓展。充分挖掘生态茶业康养旅游资源，将生态茶园管理、茶叶安全优质高效生产加工与茶乡文化、茶乡旅游、茶乡美食、茶叶营销、茶叶储运等有机结合，形成以生态茶园旅游为纽带的茶产业模式。该生态茶业模式也是一村（镇）一品生态茶业模式的一种，该模式更注重茶产业生态服务、科普教育、旅游观光、康养休闲等服务功能的拓展，以满足物质生活水平日益提高后人民日益增加的对亲近自然和返璞归真、农业生态、民情民宿、采摘体验等的需求。该模式主要由茶产业龙头企业、乡村旅游优势企业和茶产业龙头企业茶园附近的村民等联合组成。

茶产业龙头企业负责生态茶园景观优化和组织茶文化活动。生态茶园（茶叶公园）景观优化：生态茶园茶树行间按照适宜密度种植梅花、樱花、景叶白兰、含笑、合欢、紫薇、木芙蓉、桂花、银杏、枫香、杜仲等乔木或小乔木生态景观（遮光）树种，道路两旁和茶树行间比较宽的坡面种植杜鹃、茉莉、栀子、紫荆、格桑花、白三叶草、狗牙根、结缕草等景观植物或护坡植物。通过茶园景观建设，增加茶园生物多样性，有利于保持水土，提升茶园土壤肥力，保护天敌昆虫，减缓茶园害虫、杂草和高温、干旱危害；同时改善茶园景观，构建“春天山花烂漫，夏季紫薇、石榴怒放，秋季桂花飘香、银杏黄、枫叶红”的万千美景。

组织茶文化活动如下。利用生态茶园优美的自然环境，增添茶树种植资源（不同茶树品种）、茶园害虫杂草生态防控、茶园水土保持、茶园灌溉等特色鲜明的技术与设施的展示区。配置茶树品种名、生态景观植物名（科、属、种）及主要生态功能介绍，茶园生态管理的技术与相关文字介绍标牌，结合相关图片、视频等资料，普及茶树资源特点、茶叶功能成分、茶园管理工程、病虫草害生态防控和水土保持等科学知识。茶叶加工车间设置可视化的参观通道，可以让游客近距离参观各类茶的、加工工艺及其严格的卫生标准。

乡村旅游优势企业制定茶乡旅游总体规划，打造茶乡旅游知名品牌，完善茶园旅游休闲、茶文化科普教育、茶鲜叶采摘体验、茶加工体验等服务功能，将茶乡打造成景区、青少年科普教育基地、水土保持科技园区；充分挖掘生态茶园旅游资源，将生态茶业与乡村文化（茶文化）、乡村旅游、茶乡美食、茶叶营销、茶叶储运等服务业有机结合，发展茶乡特色小镇（特色村）旅游。同时开展民宿客房的网上销售、民宿客房（帐篷酒店）室内外设计、客房室内设施统一购置、客房用品的洗涤、民宿客房员（村民家庭成员）培训、民宿客房员日常管理指导工作，并负责安全检查及民宿客房利润的合理分配，形成以生态茶园旅游为纽带，一二三产业高度融合、齐头并进的生态茶业模式。

村民将闲置的房屋根据乡村旅游公司总体规划改造成民宿客房、帐篷酒店、餐厅茶馆等服务设施，积极满足游客对住宿、餐饮和乡土特色农副产品的需求。

第2章 茶树栽培的生态学原理与应用

茶树需要在一定生态条件下才能健康生长，才能为消费者提供优质且安全的茶叶，这些生态条件包括温度（热量）、光照、水分、地形海拔和土壤等。茶园是多个茶树个体以一定密度和株行距组合形成的群体结构，茶园产量和茶叶品质既与群体中个体的发育特性有关，更与群体的结构、个体竞争及协作、稳定性等密切关联。从种群基因组成来看，既有单作茶园，也有混作或间作茶园，因此需要妥善协调不同生态位之间的关系，发挥均衡和互补作用。同时，在茶园生态系统中，碳、氮等元素和物质发生着积极而复杂的转化、循环，影响和决定着茶园的生产能力、环境效应和茶叶品质安全。

2.1 茶树适生条件

2.1.1 温度（热量）与茶树生长发育

1. 气温和土壤温度

茶树喜欢温暖的气候条件，对温度有一定的要求。在适当的温度条件下，茶树才能生长发育。春季新梢萌发的起点温度因品种而有所不同，一般特早芽种和早芽种萌动起点温度为8～10℃，中芽种和迟芽种分别为10～12℃和12～14℃，因此，我国长江以北茶区一般为3月底至4月初、长江中下游地区为3月下旬、四川盆地和南岭山地约在3月上旬，而在华南地区（如广东、广西沿海及云南南部河谷地带）1月底有时因出现10℃以上的气温而发生新梢萌发。据研究，气温在10～35℃时，茶树通常能正常生长；在20～25℃时生长最快；气温超过35℃时茶树新梢生长缓慢或停止生长（段建真和郭素英，1993）。秋天气温降低到15℃左右时，新梢停止生长，因此在我国的大部分茶区，在冬季茶树地上部不能正常生长，处于休眠期。

土壤温度与茶树生长发育的关系也十分密切。据调查，当土壤温度为8～10℃时，根系生长开始加强；25℃左右时根系生长最适宜；35℃以上时根系停止生长。土壤温度为14～20℃时，茶新梢生长发育最适宜；次适宜土壤温度为21～28℃；

低于 13℃或高于 28℃时，生长较缓慢；土壤温度低于 8℃时根系一般停止生长（段建真和郭素英，1993）。

温度与茶叶品质形成有密切关系。如清香型春茶中的戊烯醇、己烯醇等物质含量较高，夏茶则低，秋茶含有带花果香气的苯乙醇、苯乙醛等物质（程启坤 等，1985）。斯里兰卡锡兰红茶、印度大吉岭红茶形成于天气凉爽（白天温度 20℃左右）和光照充足的气候条件（Wickremasinghe，1974）。虽然低温条件影响茶树新梢萌发和生长，但有研究发现 10～15℃低温胁迫一周诱导岭头单枞形成芳香物质和独特的茶叶香气（曹藩荣 等，2006）。

2. 有效积温

除了对温度高低有要求外，茶树对温度的持续时间也有特定要求，一般以有效积温表示：

$$A = \sum_{i=1}^{n}(T_i - B) \tag{2-1}$$

式中，A 为某时期内的有效积温；B 为生物学最低温度；T_i 为日平均温度。$T_i>B$；当 $T_i<B$ 时，$T_i-B=0$。

对茶树大多数品种来说茶芽萌动和新梢生长的生物学最低温度为 7～10℃，高于此温度的日平均温度就是活动温度。生产性茶树全年≥10℃的有效积温一般不低于 3 000℃，我国产茶地区的年有效积温大多超过 4 000℃。一年中≥10℃的有效积温越高，茶树的生长期就越长。茶树某一生长期所要求的有效积温是稳定的，接近一个常数，如从茶芽萌动到出现一芽三叶需要的有效积温为 110～124℃。但是这个常数因品种而异，不同品种具有不同的生物学最低温度，因而所需要的有效积温也不一样。有效积温和气温等气象因子通常被用于建立春茶适采期预报模型，如利用 1993～2009 年气象资料和龙井 43 茶园春茶适采期调查资料进行统计分析，发现浙江富阳龙井茶采摘时期可以根据上年 10 月、11 月平均气温，当年 1 月平均气温和≥5℃有效积温、2 月平均气温和≥6℃有效积温，以及 10 月、11 月、2 月的日照时数和 10 月、11 月的蒸发量等 12 项参数，以 3 月 1 日为基数作出春茶开采日期的中期预报，回归模型回测最大误差为 1.9 d，平均误差为 0.6 d（缪强 等，2010）。

3. 低温冻害

茶树能忍耐的绝对最低温度为-18～-6℃，不同品种或栽培条件的茶树抗寒性差异很大。灌木型中小叶种（如祁门种和龙井种等）能耐-8℃左右的低温，而半乔木的政和大白茶只能耐-6℃左右的低温，乔木型的云南大叶种只能耐-4～-2℃的低温，印度阿萨姆变种在-2℃时就受冻。抗寒性强的品种，叶片较小、叶片解剖结构中栅栏组织较厚、层次多，氨基酸含量尤其茶氨酸含量较高，茶多酚含量低，但表没食子儿茶素含量较高。茶树的冻害指标因器官不同而有显著差异，成叶和枝条的耐冻能力较强，如中小叶种枝条在-8℃左右才受伤害，而茶芽和嫩梢的耐寒性较差，0～2℃时就会受冻害；根的耐寒性也不强，细根在-5℃时就可能受害，花冠在-4～-3℃便会死亡。此外，茶树的耐寒性因年龄而不同，一般幼年期较差，壮年期较强，因此幼龄茶园更须注意防冻。茶树抗寒性需要经过一定的驯化才能表现出来，冷驯化过程中参与淀粉、蔗糖和蔗糖棉子糖代谢的β-淀粉酶、转化酶和棉子糖合成酶等基因稳定上调，糖积累有助于茶树在冬季的耐寒性。

在日平均气温高于 0℃的时期内，夜间地面或茶树植株表面的温度降低到足以引起茶树受害或死亡的现象称为霜冻。例如，早春日平均气温已上升到 10℃以上，茶芽开始萌动，但因强冷空气影响，可使温度突然剧烈降低，致使茶芽、叶片受冻而焦黄或枯萎。茶树霜冻害的发生和危害程度不仅跟最低气温有关，还跟低温持续时间密切相关（表 2-1）。

表 2-1　茶树霜冻害气象指标（李仁忠 等，2016）

霜冻害等级	新梢受害率/%	气象指标	
		小时最低气温（Th_{min}）/℃	低温持续时间（H）/h
轻度	<20	$2 \leqslant Th_{min} < 4$	$H \geqslant 4$
		$0 \leqslant Th_{min} < 2$	$2 \leqslant H < 4$
中度	20～50	$0 \leqslant Th_{min} < 2$	$H \geqslant 4$
		$-2 \leqslant Th_{min} < 0$	$H < 4$
重度	50～80	$-2 \leqslant Th_{min} < 0$	$H \geqslant 4$
		$Th_{min} < -1$	$H < 4$
特重	≥80	$Th_{min} < -1$	$H \geqslant 4$

注：Th_{min} 为小时最低气温（℃）；H 为满足 Th_{min} 持续的小时数（h）；Th_{min} 和 H 均为一日内统计值，即前一日 20: 00 至当日 20: 00 之间出现的数值。

由于近地表辐射更强，在晴天静风无云或少云且气温日差较大的早春夜晚和黎明，容易出现逆温现象，形成上部气温高、近地表气温低的垂直分布状况。通常凌晨 5:00 左右逆温最强，5～6 m 高度与茶园冠层的温差达到了 4℃。在茶园安装防霜风扇对树冠增温效果明显。据有关研究，霜冻天气来临时，防霜风扇可使茶园冠层平均增温 2.8℃，能有效预防和消除茶园霜冻害（陆文渊 等，2009）。

2.1.2　光照与茶树生长发育

光照强度和光质等对茶树生长、产量和品质有重要影响。

1．光照强度

茶树的光合作用通常随光照强度的增加而加快，但当光照强度上升到一定程度后，光合作用速率不再增高，此时的光照强度称为光饱和点。不同叶龄、部位、

品种叶片对光的响应存在较大差异。国内外研究显示，茶树功能叶片光饱和点一般为 600～1 500 μmol/(m^2·s)，光补偿点（净光合作用速率为零时）的光照强度为 20～50 μmol/(m^2·s)。在年周期中，一般冬眠和春季光饱和点较低，而夏、秋季光饱和点较高。超过光饱和点的强光对茶树光合作用产生光抑制，茶树叶片得到的多余光能主要依靠叶黄素循环以热能形式耗散，而当光照强度超过饱和光强较多时，多余强光对茶树叶片的光反应系统造成损伤，且随着光照强度的增加，损伤越严重（韦朝领 等，2003）。强光的损伤在高温、缺水时越加严重，造成冠层表面叶片枯焦。

光照强度对茶叶品质的影响十分明显。最显著的例子就是在适度遮阴条件下，茶树新梢持嫩性增加，叶子变薄、叶面积增大，叶绿素含量和氨基酸含量增加，茶多酚含量下降，酚氨比下降。近年来的研究（Zhang et al.，2014a）证实，在弱光条件下，参与茶多酚合成的许多基因表达下调，类黄酮产物合成相应降低。遮阴具有降低温度和增加湿度的作用，同时还降低黄酮醇及其糖苷物质含量。遮阴作为一项常规的农艺措施被广泛地用于抹茶生产之中。

2. 光质

光质对茶树光合强度、生长和茶叶品质成分有较大影响（陶汉之和王新长，1989）。在相同光量子通量密度[μmol/(m^2·s)]下，茶树叶片光合强度依次为红光>紫光>黄光>绿光。与白光相比，红、黄、绿光促进茶树芽梢伸长，叶面积扩大；蓝、紫光抑制芽梢伸长，叶面积减小；蓝、紫光下比叶重增加，黄、绿光下次之，红光下略减少。不同光质下生长的茶树叶片叶绿素总量（重量计）以蓝、紫、绿光下最高，蓝、紫、绿光下茶树叶片叶绿素 b 含量提高。蓝、紫、绿光下，氨基酸总量、叶绿素和水浸出物含量较高，而具有苦涩味的茶多酚含量相应减少。总的来说，红光下的光合速率高于蓝、紫光，红光促进碳水化合物和茶多酚形成；蓝、紫光促进氨基酸、蛋白质合成。在一定高度的山区，雨量充沛，云雾多，空气湿度大，光照强度减弱，漫射光丰富，蓝、紫光比重增加，这是高山云雾茶中氨基酸、叶绿素和含氮芳香物质多，茶多酚含量相应较低，茶叶品质高的原因之一（陶汉之和王新长，1989）。

光周期长短对茶树生长也有一定影响，光周期短于 11 h，茶树生长受到抑制（Matthews and Stephens，1998；Tanton，1982），但是对大部分茶区而言，在适宜生长的温度范围，光周期均长于 11 h，因此光周期对茶树生长的影响一般难以观测到。

2.1.3　水分与茶树生长发育

1. 茶树水分需求

水分是保证茶树正常生长发育的基础条件之一，雨量不足，空气湿度太低，对茶树生长发育不利。茶树生长期间，通过蒸腾作用和蒸发损失的水量为800～1 000 mm。在湖南长沙，土壤相对含水率为65%～85%时，春茶生长季节（4～5月）的茶树蒸腾强度为13.8～31.2 g/(m2·h)，高温、干旱季节（7～8月）的茶树蒸腾强度为47.6～106.2 g/(m^2·h)，全年茶树蒸腾强度平均为23.0～31.4 g/(m^2·h)（谌介国 等，1985）。在杭州茶区亩产干茶150～200 kg的茶园，春茶采摘期间，茶园日平均耗水量达到3 mm左右；高温炎热的夏秋茶阶段（7～8月），茶园日平均耗水量可达到 5.8～7.0 mm；非生长期的11月到翌年2月，茶园日平均耗水量在2 mm以下；茶园全年耗水量近1 300 mm（许允文，1985）。据杭州、长沙等地的试验结果显示，幼龄茶树的蒸腾系数为262～384，经济产量耗水系数为847～1 032。

干旱胁迫降低茶树植株高度，抑制叶片扩张和新梢伸长生长，降低植株叶面积指数，减少叶绿素合成或促进其降解，叶片光合作用速率因气孔关闭和导度降低而显著下降，根系活力降低，抑制茶树生长和降低产量。干旱胁迫还诱导氨基酸（如脯氨酸）合成、多胺合成（精氨酸脱羧酶）、糖转化（如海藻糖-6-磷酸合成酶）、糖转运蛋白（己糖转运蛋白、糖转运蛋白）和糖酵解途径（葡萄糖-6-磷酸、甘油醛-3-磷酸脱氢酶、磷酸烯醇丙酮酸羧化激酶）的基因表达，但是下调苯丙氨酸氨裂合酶（phenylalanine ammonialyase，PAL）基因表达，降低苯丙氨酸氨裂合酶活性（Das et al., 2012）。干旱胁迫降低氨基酸和儿茶素含量，降低红茶、乌龙茶品质（Jeyaramraja et al., 2003；Munivenkatappa et al., 2018；Chen et al., 2010）。我国茶区干旱多发生在夏秋高温或冬春雨水稀少季节，对茶树的不利影响既可在当季产生，也会对后续茶树生长和茶叶品质产生不利影响。适当的灌溉可以明显改善茶叶品质。

2. 降水

降水是茶园水分最主要的来源。我国茶区年平均降水量均在 700 mm 以上，茶树能正常生长发育的年降水量要在 800 mm 以上。除要求降水充沛外，茶树生长发育对降水的季节分配也有一定的要求。在生长期间，月降水量通常不能少于100 mm，当月降水量少于 50 mm 时易发生干旱。我国茶区的降水基本上集中在暖季（4～9 月），与茶树的生长季节基本相符，但是在有些地区或年份，由于降水不均匀造成比较严重的季节性干旱。例如，在四川北部、云南南部、湖北十堰、陕西安康等地区，降水通常集中在5～8月，春季雨量偏少，形成较严重的春旱；在长江中下游的一些地区，7～8月的降水量往往偏少，而蒸发量又比较大，容易形成伏旱。为了减少干旱对茶树生长的影响，通常要采取适当的栽培措施或进行灌溉以保证茶树对水分的需求。土壤相对含水率为 80%～90%时，幼龄茶树生长最佳，主根长度、叶面积、生物量均最高；根系生长则以土壤相对含水率为 65%～80%为最好，土壤相对含水率在 70%以下或超过田间持水量时，生长指标明显下降（许允文，1985）。

3. 空气相对湿度

空气相对湿度也对茶树生长发育产生影响，一般认为在生长期间要求空气相对湿度为 80%～90%，低于 50%对茶树生长发育不利，而且使茶叶质地粗硬，品质降低。茶树新梢停止伸长的临界空气饱和差（saturation deficit）约为 2.3 kPa，相当于 28%～45%的空气相对湿度（假设气温 25～30℃）（Tanton，1982）。

2.1.4　地形海拔与茶树生长发育

茶树多种植于山区和半山区，茶树的生长发育和品质因海拔不同而变化，我国主要高山名茶分布在海拔 400～1 000 m 的山地。海拔主要通过气温、光照、土壤等因素对茶树生长发育、产量和品质产生影响。山地年平均气温垂直递减率为 0.51～0.55℃/ 100 m，随着海拔的升高，山地上各月的平均气温与年平均气温都明显地降低，日平均气温大于 10℃的开始日期推迟，终止日期提早，有效积温减少，结冰日数增多，而极端最低、最高气温降低，茶树冻害概率增加，早春萌芽和采摘时期推迟，采摘次数减少。山上与山下比较，山上的降水量与降水日数一般比山下多，凝结高度相对湿度较大。在凝结高度以上，相对湿度随高度升高而递减；在凝结高度以下，相对湿度随高度升高而递增。凝结高度则随山地和季节而不同。在一定高度的山上，云雾日数比山麓多。

在一定的热量保证情况下，水分适宜，空气湿度大，云雾日数多，则茶叶产量会更高，品质会更好。因此选择适宜高度的山地栽培茶树，可提高茶叶产量和品质。与同纬度低海拔相比，高海拔茶树发枝数和着叶数减少，嫩茎增粗，芽叶肥壮、百芽重高，对夹率低，新梢节间长，持嫩性增强，氨基酸含量明显提升，香高而持久的高沸点香气成分显著增加（李名君 等，1988）。但是，也不宜在过高的高山种茶，不但茶叶产量降低，而且冻害加重，生产成本提高。黄寿波（1982）曾提出以下简便公式计算茶树栽培适宜的上限海拔（h）。

$$h = h_0 + \frac{T_0 - T_b}{r} \tag{2-2}$$

式中，h_0 为山地山麓气象站的海拔（m）；T_0 为气象站年有效积温；T_b 为茶树生长最低有效积温，取≥10℃的年有效积温，一般为 3 500～4 000℃；r 为积温的垂直递减率（约为 1.68℃/m）。

2.2 茶园土壤生态

2.2.1 土壤特性与茶树生长发育

1. 土壤物理性质

茶树是深根作物，根系的垂直分布深度可到达 1 m 以下，而吸收根主要分布于 0～50 cm 土层，因此，茶园土壤的土层厚度一般要求在 80 cm 以上，整个土壤剖面没有障碍层存在，土壤质地以壤土较好，过黏或过砂对茶树生长发育和品质产生不利影响。研究发现，砂粒粒径（0.02～0.05 mm）与茶叶氨基酸含量呈极显著正相关，黏粒粒径（<0.002 mm）则与茶叶氨基酸含量呈极显著负相关（王效举和陈鸿昭，1994）。土壤成土母质对茶树生长发育和茶叶品质也有重要影响，花岗岩、石英砂岩、变质岩系（以片麻岩为主）及部分多石英的凝灰岩上常产优质茶，玄武岩、石灰岩及中更新世（Q2）红土上所产茶叶的品质较差（陆景冈 等，2009）。优质茶园土壤耕作层厚度一般要求为 25～30 cm 及以上，疏松肥厚，容重为 1.0～1.2 g/mL，固、液、气三相比约为 50%∶20%∶30%，孔隙度为 50%～60%，大于 0.05 mm 的传导孔隙超过 10%，有效孔隙（>0.005 mm）比例一般应大于 25%，渗透系数大于 10^{-3} cm/s，茶树根系分布多；亚耕层和底土层不紧实，有一定的通透性，容重为 1.20～1.45 g/mL，孔隙度为 45%～50%，固、液、气三相比约为 55%∶30%∶15%。

2. 土壤化学性质

茶树生长发育需要酸性的土壤，一般要求土壤 pH 低于 6.5，适宜范围为 4.0～5.5。茶树不能在石灰性土壤上生长，因此有石灰岩、石灰性紫色砂页岩发育形成的幼年土壤，或长期施过石灰、草木灰的稻田、菜园等都不宜种植茶树。有机质是土壤的重要成分，是茶树养分特别是氮的重要来源之一，对茶园土壤的物理、化学和生物性质有深刻的影响。优良茶园的土壤有机质含量一般要求在 2%以上，胡敏酸与富里酸的比值较高（丁瑞兴和黄骁，1991）。土壤肥力状况对茶叶滋味影响十分直接、明显，肥力供应不足时，新梢叶薄，芽小，持嫩性差，水浸出物、氨基酸及其相关组分含量较低（李名君 等，1988）。因此，高产优质茶园土壤一般含有较丰富的养分，其中全氮含量应高于 1.0 mg/g，土壤速效磷（Bray I 法测定）、钾和交换性镁含量（醋酸铵法测定）分别高于 15 mg/kg、100 mg/kg 和 50 mg/kg。

茶园土壤重金属含量必须达到规定标准。根据农业部颁布的《无公害食品 茶叶产地环境条件》（NY 5020—2001）规定，土壤中 6 种重金属含量应达到的标准为镉≤0.30 mg/kg、汞≤0.30 mg/kg、砷≤40 mg/kg、铬≤250 mg/kg、铅≤

150 mg/kg、铜≤150 mg/kg。

3. 土壤生物性质

茶园土壤应具有生物活性强，土壤呼吸强度和土壤纤维分解强度高，土壤酶促反应活跃，微生物数量多，土壤自生固氮菌、解钾细菌、解磷细菌含量高，土壤蚯蚓数量多，有益微生物对茶树病原体的抑制作用强等生物特性。

2.2.2 茶园土壤生态系统中的生物及其功能

1. 茶园土壤中的微生物类别

茶园土壤中存在着复杂多变的微生物（如细菌、真菌、放线菌等），虽然它们在土壤组分中所占的比例很微小，但微生物的组成、生长、繁殖对茶园土壤肥力和茶树生长具有重要影响，同样，茶树生长对这些微生物也产生影响。随着现代 DNA 测序技术的发展，人们对茶园土壤微生物的认识更加深入。茶园土壤的优势细菌主要为酸杆菌门、厚壁菌门、变形菌门、放线菌门、拟杆菌门和绿弯菌门等，有假单胞菌属、芽孢杆菌属、农杆菌属、短杆菌属、微球菌属、热酸菌属、伯克氏菌属、水恒杆菌属，以及属于γ-变形菌纲的未分类属和属于酸杆菌科的未分类属等。茶园土壤中的优势真菌主要有子囊菌门、担子菌门、接合菌门等，包括青霉属、曲霉属、木霉属、根霉属、毛霉属、拟青霉属、镰刀菌属等。茶园土壤中的放线菌主要有链霉菌属、诺卡氏菌属和小单胞菌属等。

茶园土壤微生物的数量、组成、多样性等与茶园土壤性质、茶树生长密切相关。茶园土壤中的有机质含量丰富、通透性高，茶树生长茂盛，根系分泌物和脱落物多，土壤微生物数量就多、多样性高。茶园土壤微生物还受温度、降水等影响，春、秋季土壤温度适宜，降水充足，土壤水分含量适宜，茶树生理代谢活跃，土壤微生物数量呈增加的趋势；夏季高温，土壤含水量较低，土壤微生物数量和活动降低；冬季寒冷，土壤含水量低，土壤微生物活动相对也较少。茶树根际微生物区系的组成和数量分布与茶园管理水平等也有密切关系，长期施用化肥可降低土壤微生物的种群数量和多样性。研究发现长期大量施用化学氮肥可降低茶园土壤中的细菌和真菌群落多样性，改变其组成，增加热酸菌属、青霉属等微生物的丰度，降低伯克氏菌属、被孢霉属、木霉属、镰刀菌属等微生物的丰度（Yang et al., 2019）。增施有机肥则显著促进土壤微生物活动，提高土壤微生物的多样性。提高施用有机肥量明显增加变形菌门、拟杆菌门、浮霉状菌门、芽单胞菌门、疣微菌门等种群，而在化肥施用比例较高时放线菌门、绿弯菌门种群显著增加（Ji et al., 2018）。茶树的不同树龄对根际微生物数量也有很大影响，微生物的总数量随茶树的树龄增大而降低，其原因在于根系生活力随茶树树龄增加而减弱，分泌物和脱落物减少。

2. 茶园土壤微生物的生态功能

茶园土壤微生物在土壤物质循环中发挥重要的作用，如茶园土壤中存在着较丰富的解磷细菌类群，大多属于芽孢杆菌属、假单胞菌属、类芽孢杆菌属和寡养食单胞菌属，主要有蜡样芽孢杆菌、荧光假单胞杆菌、嗜麦芽寡养单胞菌、巨大芽孢杆菌、恶臭假单胞菌、球形芽孢杆菌和多粘类芽孢杆菌等（Cakmakci et al., 2010）。

茶园土壤中存在着氨氧化细菌和古菌。例如，硝化螺菌属、亚硝化单胞菌属微生物促进氨转化为亚硝酸根，硝化杆菌属、硝化刺菌属、硝化螺菌属、硝化球菌属等微生物将亚硝酸根转化为硝酸根，二者联合完成完整的硝化作用。

茶园土壤中还存在着反硝化细菌，在嫌气条件下使硝态氮转变为氧化亚氮和氮气等，是温室气体排放和氮素损失的重要途径。反硝化细菌主要为蜡样芽孢杆菌和巨大芽孢杆菌，一些假单胞菌属、芽孢杆菌属、硫杆菌属、固氮螺菌属、慢生根瘤菌属微生物和真菌子囊菌也具有反硝化作用。

在茶园土壤微生物中存在丛枝菌根，能侵入茶树根中与茶树形成共生体。研究发现茶树根系的柑橘球囊霉和地表球囊霉的侵染率高达24.2%～68.4%。丛枝菌根的存在增加了根系伸展幅度，促进茶树对土壤磷、锌等矿质养分的吸收，提高茶树磷酸酶活性和光合效率，茶树生长明显增加。丛枝菌根侵染的茶树与对照相比，咖啡碱含量明显增加，酚氨比降低，茶叶苦涩味减轻（束际林和李名君，1987；任明兴和骆耀平，2005）。

从茶树根际土壤中筛选分离得到的氨化菌、固氮菌[如褐球固氮菌菌株（GD5）等促生菌]具有溶磷作用和分泌生长素的能力，接种后土壤铵态氮、速效磷、速效钾明显增加，茶苗生物量和新梢全氮量显著提高（韩晓阳，2013）。

土壤酶活性是土壤生物学的重要特征之一。茶园土壤中的酶很多，如蛋白酶、脲酶、多酚氧化酶、过氧化氢酶、磷酸酶、转化酶等都是茶树和土壤生物活动的产物。各种酶活性反应参与土壤各种生物化学的过程，例如，过氧化氢酶、多酚氧化酶和转化酶参与茶园土壤枯枝落叶及有机质的转化、腐殖质的合成及糖类水解；蛋白酶和脲酶参与茶园土壤蛋白质和尿素水解；同化或异化硝酸还原酶、亚硝酸还原酶、一氧化氮还原酶和氧化亚氮还原酶参与土壤反硝化作用，是土壤氧化亚氮排放的重要驱动因子；磷酸酶参与茶园土壤各种有机磷化物的分解和转化。高产茶园一般具有较高的脲酶、蛋白酶、酸性磷酸酶、过氧化氢酶和多酚氧化酶活性，磷酸酶活性与有机磷、有效磷、铁-磷、铝-磷、钙-磷含量及茶叶产量之间均呈显著或极显著的正相关关系。

3. 茶园土壤动物

蚯蚓是土壤的重要生物因子，具有松土、排泄有机物、增加养分、改良土壤等功能，是土壤肥力特征的综合反应指标。据湖南亚热带茶园调查，茶园土壤的主要蚯蚓品种以巨蚓科、正蚓科和链胃科为主（彭晚霞 等，2008）。有人研究了湖南长沙茶园，2～10 月蚯蚓的种群数量变化为 0～5.9 条/m^2，蚯蚓生物量变化为 0～6.74 g/m^2，夏季（6～7 月）较低，2～5 月以个体较大的巨蚓科为主，6～10 月以个体较小、耐高温干旱的正蚓科和链胃科蚯蚓种群为主；施用有机肥后，蚯蚓数量明显增加（单武雄 等，2010）。

2.2.3 茶园土壤退化及改良

1. 茶园水土流失及改良

土壤侵蚀是造成茶园土壤退化的重要原因。陈小英等（2009）对福建安溪茶园观测发现，五年生茶园土壤侵蚀深度平均为 0.62 cm，三年生和一年生茶园土壤侵蚀深度分别为 0.7 cm 和 0.85 cm。福建福安茶区某山地坡度为 20° 的茶园，在一年时间内水土流失的土达 14.3 t/hm^2，折合氮 24.24 kg、磷 4.4 kg、钾 63.7 kg、腐殖质 112.4 4 kg。张燕等（2003）研究发现，江苏宜兴某茶园土壤侵蚀模数为 1 946～3 912 t/(km^2·a)，造成的土壤有机碳损失达 644～1 579 kg/(km^2·a)，氮素损失达 29.4～87.3 kg/(km^2·a)。茶园水土流失主要是由地面径流所致，建立茶-林复合生态系统，利用乔木截留降雨，对雨水进行再分配，可减少雨水对土壤表面的直接撞击和地面径流；采用铺草覆盖、套作绿肥、保持一定量的地表杂草等技术措施可以显著降低土壤侵蚀。

2. 茶园土壤酸化及改良

土壤 pH 下降到 4.0 以下时，影响茶树正常生长，导致茶园低产、低质。研究报道，1990～1998 年，江苏、浙江、安徽 3 省茶园土壤 pH<4 的比例由 13.7%上升到 43.9%，表现出较严重的酸化现象（马立锋 等，2000）。长期定位试验显示，茶园土壤因植茶导致自然酸化，在不施氮的条件下，8 年后茶园表层土壤 pH 由 4.16 降至 3.32（Yang et al., 2018）。NH_4^+ 氧化形成 1 mol 的 NO_3^- 会产生 2 mol 的 H^+。因此，施用的氨态氮肥经过硝化作用后，会导致茶园土壤酸化。化学氮肥高量施用进一步加剧了土壤的酸化过程，施氮显著降低土壤 pH、交换性钾、钙、镁含量和盐基饱和度，增加水溶性铝、有机交换态铝和吸附羟基态铝的含量，并且重氮施肥还导致底土酸化（Yang et al., 2018）。植茶后土壤的自然酸化与茶树根系具有酸化根际土壤的能力密切相关，根际土壤 pH，交换性钙、镁含量和盐基饱和度明显降低，水溶性铝、交换态铝饱和度和吸附羟基态铝的含量显著高于非根际

土壤，茶树根际土壤明显酸化（阮建云 等，2003a）。

施用有机肥是防止土壤酸化的有效办法。另外，施白云石粉也是改良酸化茶园的经济有效的方法。当土壤 pH 降到 4.5 以下时，每年秋冬结合施基肥，每亩施 15 kg 通过 100 目的白云石粉，可增加土壤镁含量，防止土壤酸化；当 pH 上升至 5.5 时停止施用。近年来有试验表明，施用生物黑炭能明显提升土壤 pH，同时减少氮淋失，增强土壤养分持续供应能力（王峰 等，2015）。

3. 茶园土壤贫瘠及改良

肥沃土壤是获得优质高产茶叶的基础，但是由于立地条件或管理措施不到位，有些茶园土壤有机质含量低，缺少丰富活跃的土壤微生物，造成茶叶产量低、品质差。通过施用有机肥，可以快速提高土壤有机质含量，达到改良土壤的目的。

在土壤有机质含量低的茶园，可以通过在茶园间作绿肥或草本作物，或在茶树行间覆盖稻草等措施，有效增加茶园土壤有机碳和氮含量，为土壤微生物活动提供足够的碳源、氮源，使土壤微生物数量持续增加，活性增强，土壤养分有效性提高。同时，茶园地表覆盖有机物料还可以保持茶园土壤水分，特别在连续高温低湿天气时，可提高高温干旱和持续干旱时土壤表层含水量，有效延缓和缩短干旱时间，减轻干旱对茶树生长的影响。土壤覆盖还可以显著减少杂草的种类，极显著地降低杂草高度、密度和生物量，抑制杂草对茶树生长发育的影响。间作绿肥增加土壤有机物质的投入，可促进团粒结构形成，增加土壤总孔隙度，从而使容重下降。

4. 土壤重金属超标及治理

茶叶中重金属的一个重要来源是土壤，包括土壤本底含量和外源输入。研究表明，我国大部分茶园处于山区或半山区，土壤重金属本底含量符合国家标准。但是不排除个别茶园处于富矿地质区域，由于成土母质富含重金属而造成土壤重金属含量超标，对于此类茶园应坚决实行退茶还林。有些茶园的土壤重金属总量处于安全水平，但是由于土壤酸化而活性增强，造成茶叶中的重金属含量升高至超标，可以施用生石灰、白云石粉等土壤调理剂，通过提升土壤 pH 而使重金属元素固化失去活性，减少茶树吸收（Han et al., 2006）。茶树根系一般会分布到深层土壤，需要将土壤调理剂深施并与土壤充分混合，因此改良土壤 pH 是一件费时、费力、费钱的大工程，且只在一定时间后才起作用，需要进行经济核算是否值得进行土壤改良。外源输入主要包括施肥和大气沉降输入等。肥料特别是有机肥的来源比较复杂，施用前应分析其重金属含量，确认合格后施用；同时为了避免土壤累积效应，尽量避免一次性大量施用，还可以采取交替施用的策略，如把饼肥和畜禽粪有机肥隔年轮换施用。

2.3　茶园生态系统特性

2.3.1　茶树群体结构与特性

1. 个体与群体关系

茶园的群体由许多茶树个体组成，茶树群体与个体是一个有机统一体，并非单纯的个体拼凑。同一群体内的各个个体，既相对独立，又紧密联系和制约。个体生长发育的好坏会影响群体的发展，而群体的发展又关系着个体的生长发育。茶树的个体生长发育指的是个体的分枝性能、着叶数、植株的高度、树冠的幅度、枝干粗度、单株发芽数、单株产量，以及个体植株重量等指标，茶树年龄、品种性状、种植密度等对茶树群体发育动态和个体营养状况产生重要影响。

茶树品种的分枝性能对群体结构有重要影响。研究发现，福云 7 号叶型大，为直立型、小乔木状、树冠高大、主干粗壮、分枝部位高、幼树生长迅速，表现出成园早、封行早、叶片互相遮阴程度大的特性，群体自动调节作用的时间出现较早；相反，福鼎大白茶属于中小叶种，叶型较小、灌木状、树冠相应较小，幼树生长较缓慢，它的群体发挥自动调节作用的时间较晚（表 2-2）（谢庆梓，1982）。增加种植密度，使单位面积内茶树个体数增加，个体所占有的营养单元缩小，个体植株的生长发育转而减弱，表现为分枝数量明显减少，单位土地面积内叶片数较少；相反，降低种植密度，单位面积内的个体数减少，个体所占有的营养单元增大，植株的生长发育往往较强壮。个体分枝数量在群体中的变化最大。种植密度对茶树根系生长也产生重大影响，稀植茶园根系伸向土层深处，下层土壤（40～60 cm）有大量根系分布，而密植茶园茶树根系浮生于表土层，深层土壤根系明显减少。

表 2-2　五年生茶树种植密度群体和个体调节（谢庆梓，1982）

项目		种植密度（株/亩）			
		福云 7 号		福鼎大白茶	
		1 444	12 987	1 444	12 987
群体特性	覆盖度/%	96.3	100.4	77.4	91.3
	分枝数/（万个/亩）	70.3	62.9	42.8	90.0
	发芽数/（万个/亩）	177.6	172.6	70.6	158.5
	叶面积指数	5.8	5.8	1.5	2.3
	自疏比例/%	3.1	20.5	3.1	18.8
个体特性	丛幅/cm	103.3	75.9	89.8	68.3
	分枝数/（个/株）	502.6	60.9	305.7	85.4
	主干直径/cm	4.87	1.89	4.31	1.66
	叶片数/（片/株）	1 301	447	749	572

2. 茶树树冠结构

中国是茶树原产地，西南地区是茶树的起源中心。从茶树形态看，自然生长条件下，有高大的乔木型，目前在云南、重庆、贵州、四川等地可见一些大茶树，树高超过 20 m；也有矮小的灌木型，如龙井瓜子种和武夷菜茶，即使完全自然生长，高度也不足 1 m；介于两者之间的是小乔木型。在生产上，为了管理方便和提高产量，茶树从幼龄开始要经历 3～4 次定型修剪，促使茶树形成合理的分枝结构，有粗壮的骨干枝，拥有宽大的树冠，保持一定的叶层厚度和叶面积指数。经过幼龄期定型修剪而进入青年期、盛产期的茶园通常还要进行轻修剪，以便保持生产枝的活性，并使树冠采摘面处于一定的高度、便于采摘；到茶树度过盛产期时，还需要进行深修剪、重修剪，复壮生产枝和骨干枝，形成富有活力的更新树冠；到衰老期，还要进行台刈，恢复茶树生机。

叶片是茶树进行光合作用合成有机物的场所，茶园初级生产能力和茶叶产量的高低取决于群体的光合作用和呼吸代谢之间的差值。由于叶片对光的截获和相互遮阴的影响，茶树冠层光照随叶层增加而下降。从表层到下层叶片接收到的光合有效辐射明显降低，一般认为符合朗伯-比尔（Lambert-Beer）定律。树冠下层的二氧化碳浓度明显高于树冠中层、略高于树冠表层。从树冠表层到下层，叶片的比叶重明显降低，但表层、中层叶片中叶绿素含量相当，显著高于下层叶片；单位面积氮、碳含量的变化趋势同样表现为从树冠表层到下部显著降低。树冠表层、中层和下层叶片的光饱和点分别为 1 072 μmol/(m^2·s)、568 μmol/(m^2·s)和 400 μmol/(m^2·s)。叶片光补偿点没有明显差异（余海云 等，2013）。茶树气孔导度表现为树冠表层叶片>中层叶片>下层叶片的变化特点，胞间二氧化碳浓度的分布为树冠下层叶片>表层叶片>中层叶片，蒸腾速率表现为树冠表层叶片>中层叶片>下层叶片的变化特点。茶树树冠表层叶片的光合氮利用率最高，中层次之，下层最低。树冠下层叶片光合作用速率下降的主要因素是光合有效辐射强度降低，进而造成光合系统活性和羧化效率明显降低。因此，需要采取轻、重修剪措施，保持适宜的叶面积指数，既不能过低也不能过高，从而维持良好的茶树冠层结构。

茶树群体中茶树树冠显示不同的小气候特征，因此对茶树生长和茶叶品质产生一定影响（姚国坤 等，1992）。例如，杭州龙井茶区（30°N），条栽生产茶园的茶树树冠小气候因子受方位及部位的影响，进而影响茶树生长特性。对东西排列的茶行，树冠南侧相对光照强度和叶温高于北侧，树冠南侧空气相对湿度小于北侧，树冠南侧茶树新梢萌发生长物候期早于北侧，树冠南侧花蕾着生数多于北侧，树冠南侧茶多酚含量高于北侧，氨基酸含量分布与茶多酚相反。对南北排列的茶行，相对光照强度和叶温的分布为树冠西侧高于东侧，东侧新梢萌发物候期略迟于西侧，东侧花蕾着生数少于西侧，西侧鲜叶氨基酸含量略低于东侧，东侧

茶多酚含量略少于西侧。咖啡碱含量差异不大。

2.3.2　间（混）作茶园生态特性

1. 茶园防护林带生态特性

在茶园周围或茶园中间道路两侧种植树木，形成护田林带，一般为纵横交织的网状方格。方格长边与当地有害的盛行风向垂直，称为主林带；方格短边与有害的盛行风向平行，称为副林带。方格大小因当地气候条件、防护林树种和茶园地形地貌等而定。防护林使茶园内风速减小，其效应与林带高度和天气有关，一般在林带迎风面 5 倍林高距离到背风面 10 倍林高处，风速比对照茶园（无防护林）减少 30%以上。林带保护使茶园蒸发量减少，相对湿度增大。林带对温度的影响比较复杂，冬季冷空气南下时，可提高温度，在辐射天气下可能反之。例如，浙江兰溪，在茶园周围设置以杉木为主的防护林，防护林网的基干林带与冬季主要来风方向垂直，主林带间距 50 m，每一小林网控制茶园面积 3.3 hm^2。防护林调节园地小气候，夏季防护林能降低园地气温 3.0～4.6℃，冬季防护林能提高园地气温 2.2～5.1℃，园地空气相对湿度提高 6%～8%，从而有效地防御冬季低温冻害和夏季高温干旱及干热风危害（傅庆林 等，1995）。不仅如此，防护林还能减弱风速，综合防风效率达 75%。降低茶叶中茶多酚含量，提高其氨基酸、咖啡碱和水浸出物含量。防护林使茶叶提早采摘，从而增加高档茶产量。山东日照一茶厂用黑松 3～5 行、侧柏 2～3 行作为防护林带，防护林网保护区内的土壤蒸发量比无林区减少 23%，作物蒸腾失水量减少 25.5%，空气相对湿度比无林区提高 20%左右，土壤含水量提高 39%。在防护林的 0～50 m 保护范围内，冬季林区内气温比无林区高出 1.5～2.9℃，而在夏季防护林区内气温又比无林区低，有利于茶树的生长（段永春 等，2010）。

2. 林-茶混作复合生态系统特性

茶园复合生态系统是在同一块土地上既栽培茶树又种植其他作物，物种间协调发展，互相促进。从垂直空间结构上可配置两个或两个以上物种，如乔木+茶树的林-茶复合生态系统。这种配置方法在我国茶叶生产中有着悠久的历史。20 世纪 50 年代江苏芙蓉茶厂建立了梨树和茶树间作的茶园复合生态系统，云南普文农场建立了橡胶和茶树间作的胶-茶人工群落。目前，林-茶间作类型主要有用材树种（如湿地松、泡桐、香椿等）与茶树间作；经济林和观赏林树种（如乌桕、油桐、橡胶、黄樟、银杏、杜仲、樱花、桑等）与茶树间作；果树（如板栗、桃、柿子、葡萄、山楂、香蕉、柑橘、梨等）与茶树间作。

这种复合生态系统的主要优点如下。①改变茶园微气象条件。由于乔木的覆盖效应，林-茶间作降低光照强度，改变茶园内光的性质，减少直射光，增加散射光和漫射光；使茶园内的日最高温度降低，最低温度升高，减小温度日较差；由于林木覆盖，近地面的水汽不易向空中逸散，提高了茶园空气湿度。微气象条件的改变，更好地满足茶树喜光耐阴、喜温暖湿润的特性。②提高土壤肥力，减少病虫害，减轻环境污染。乔木树种根系深、范围广，与茶树形成多层根系分布，加速土壤水分、养分循环，有利于充分利用深层土壤养分；同时由于上层树木的截留作用，可减少水土流失；系统内落叶多，增加有机质，提高土壤肥力；林-茶复合生态系统内物种多，营养级增多，益虫和益鸟种群扩大，可以制约虫害发生，使茶园内害虫减少，茶树病虫害减轻。③过滤大气、吸附灰尘、减少空气总悬浮颗粒物、茶树新梢和成熟叶片滞尘量。例如，江苏省常熟市虞山林场杉木-茶带状间作，使茶园大气综合污染指数明显下降，茶树新梢和成熟叶片滞尘量减少 26%和 36%，茶叶铝的含量降低了 59%（薛建辉和费颖新，2006）。

种间有共生互利和竞争相克的特性，即具有不同的生态位，因此在选择物种时要尽可能趋利避害。适宜林-茶复合生态系统的树种应具备的条件如下：①对气候、土壤等适生条件要求应与茶树基本一致，适应性强、生长快；②与茶树共生互利，空间和土壤资源利用互补，有利于提高土壤肥力，无明显养分、水分竞争；③病虫害发生少，不与茶树病虫害形成寄宿主关系；④能美化和净化环境，符合生态观光和美丽茶园需求，林冠能有效吸收和阻滞空气中的有害、有毒气体及微尘，减少空气污染物对茶叶的污染程度，经济效益、生态效益、社会效益兼顾，达到林茶双丰收。

在具体配置上，应注意如下几方面。①密度适宜。根据茶树的生物学特性、种植目的，以及该地的生态条件（如光照强度）来确定系统中乔木树种的密度，乔木树种不能太密或太稀，避免树冠重叠过多或过少，以免造成过分遮阴或漏光。不同茶区乔木树的种植密度应有差异，长江中下游茶区应比华南茶区稀些。②合理整形修剪。对乔木树种要进行整形修剪，控制冠幅和厚度。具体方法应因地、因树而异。根据各地实践经验，一般以遮阴度 30%～40%较适宜。③加强肥水管理。对茶园复合生态系统特别要注意肥水管理，加强土壤耕作，适当增施肥料，合理排灌，调节和控制土壤水分与养分。

3. 茶-草复合生态系统

在幼龄茶园（种植 1～3 年）或茶园重修剪后，利用行间间作速生的短期农作物，构建茶-草复合生态系统。常见茶园间作的农作物主要有绿肥（如黑麦草、紫云英、苕子、苜蓿、三叶草、圆叶决明、肥田萝卜、怪麻等）、油料作物（如花生、大豆和油菜等）、蔬菜作物（如蚕豆、绿豆、豌豆、罗顿豆、白菜、萝卜、辣椒、吊瓜和大蒜等）、根茎作物（如土豆和红薯等）。

这种复合生态系统的主要优点如下。①改变茶园小气候。间作高秆植物达到一定郁闭度，可起到遮阴的作用，盛夏季节降低光照强度，减轻或避免光抑制或光损伤现象，降低空气、土壤和茶叶叶面温度。在冬季，茶树-黑麦间作能提高气温，提高空气湿度。例如，在亚热带茶园间作三叶草，可以显著减少夏秋高温季节地表和土壤有害高温出现的次数，减少茶树受高温的危害（彭晚霞　等，2008）。②改良土壤。茶园间作能降低土壤容重，增加气相在三相中的比例，使土壤疏松；间作植物回田后能提高茶园土壤有机质含量，显著改善土壤微生物活动条件，间作有根瘤菌固氮作用的植物效果更为明显。茶园套种绿肥等作物有利于在较短时间内恢复新垦茶园植被，加强土壤蓄水保水能力，提高土壤抗蚀、抗冲能力，防治水土流失。例如，亚热带间种白三叶草茶园，与清耕茶园相比，土壤孔隙度提高4.4%，有机质、水解氮和有效钾含量提高24.1%、38.2%和16.2%，增加了茶园土壤表层（0～20 cm）和春茶采摘期（4～6月）的土壤水分含量，延缓并缩短了高温和干旱时间（向佐湘　等，2008）。广东幼龄茶园中间种大豆，大豆秸秆回田后能改良土壤养分状况，显著降低交换性铝含量，提高土壤pH，增加土壤有机质、有效氮和全氮含量（黎健龙　等，2008）。③提高茶园生物多样性。茶园套种绿肥等作物，为茶园生物提供食物、栖息、隐蔽和繁殖的场所，丰富群落组成。例如，茶-黄豆间作的茶园，茶饼病和茶炭疽病发病率降低了85%和74%。茶园间作白三叶草后营造了有利于蚯蚓生长发育的土壤环境，同时天敌种群（蜘蛛目、鞘翅目、膜翅目）数量显著增加，茶尺蠖、假眼小绿叶蝉、茶蚜虫种群明显减少（宋同清　等，2006）。茶园间作还能降低杂草的密度、株高和生物量，减少了杂草对茶树生长的危害。茶园间作万寿菊能有效控制茶树根结线虫的危害。④改善茶叶品质，增加经济收益。幼龄茶园套种大豆后，受高温旱情影响减少，茶苗成活率提高了8.9%（黎健龙　等，2008）。亚热带茶园间作白三叶草，茶叶产量增加了34%，同时明显改善了茶叶品质（宋同清　等，2006）。

4. 种养结合茶园生态模式

常见的种养结合生产模式有猪-沼-茶、茶-鸡-沼-茶、茶-草-畜-沼-茶等，将养殖业与种植业进行对接，猪、鸡等养殖动物的粪肥进入沼气池，经过厌氧发酵产生沼气，形成的沼肥是良好的有机肥料，以速效养分为主，所含养分全面，是茶叶生产的一种理想有机肥料。沼肥中还含有腐殖酸等物质，能改善土壤团粒结构，促进茶树根系养分吸收。这种系统有效地解决了动物粪便处理的需求，解决了直接排放污染环境的问题，所产生的沼气可用于生产和生活，节约生产成本；产生的沼液和沼渣又是良好的肥料，可以改善茶园生态环境和提高茶园土壤肥力。这种综合发展种植业和养殖业的生态模式具有较好的经济效益、生态效益和社会效益，是一种有效的低碳茶叶生产方式。

2.3.3 茶园生态系统碳、氮、铝、氟和重金属循环

1. 茶园生态系统碳循环

茶园生态系统的碳循环（图 2-1）与森林、农田生态系统相似。茶树叶片通过光合作用固定大气中的二氧化碳合成有机质，成为大气二氧化碳的库，又通过呼吸作用向大气释放二氧化碳，通过枯枝落叶、修剪物向土壤输入有机物，进入土壤有机碳库，或经土壤动物和微生物分解又释放二氧化碳。茶树根系还分泌有机酸、氨基酸等。除呼吸作用外，新梢采摘、土壤侵蚀、可溶性有机质淋溶，以及修剪物移出茶园等均是茶园生态系统碳输出的重要途径。

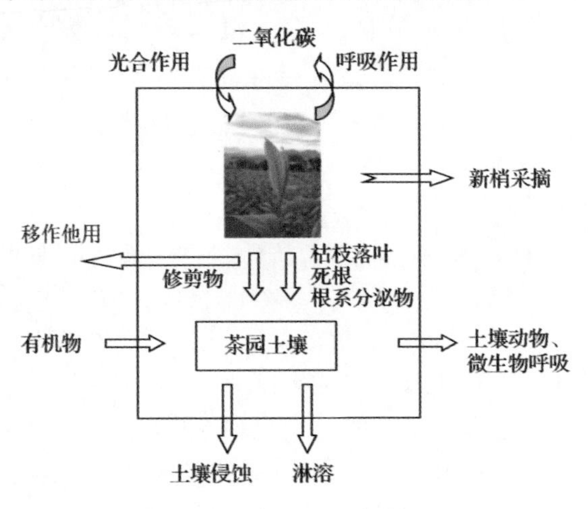

图 2-1　茶园生态系统的碳循环

茶树通过光合作用从空气中吸收并固定二氧化碳，合成有机质。茶树生物产量是光合作用制造的有机质总量减去呼吸作用消耗以后净累积的光合产物量，或干物质重量。印度的一项研究表明，茶园年光合产量为 37 t/hm^2，但全年呼吸消耗的干物质达到 22.4 t/hm^2，实际生物产量只有 14.6 t/hm^2（Hadfield，1976）。斯里兰卡的研究表明，茶树修剪周期（4 年）内年生物产量为 17.5～20.8 t/hm^2（De Costa and Navaratne，2009）。坦桑尼亚二年生茶园年生物产量为 9.43～12.17 t/hm^2，年净固定碳为 4.0～8.9 t/hm^2，相当于净固定二氧化碳的量为 14.8～33 t/hm^2（Burgess and Carr，1996）。我国绍兴高产茶园地上部的年生物产量约为 10 t/hm^2，如按根冠比 1∶2.5 估计，则茶园的年生物产量约为 14 t/hm^2，茶树年净固定碳约为 7.0 t/hm^2，相当于净固定二氧化碳的量为 26 t/hm^2。新梢采摘输出的碳与产量水平有关，如按 2008 年我国茶园平均产量 1 034 kg/hm^2（按采摘面积）计算，因采摘而输出的碳约为 486 kg/hm^2。

我国茶园主要分布在亚热带地区，主要土壤类型有红壤、黄壤、黄棕壤和黄红壤等，根层（0～40 cm）土壤有机碳的含量一般为 0.6～31.9 g/kg，平均为 10.4 g/kg

左右，因此茶园根层土壤有机碳储量约为 54 t/hm^2（设容重 1.3 g/cm^3）。茶园土壤有机碳主要有自然来源和人为输入两个途径，有机碳自然来源包括枯枝落叶、茶树根系分泌物、死根、修剪物等。一般茶园的枯枝落叶量可达 3 000～6 000 kg/hm^2，输入的有机碳量为 1 410～2 820 kg/hm^2，通过轻修剪回归土壤的有机物量可达 1 000～2 000 kg/hm^2，输入的有机碳量为 550～1 100 kg/hm^2；而重修剪回归土壤的有机物量更高（李忠佩和丁端兴，1992；尤雪琴 等，2008）。

土地利用方式的转变是影响土壤碳固定和二氧化碳排放的重要因素。荒地或稀疏灌木开辟为茶园后，原先在自然状态下的生物物质循环被茶园物质循环所代替，茶树的枯枝落叶及修剪物回园和施肥等技术措施增加了茶园土壤有机碳的累积。比较北亚热带地区森林破坏后土地的 9 种利用方式发现，土壤有机碳储量由高到低的排列顺序为茶园、灌木林、次生林、粗放经营毛竹林、马尾松林、农耕地、集约经营毛竹林、杉木林和早竹林，但森林开垦为茶园后，如果施肥不足可造成土壤有机碳储量下降（李止才 等，2007）。茶园土壤呼吸作用释放一部分碳。据研究，处于中亚热带茶园的年均土壤二氧化碳呼吸量为 28.55 t/hm^2，略高于同样地带的常绿阔叶林年均土壤呼吸量（24.12 t/hm^2），而低于毛竹林年均土壤呼吸量（30.77 t/hm^2）（黄承才 等，1999）。增强土壤碳固定能力的主要技术措施包括免耕、种植覆盖作物、施用有机肥、种植农田保护林等。

2. 茶园生态系统氮循环

茶园生态系统氮的主要来源有大气沉降、生物固氮和施肥，土壤氮素具有复杂而重要的转化过程。茶园土壤氮循环模式见图 2-2。

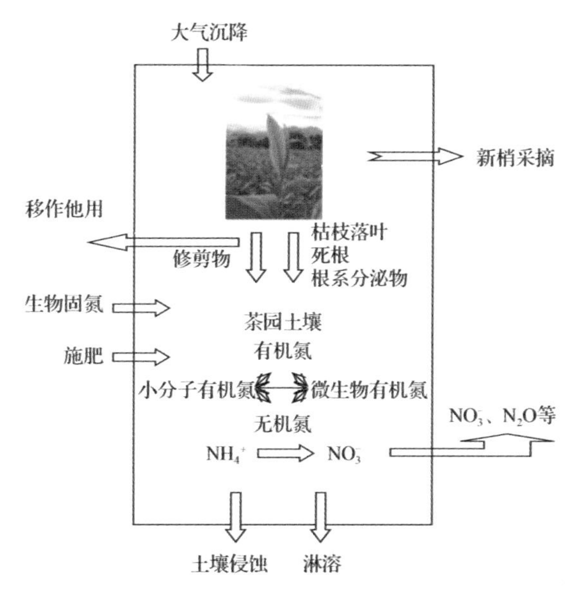

图 2-2　茶园土壤氮循环模式

氮素主要存在于茶树和土壤中。茶园耕层土壤的全氮含量为 0.11～3.35 g/kg，平均为 1.0 g/kg 左右。有机氮是茶园土壤氮素的主要形态，茶园有机氮含量一般占茶园总氮含量的 95%以上。有机氮可在土壤微生物作用下发生矿化作用，分解成氨基酸、酰胺和尿素等小分子有机氮，并进一步转化成简单无机氮，这是土壤有机氮生物有效化的过程。土壤的无机氮主要为铵和硝酸态氮，并以硝态氮为主要无机氮素形态。土壤中存在着复杂的氮素转化，除了矿化作用以外，还有硝化作用和反硝化作用等，涉及氮的淋溶作用和氧化亚氮、氨气等气体排放，是需要重点考虑的环境问题。

硝化作用为 NH_4^+ 在土壤微生物作用下形成 NO_3^- 的过程，同时还伴有氧化亚氮和一氧化氮等气体产生。土壤 pH 对硝化作用有显著影响，酸性土壤的硝化作用一般不高，因此，与旱地（荞麦地、花生地）和橘园土壤相比，茶园土壤的硝化作用明显较低。尽管如此，茶园土壤还是存在一定的硝化作用。而且，茶园土壤中还存在一些耐酸硝化细菌（如亚硝化球菌属细菌），即使在 pH 为 2 时还能起硝化作用（Hayatsu，1993）。在施氮量高的茶园土壤内经常会累积大量的硝态氮。在茶园中，土壤氮素损失的一个重要途径是 NO_3^- 淋溶，并对环境造成重要影响。研究报道，日本静冈某大量施肥茶园一年内通过 NO_3^- 淋溶损失的纯氮量达 284 kg/hm^2（Toda et al., 1997）。

反硝化作用是茶园土壤氧化亚氮排放的主要来源，比较亚热带不同土壤利用方式下土壤反硝化势能发现，旱地、林地和茶园土壤相近，土壤氧化亚氮排放量均低于水稻土（Xu and Cai，2007）。但是，如果过量施用化学氮肥，仍然会观测到比较明显的氧化亚氮排放。因此，在茶叶生产中，一定要科学、适量地施用化学氮肥，在满足茶树对氮素营养要求的基础上，尽量减轻对环境的负面影响。

3. 茶园生态系统铝、氟循环

茶树生长在酸性土壤中，酸性土壤含有较多的活性铝。茶树是一种典型的聚铝植物，适量的铝能促进茶树的生长（阮建云 等，2003a）；茶树根系具有增强根际土壤铝有效度的能力，与非根际土壤相比，茶树根际土壤的水溶性铝、交换性铝和吸附羟基态铝的浓度显著增加（阮建云 等，2003b）。茶树吸收的铝主要在成熟叶和老叶中累积，老叶中铝的浓度可达到几千甚至 30 000 mg/kg；铝在茶树新梢中的累积比较少，一般在 1 000 mg/kg 以下。因此，成品茶叶中铝的含量与采摘新梢的嫩度有很大关系，幼嫩的名优茶一般低于 300 mg/kg，而以成熟新梢或叶片制成的砖茶铝的含量可能超过 800 mg/kg。

茶树叶片的氟含量明显高于其他植物，显示茶树对氟具有特别的累积特性（阮建云 等，2007）。茶树主要通过根系吸收土壤中的氟，茶树根系对氟的吸收与外界有效氟水平有关，随介质（溶液或土壤）氟浓度提高而增加，因此茶叶氟的含量与土壤全氟或水溶性氟含量呈正相关。在 pH<5.5 的酸性土壤中，土壤溶液中的氟以氟铝络合物为主要形态，铝能促进茶树对氟的吸收。与此相反，在土壤或吸收溶液中添加钙则显著降低茶树对氟的吸收，从而降低氟从土壤向植物的传递。茶树根系吸收的氟在蒸腾作用下流向地上部，主要累积于叶片中，因此成熟叶片中往往含有高浓度的氟，通常超过 500 mg/kg，甚至可达 2 000～3 000 mg/kg；但是，在幼嫩的新梢中，氟的含量很低，一般不超过 300 mg/kg。生长环境对茶叶氟也有重要影响，砖瓦、磷肥、金属冶炼、化工、水泥、陶器等生产厂释放的烟雾中含有的氟元素，通过气态传送到茶树叶片后也能被茶树吸收。因此，在这些工厂附近的茶树往往含有超过常规水平的氟。

茶树落叶含有大量的铝和氟，是茶园铝、氟循环中的重要节点。江苏省金坛区茶园茶树每年的落叶量为 3 661～4 572 kg/hm^2，枯枝量为 918～1 316 kg/hm^2，通过落叶、枯枝、降水、透冠水等归还土壤的铝量为 25.1～31.1 kg/hm^2，氟量为 5.1～5.8 kg/hm^2，其中从茶园落叶、枯枝进入土壤的铝量和氟量分别占其总量的 86%～93%、4%～11%和 34%～46%、2%～3%，通过透冠水进入茶园土壤的氟量占其输入总量的 45%～54%（丁瑞兴和黄骁，1991）。在茶园生态系统中，茶树根系具有累积铝和氟的能力，它们从根系向地上部转运后主要累积于成熟叶中，之后铝通过落叶、枯枝归还土壤，成熟叶中的氟被降水淋出或通过落叶输入土壤，凋落物分解产生的络合态有机铝和氟铝络合物在土壤表层积累。

4．茶园生态系统重金属元素循环

茶叶中的铅污染曾经是 20 世纪 90 年代后期茶叶中含量较高的一种重金属污染。从 2000 年开始进行的实验结果表明，铅的污染来源主要有如下几个途径（陈宗懋 等，2007）：一是通过根系从土壤中吸收；二是大气中的铅通过干湿沉降到达并黏着于茶叶表面，或通过叶片吸收系统被吸收；三是在加工过程中污染所致，如通过茶厂所用燃料中含有的铅在燃烧时释放出的铅烟雾实现的气态传递，或者由于加工场所环境较差，以及加工原料直接与地表接触，造成空气尘埃和泥土进入茶叶带来污染。从研究结果看，大气沉降输入的重金属是茶叶中重金属的重要来源，如接近主干公路茶园生产的茶叶中重金属含量往往要高于远离公路的茶园。由根系直接从土壤中吸收也是一个重要的方面，我国大部分茶园分布于生态条件较好的山区或半山区，土壤中的铅含量一般在土壤背景含量水平，而且在通常情况下，土壤中绝大部分的铅以茶树不易吸收的矿物态、吸附结合态等形态存在，只有极少量的铅以生物有效形态存在而被茶树吸收，并不构成污染；但是在土壤酸化条件下，部分铅以矿物态或结合态存在的铅可转化为游离态铅而被植物根系吸收构成重金属污染。在某些情况下如果施用重金属含量高的磷肥或有机肥，覆盖重金属含量高的秸秆，也有可能造成土壤污染和茶叶污染。

麻万诸和章明奎（2011）对浙江4个代表性茶园的重金属流进行了定点定量分析，发现茶园生态系统中重金属来源物和农产品及排水中重金属流有较大的空间变异性，在以施用化肥为主的茶园中，锌、铜和铅输入主要为大气沉降，其次为有机肥施用；砷的输入主要为大气沉降，其次为化肥施用；化肥施用对镉和汞的输入有较大的影响。在以施用有机肥为主的茶园中，锌、铜、镉和汞的输入主要为有机肥的施用，其次为大气沉降；铅和砷的输入主要为大气沉降，其次为有机肥施用。以有机肥施用为主的茶园，其重金属的年平衡值高于化肥施用为主的茶园。

2.3.4 设施栽培茶园生态特性

1. 避光遮阴覆盖栽培茶园生态特性

茶树喜阴，通过遮阴树或覆盖遮阴的方法，形成微域生态环境，起到调节茶叶品质成分的作用。茶园覆盖材料有作物秸秆（如稻草）、茅草、竹帘和芦苇帘，以及以聚乙烯、聚丙烯和聚酰胺为原料制成的遮阳网等，遮光率为20%～90%，遮阳网有黑、银灰等颜色。遮阴的方式有篷面直接覆盖和搭棚（高棚或低棚）等方式，采用遮阳网时可用单层或双层。遮阴后，茶树接收的光照强度显著降低，对树冠温度的影响则因季节不同而有差异，春季时覆盖可以提高茶树冠层的温度，而夏秋季覆盖可明显降低茶树树冠的温度。在人工遮阴条件下，茶树新梢的叶绿素、氨基酸含量特别是茶氨酸含量明显增加，持嫩性增强，多酚类物质合成代谢强度降低，儿茶素含量明显下降，同时茶叶香气成分也发生明显变化（石元值 等，2014；Zhang et al., 2014a），茶叶品质因此得到提升。在抹茶生产中要采用遮阴措施，遮阴的效果与遮光度、遮光时间、茶树长势和栽培管理措施等有关。春茶生产时，一般在新梢达到二叶期开始覆盖，覆盖时长为20～30 d，遮光度为80%～95%，前期稍低、后期较高。夏秋茶一般在一芽二叶初展时开始覆盖，覆盖时间为2～3周。夏秋茶生产时采用具有隔热作用的遮阳网效果更好。遮阴栽培时，应选择合适的遮光度和遮光时间，如遮光率过高或覆盖时间过长，可能导致茶树叶片脱落，茶叶产量明显降低，氨基酸、茶多酚、咖啡碱和水浸出物含量均显著降低。

2. 大棚覆盖增温栽培茶园生态特性

冬春季温度较低，茶区易受倒春寒危害，采用塑料薄膜覆盖茶园可提高温度，提早茶叶开采期，还能避免或减轻冬季霜冻和早春晚霜的危害。塑料大棚覆盖茶园后，隔绝棚内和棚外空气的水热交换，增加地面长波辐射吸收，具有明显的保温、保湿效果。大棚内茶园的光照强度有所降低，一般仅为棚外茶园的50%左右，实际降低幅度与薄膜的种类、颜色、厚薄和新旧有十分密切的关系。大棚内的空气也发生较大变化，茶树呼吸作用和土壤中有机质分解等释放二氧化碳，棚内大气二氧化碳浓度在夜间明显升高；白天由于茶树的光合作用，棚内二氧化碳浓度明显降低，中午前后二氧化碳浓度过低而限制茶树光合作用。塑料大棚内温度高，呼吸作用强，而光线不足和二氧化碳浓度过低导致茶树光合强度较低，使茶树体内积累的同化物质含量减少，大棚茶园的茶叶产量和品质都有所降低，表现为芽梢变小，百芽重和发芽密度降低，氨基酸、咖啡碱和水浸出物含量也有明显降低。为了克服上述不足，塑料大棚覆盖茶园生产上应采用透光性强、无滴水、保温性能好、强度足够、不易破碎的农用塑料薄膜合理建棚，加强科学管理，如施足基肥和追肥，配合二氧化碳施肥，及时灌溉、通风和降温，确保茶树有健康的生长条件。

第3章

茶园有害生物的生态防控

茶叶是我国重要的经济作物，主要分布在我国南方各省，集中在94°～122°E，18°～37°N，在垂直分布上从接近海平面高度到海拔2 600 m高地均有茶树种植。与其他农作物相比，茶树具有如下特征。一是茶树属多年生常绿植物，环境污染物在茶园中的蓄积具有逐年积累的特点。茶树可食部位的比表面积较大，按单位剂量残留量概念进行衡量，茶树的单位剂量残留量值介于最高的第一类和第二类之间（Hoerger and Kenega，1972）。在施药剂量相同或空气中污染物浓度相同时，芽叶比表面积大，因此与其他作物比，茶叶中农药原始沉积量较大或将吸附较高浓度的环境污染物。二是茶树可一年多次采摘，茶树喷药距采收的间隔期较短。与其他农作物相比，茶树在喷施农药后茶叶在环境中经历的时间相对较短，通过水解、光解等物理、化学途径对残留农药进行降解的机会也较少（陈宗懋，1979；陈宗懋 等，1980），因此可能会构成较高的农药或污染物残留。三是茶叶从茶树上采下后不经洗涤直接进行加工成干茶。饮用时将茶叶直接用热水浸泡饮用，茶叶中的农药残留和其他污染物将根据其在水中的溶解度从干茶中转移到茶汤中（陈宗懋，2011a；Wang et al., 2019）。四是茶树是一种能从土壤中富集某些金属元素（如氟和铝）的植物。每千克芽叶中氟的浓度可高达数百ppm（1 ppm=1 mg/kg）级，铝的浓度可能更高。基于如上原因，以及茶叶被公认是一种对人体健康有益的饮品，茶园的生态环境和茶树的质量安全问题备受关注。

3.1 中国茶区的生态气候学特点和茶树有害生物发生

3.1.1 不同茶区的生态气候学特点

作为农业文明古国的中国几千年来不断发展和完善传统农业，推崇农业的整体、协调、良性循环的古代生态学思想，使中国的农业持续了7 000～8 000年的历史。“茶之为饮，发乎神农氏，闻于鲁周公”。我国具有悠久的种茶历史。世界各国的饮茶、种茶均源于中国。截至2019年，我国现已有茶园面积300多万hm^2，占世界茶园总面积的61.3%。茶叶产量有279.9万t，占世界茶叶总产量的45.5%。

我国茶区包括 9 个省（区）的 6 个气候带（中热带、边缘热带、南亚热带、中亚热带、北亚热带和暖温带）。依据农业部对全国种植业的区域划分，全国分为 4 个茶区，即江北茶区、江南茶区、西南茶区和华南茶区（陈宗懋和杨亚军，2011）。

江北茶区土壤多为黄棕壤，部分为棕壤。大多数地区年平均气温在 15.5℃以下，年平均极端最低温在-10℃左右，个别地区可达-15℃。空气相对湿度约为 75%。茶树大多为灌木型中叶种和小叶种。

江南茶区大多处于低山地区，也有的处于海拔 1 000 m 左右的高山。土壤多为红壤，部分为黄壤。年平均极端最低温平均不低于-8℃。降水量比较充足。但晚霜和寒流会对部分偏北的地区造成危害。茶树大多为灌木型中叶种和小叶种。

西南茶区大部分地区为盆地、高原。土壤多为红壤和黄壤。四川盆地年平均气温在 17℃以上，云贵高原平均气温为 14～15℃。西南茶区除个别地区外，一般冬季极端最低温在-3℃左右。年降水量较丰富。茶树大多为灌木型和小乔木型，部分地区为乔木型。

华南茶区水热资源丰富。土壤肥沃，大多为赤红壤，部分为黄壤。整个茶区高温多湿。年平均气温在 20℃以上，年平均极端最低温不低于-3℃，大部分地区四季常青。海南的琼中常年降水量高达 2 600 mm。但冬季降水量较低，形成旱季。茶树为乔木型和小乔木型。

3.1.2　茶区有害生物的区系分析

茶园有害生物防控是指对茶树生产过程中出现的害虫、病原物和杂草进行预防和控制的过程。中华人民共和国成立以来，我国茶产业有了快速的发展。茶园面积从中华人民共和国成立初期的 16.94 万 hm^2 增加到 2019 年的 300 多万 hm^2，年均茶园面积增加 26.0%。我国茶区的分布南沿海南琼崖，北达山东半岛，东起台湾阿里山，西至藏南察隅河谷。

与此相对应的是我国各个茶区有害生物的种类有的相似，但由于生态条件的不同，在种类上也存在差异。表 3-1 是我国 4 个茶区的茶树主要有害生物种类。

表 3-1　我国 4 个茶区的茶树主要有害生物种类

茶区名称	有害生物类别和种类		
	害虫和害螨	病害	杂草
江北茶区	灰茶尺蠖、茶尺蠖、茶毛虫、茶小卷叶蛾、蓑蛾、茶蚕、小绿叶蝉、茶蚜、黑刺粉虱、长白蚧、茶橙瘿螨、绿盲蝽	茶云纹叶枯病、炭疽病、茶苗白绢病、茶白星病、茶赤星病	蕨、夏枯草、酢浆草、地锦、苍耳、刺儿菜、辣蓼、猪殃殃、狗尾草、马唐、狗牙根、牛筋草

续表

茶区名称	有害生物类别和种类		
	害虫和害螨	病害	杂草
江南茶区	灰茶尺蠖、茶尺蠖、茶毛虫、茶小卷叶蛾、茶细蛾、小绿叶蝉、黑刺粉虱、长白蚧、龟甲蚧、丽纹象甲、茶细蛾、茶橙瘿螨、绿盲蝽、茶网蝽	茶云纹叶枯病、炭疽病、茶轮斑病、茶苗白绢病、茶白星病、茶赤星病	蕨、夏枯草、野拓草、酢浆草、苍耳、刺儿菜、辣蓼、猪殃殃、狗尾草、马唐、狗牙根、牛筋草、青蒿、胜红蓟、齿果酸模、石荠宁、决明草、龙葵、鸭跖草
西南茶区	灰茶尺蠖、小绿叶蝉、茶毛虫、黑刺粉虱、茶牡蛎蚧、茶梢蛾、茶谷蛾、茶跗线螨、茶橙瘿螨、茶棍蓟马、茶黄蓟马、茶网蝽、茶籽象甲	茶饼病、茶炭疽病、茶云纹叶枯病、茶轮斑病、茶白星病、茶赤星病、茶根腐病	蕨、夏枯草、酢浆草、苍耳、刺儿菜、辣蓼、猪殃殃、狗尾草、马唐、狗牙根、牛筋草、青蒿、胜红蓟、齿果酸模、石荠宁、决明草、龙葵、鸭跖草、紫花地丁、野艾蒿、绞股蓝、繁缕
华南茶区	茶角盲蝽、灰茶尺蠖、茶谷蛾、茶棍蓟马、小绿叶蝉黑刺粉虱、茶橙瘿螨、茶跗线螨、茶枝小蠹虫、大鸢尺蠖、茶芽瘿蚊	茶饼病、茶云纹叶枯病、茶炭疽病、茶轮斑病、茶白星病、茶赤星病、茶根腐病	蕨、酢浆草、苍耳、刺儿菜、辣蓼、狗尾草、马唐、狗牙根、牛筋草、石荠宁、决明草、龙葵、鸭跖草、紫花地丁、野艾蒿、绞股蓝

资料来源：陈宗懋和陈雪芬，1989a，1989b；张觉晚，2016；张汉鹄和谭济才，2004。

从表 3-1 可以得出如下几点规律。

（1）除华南茶区外，西南茶区、江南茶区和江北茶区 3 个茶区的有害生物种类多为温带气候带发生的种类。

（2）华南茶区的有害生物种类与其他 3 个茶区的有害生物种类有些不同，有些种类属于亚热带气候带发生的种类。

表 3-2 是我国各茶区茶树害虫种类数量比较。由表 3-2 可见，茶树害虫在 4 个茶区的种类数量以华南茶区最多，由南向北逐渐减少。江北茶区的茶树害虫种类数量约为华南茶区的一半。

表 3-2　我国各茶区茶树害虫种类数量比较（陈宗懋和孙晓玲，2013；张汉鹄和谭济才，2004）

茶区	害虫种类数量	占比/%
华南茶区	668	83.50
江南茶区	620	77.50
西南茶区	580	72.50
江北茶区	339	42.38

3.1.3　茶园-茶树-有害生物-天敌群落的多样性和稳定性

茶园是一个比较复杂和特殊的生态系统。茶树一经种植，可以多年存活，寿命可达几十年，易形成一个相对稳定的生态环境。茶树多为常绿灌木型植物。种植 3～5 年后即可形成茂密郁闭的茶丛，全园封闭。这样一个四季常绿、小气候相对稳定的生态环境有利于茶园中各种有害昆虫和天敌相对稳定的发展。这种环境也有利于茶园生态系统中生物群落多样性的形成。因此多年生茶园生态系统与一年生作物生态系统相比，生态群落更为丰富，有害生物和有益生物之间保持着一种相对平稳、相互制约和相互依存的关系。正因为这种具有生物多样性和稳定性的生态关系，茶树这种多年生作物生长在一个茂密郁闭的生态环境中，有害生物和有益生物间可以保持长久的平衡状态。这在近几年茶园绿色防控的实践中已经有明显的表现并出现相对稳定的种群。

3.2　中国茶区有害生物种群演替与平衡的生态学基础

3.2.1　茶区有害生物种群演替的分析

茶树是一种多年生木本常绿植物。成龄茶园树冠茂密，气候变幅较小，因此它的生态环境要远比一年生作物的生态环境稳定。这种稳定的生态环境使茶园中的生物区系与一年生作物相比在年度间显得比较平稳。当茶园中的病虫区系随着种植年限的增加而趋向稳定后，不同种类种群的数量虽然略有起伏，但保持相对平稳，优势种在漫长的岁月中始终保持着优势地位，而一些次要的种群不容易获得上升为优势种的机会。正是这种原因，在我国悠久的种茶历史中，占优势的病虫种群总是局限于少数种类，而很少发生变动。但这种自然平衡往往由于人为的激烈干扰而遭到破坏，从而出现茶园病虫种群的演替。某些优势种群会由于种群数量的急剧减少而下降为次要种群，而另一些原来次要的种群会由于有利于其发育、繁殖的生态条件的形成，或由于天敌数量的减少而上升为优势种群。随着现代科学技术的发展，人为因素的介入日益增多，在短短的几十年中，我国茶树病虫区系的演替规模远超过去漫长的历史岁月（陈宗懋和孙晓玲，2013）。归纳起来，近几十年来，茶树病虫种群演替出现如下趋势（陈宗懋，1979；陈宗懋和陈雪芬，1989b；陈宗懋和孙晓玲，2013）。

（1）由大体型害虫向小体型害虫（如叶蝉、螨类、蚧类、蓟马、粉虱、蚜、网蝽）方向演替；

（2）由咀嚼式口器害虫向刺吸式、吮吸式口器害虫方向演替；

（3）由发生代数少、繁殖率低的害虫向发生代数多、繁殖率高的害虫方向演替；

（4）由栖息叶面、易于接触农药的害虫向栖息部位隐蔽（如卷叶、潜叶、有蜡壳、蚧壳保护）而不易接触农药的害虫方向演替。

植物病原微生物区系的演替和杂草种类的演替不如茶树害虫区系的演替那么明显。

3.2.2 茶树有害生物种群演替的原因分析

茶树有害生物种群演替的原因有自然因素，也有人为因素。二者互为关联，但后者的出现频率多于前者。

茶园害虫的总体组成主要来自当地的土著昆虫。茶产业的迅速发展，成片新茶园的垦植，改变了原来的自然状态。新茶园的大片种植，茶树的挥发物在生态环境中明显改变了空气中的组分，一些茶树特征性挥发性组分含量的比例很高，使对这些挥发物有较高趋性的昆虫种群（如小绿叶蝉）成为优势种群。近20年来随着新茶园的大片发展，小绿叶蝉在全国茶区快速发展，已成为我国茶区的首要害虫。这和整个茶区面积的扩大密切相关（陈宗懋和孙晓玲，2013）。

人为因素的干扰对大面积的生物种群演替起着重要的作用。20 世纪 50 年代以来，化学农药的不合理施用对我国茶区的有害生物种群演替具有明显的影响。50 年代起开始施用有机氯农药（DDT、六六六），由于这类农药的非选择性毒力作用和稳定性，使茶园的害虫区系中对有机氯农药敏感的食叶类鳞翅目害虫（如茶毛虫）的种群数量明显下降，同时茶园天敌的种类和数量也受到很大的影响，导致了蚧类（长白蚧、龟蜡蚧、椰园蚧）的发生和流行。这是我国半个多世纪来茶园害虫种群演替的第一次明显变化（陈宗懋，1979；陈宗懋和陈雪芬，1989b；陈宗懋和孙晓玲，2013）。60 年代初有机磷农药大量应用，使对有机磷农药敏感的蚧类受到显著抑制，但是有机磷农药对多种植食螨类的捕食性天敌（如瓢虫）具有杀伤力，而对茶树害螨，特别对螨卵的杀伤力很弱，因此在有机磷农药大量使用后，70 年代后期继蚧类之后，我国茶园中的害螨类在种类上和数量上急剧增加，这也是我国茶树害虫种群演替的第二次明显变化（陈宗懋，1979；陈宗懋和陈雪芬，1989b；陈宗懋和孙晓玲，2013）。调查表明，蚧类严重发生并成为当地茶园优势种的现象往往是前期有机氯农药大量应用的后继现象；而茶树害螨类严重发生并成为当地茶园优势种的现象往往是前期有机磷农药大量应用的后继现象。

另一个引起茶园大面积生物种群演替的人为因素是茶园栽培技术的变革。栽培技术的变革使病虫害的栖息环境发生变化，也导致了病虫区系中的定性和定量组成发生改变。粗放的茶园管理技术使茶树衰老，从而造成了对钻蛀性害虫（天牛、茶蛀梗虫、茶堆砂蛀等）和地衣、苔藓有利的生态环境。茶园向半山区、山区发展使茶小绿叶蝉虫害和茶白星病、茶赤星病等低温高湿型叶病害更加严重。种植方式由丛栽向条栽过渡助长了病虫在茶园行内和行间的传播和蔓延，一些小体型害虫（如螨类、蚧类害虫）引发的虫害也因此严重起来。20 世纪末期我国部分茶区进行留叶采摘的技术为茶细蛾提供了产卵场所，因此这段时期我国部分茶区茶细蛾发生严重（陈宗懋和孙晓玲，2013）。20 世纪末起我国茶园面积扩展很快，产量也大幅度增加。许多茶区采取夏秋茶停采留养技术，为茶小绿叶蝉的秋季生长和繁殖提供了充足的食料，这是我国茶园从 20 世纪末起茶小绿叶蝉普遍严重发生的一个重要原因（陈宗懋和孙晓玲，2013）。氮肥的增施改变了茶树体内氨基酸的组分及酸性、中性、碱性氨基酸组分之间的比例。据报道，精氨酸含量的增加会使茶树上的蚧类、螨类害虫的产卵量增加，因而发生程度日趋严重（金子武，1976），而氮肥的增施使茶树体内精氨酸的比例增加，有利于蚧类、螨类等刺吸式口器害虫发生。

茶园生态系统中病虫区系的稳定是一个交替发生的过程。稳定是相对的，演替是绝对的。从整个茶园生态系统着眼，可以从自然环境中了解和掌握引起茶园病虫种群消长的规律，也可以对区系中的有益生物种群进行保护和引入丰富茶园生物群落的组成，控制有害生物种群的数量。也可以定向地应用人为因素介入使茶园生态系统朝着有利于人们希望的方向发展。因此，在考虑害虫治理的策略时既要考虑因管理改变而引起的经济损失，也要考虑因管理改变而引起的次生性有害生物的猖獗、环境污染等生态效益的影响。在采取措施进行有害生物治理时既要遵循经济学的管理原则，也要遵循生态学的控制原则。上面列举的因大范围用药不当而出现害虫猖獗的实例值得重视。

3.2.3　茶树有害生物与有益生物种群间的平衡机理

茶园生态系统是一个以茶树为主体结构，包括茶树有害生物和有益生物在内的生物种群在茶园生境中通过相互作用而建立的一个集合体。茶园中的茶树多为在种植 3～5 年后便可形成稳定的生态环境。在这种稳定的条件下，茶园周围的多食性昆虫会不断地迁移到茶园中来建立起自己的种群。随着多种昆虫种群的建立，各种天敌昆虫也会随之进入茶园。随着各种生物种群的建立，逐渐形成一个种类增多的复杂的食物链网状结构。种群间的种类虽然会有起伏，但总体上能保持相对的平衡。

茶园也是一个受人为干扰较大的生态系统。在对大面积茶园进行管理时，很重要的一点是要从管理措施上保持生态环境的相对稳定和生物群落结构的相对稳定，在数量上虽允许有一定的起伏，但在总体上力求相对的平衡。在有机茶园中这种有害生物种群和有益生物种群间的相对平衡是非常重要的。稳定的生态环境对有害生物的处置要求不是消灭，而是将有害生物种群的数量控制在一个对茶树不致构成很大影响的程度，因为这些少量有害生物可为有益生物的生存提供一定的食物源，保证了有益生物的种群可以长期存在（陈宗懋和陈雪芬，1999；陈宗懋，2005）。这个观点对有机茶园的管理是重要的。因此，在生态环境中保持一定程度的种群生态平衡是管理成功的标志。

对一个生态区进行管理时关注生态区中主要种群的数量动态是非常重要的。如果一个生态群落中某一个控制重要有害生物种类的天敌数量明显降低时，就要采取措施创造有利的环境条件使该天敌的种群数量能有所回升，或引入或补充一些该天敌数量的生物源。此外，茶园用药是对天敌影响最大的外界干扰因素。绿色防控的目的就是采用物理、化学生态、生物的方法进行有害生物的治理，而尽量少用或不用化学农药，以期最大限度地保持生态系统中各类生物的相对平衡（陈宗懋和陈雪芬，1999；陈宗懋，2005）。长期的实践经验告诉我们，在考虑对有害生物进行治理时，必须考虑可持续发展原则，以及协调共生与高效和谐原则（陈宗懋和陈雪芬，1999）。

3.3 茶区有害生物种群防控的生态学原理

3.3.1 我国茶园有害生物种群防控的历史演替和进展

中华人民共和国成立以来，我国茶产业取得了飞速的发展。但每年因病虫草危害引起的损失达 10%～15%，在茶园有害生物种群的防治技术上由化学防治向综合治理方向发展。中华人民共和国成立以来茶园有害生物防控经历了如下 4 个阶段（陈宗懋和陈雪芬，1999）。

1. 化学防治阶段

1938 年 DDT（dichloro-diphenyl-trichloroethane，双对氯苯基三氯乙烷）的发明揭开了人类进行化学防治的序幕。化学农药在茶产业中的应用最先使用的是有机氯农药。20 世纪 60 年代开始使用了有机磷农药，70 年代中后期拟除虫菊酯类农药问世，90 年代末新烟碱类农药开始在茶产业中推广应用。60 年代后期起化学农药残留毒性和各种害虫对农药的抗性被提出。从 50 年代起在茶产业中使用的化学农药品种见表 3-3。其中有机氯农药、新烟碱类农药已停止在茶产业中使用。有机磷农药总体上使用不多，其中敌百虫、敌敌畏、乐果、喹硫磷已被禁止使用。

拟除虫菊酯类农药除氰戊菊酯和甲氰菊酯已被禁止使用外，许多拟除虫菊酯类农药仍在茶产业中使用。尽管化学农药在茶产业中仍在使用，但总体趋势是减量使用。由于化学农药会在茶叶中残留，因此在限量使用的情况下，最重要的是农药品种的合理选用。如新烟碱类农药由于它们的高水溶性，使用后在茶叶中的残留物会有 80%～90%溶入茶汤中（Wang et al., 2019），同时这一类农药的高水溶性使许多国家的蜜蜂数量减少 50%～60%，许多农作物因此减产。欧洲各国率先发布禁令，规定从 2019 年 1 月起 3 种重要的新烟碱类农药（吡虫啉、噻虫嗪和呋虫胺）在全欧洲不得在任何田间作物上使用（陈宗懋 等，2019），并制定了非常严格的茶叶农药最大残留限量标准（maximum residue limits，MRL）（0.05 mg/kg）。

表 3-3　从 20 世纪 50 年代起在茶产业中使用的化学农药品种

农药类别	开始使用年份	使用的种类	目前状况
有机氯农药	20 世纪 50 年代	DDT、六六六	已停止生产、使用
有机磷农药	20 世纪 60 年代	敌百虫、敌敌畏、杀螟硫磷、乐果、马拉硫磷、喹硫磷、辛硫磷、喹硫磷	目前少量使用。故白虫、敌敌畏、乐果、喹硫磷等已被禁用或停用
拟除虫菊酯类农药	20 世纪 70 年代	联苯菊酯、氯氰菊酯、氰戊菊酯、溴氰菊酯、氯菊酯、甲氰菊酯	氰戊菊酯和甲氰菊酯已被禁用，其余仍使用
新烟碱类农药	20 世纪 90 年代末	吡虫啉、啶虫脒、噻虫嗪、呋虫胺	已停止使用

2. 全部种群防治和综合防治阶段

20 世纪 70 年代国际上曾提出全部种群防治（total polulation control，TPC）理论，主张用各种有效手段（包括化学防治）将害虫彻底消灭。在这种理论的指导下，化学农药的使用量明显增加。随着公众对环保问题的关注，人们对化学防治的认识有所提高，认识到有害生物的治理不能单纯依赖化学防治，而必须开展包括农业防治、物理防治、生物防治和化学防治在内的有害生物综合防治（integrated pest control，IPC）。我国于 1975 年在全国植物保护工作会议上系统地提出了“预防为主、综合防治”作为我国植物保护的工作方针。茶叶生产中虽然在有害生物的防治策略上已经强调综合防治措施的应用，但长期以来防治目标仍着眼于消灭害虫，缺乏种群间的生态平衡观点。在这个阶段仍偏重于化学防治，害虫的再猖獗现象时有发生。典型的实例是在 20 世纪 70 年代后期黑刺粉虱在江南茶区的猖獗流行。

综合防治水平与前一阶段相比，有如下几方面的提高（陈宗懋和陈雪芬，1999；陈宗懋，2005）：一是在防治策略上过去主要强调单一措施，而综合防治更为强调综合技术；二是总结了过去由于化学农药的过量使用所产生的负面影响，提出了对其他防治技术的开发和应用；三是不仅将综合防治看作是一项防治技术，更是一种对有害生物的管理系统。要综合性地应用所有适当的技术和方法，将种群控制在经济损害水平以下。在实施过程中，虽然在化学防治中，农药用量逐渐减少，同时开始实行安全使用标准的规范化管理，以及在选用农药品种和对农药残留的管控上有明显改进，但在防治策略上对种群仍然是着眼于消灭而不是控制。在生物防治和农业防治上缺乏关键技术（陈宗懋和陈雪芬，1999；陈宗懋，2005）。因此总体而言，茶园有害生物防治水平与前一阶段相比虽有所提高，但在防治技术的综合性上仍处于较低水平。

3. 综合治理阶段

该阶段从 20 世纪 80 年代初到 21 世纪初。从 20 世纪 50 年代到 80 年代的防治实践表明，有害生物的防治要和生态环境的保护和治理协同进行，走持续发展之路。在这个阶段，提出了有害生物综合治理的概念，即在防治策略上，以保持生态系统平衡为目标，用生态调控的方法将有害生物控制在经济损失水平之下，重点不是消灭有害生物种群；在防治措施上以农业防治为基础，尽可能地应用物理方法、化学生态方法和生物防治方法。化学防治力求减量减施，并重视农药品种的选择，以此达到有害生物综合治理的目的（陈宗懋和陈雪芬，1999）。综合治理被认为是综合防治的进一步发展，综合防治是综合治理的初级阶段。与综合防治相比，有害生物的综合治理在理论上具有宏观性（不只考虑目标生物，还考虑生态平衡和种群多样性）、协调性（强调农业、物理、化学生态、生物防治各项措施间的协调和互补）和持续性（强调生态调控，达到对有害生物的长期抑制和控制）3 个特点（陈宗懋和陈雪芬，1999）。

20 世纪末一个很大的变化是国际上对茶叶中的农药残留有了更高的要求。1999 年以欧盟为代表的茶叶进口国大幅度增加了茶叶中的农药最大残留限量标准的数量。从 1999 年的 6 种增加到 2000 年的 108 种，2005 年增加到 682 种，到 2010 年又增加到 850 种。在欧盟的这些标准中除了一些新制定的标准外，大量标准都实行默认标准（Default MRLs，0.01 mg/kg）。这段时间内，我国大量出口欧盟的茶叶由于农药残留超标而被停止出口，最高时在出口欧盟的茶叶中有 82%的茶叶农药残留超标（陈宗懋，2011b；陈宗懋 等，2019）。除农药外，21 世纪以来欧盟对农产品中环境污染物和工业污染物引起的质量安全问题给予了极大的关注。如近 10 年来欧盟提出了蒽醌、高氯酸盐、八氯二丙醚和邻苯二甲酰亚胺等污染物在茶叶中的限量标准，并先后实施了产品检验。在有害生物防治中减少化学农药的使用和降低环境污染物造成的影响将是时代对茶产业的迫切要求。

3.3.2 新时代茶园有害生物的综合治理与生态防控

农产品中农药残留标准的严格化已是国际上的一个趋势。随着人们生活水平的提高，对食品的质量安全要求也越来越高。茶叶是一种健康饮料，人们对茶叶的生产提出了全程清洁化的要求。在很大程度上是以国际上农药残留标准作为农药品种选择依据，其他防治技术处于从属地位。农业防治对生态环境友好，但由于防治效果的不彻底性，在整个防治体系中发挥的作用不大。物理防治（如灯光诱杀、色彩诱集等）措施与传统的物理方法相比改进不多，因此在总的防治体系中处于从属地位。生物防治和化学防治处于不相容的地位，对技术性要求很高，因此在总的防治体系中所占的比例不高。从整体来看，化学防治对产品的质量安全影响很大，虽防治效果明显，但难以控制。我国茶叶的出口量不多，出口茶叶的质量不高，农药残留问题仍然是出口茶叶中亟待解决的问题（陈宗懋，2018）。

在茶园有害生物的防治方面，在 21 世纪初的 10 年中，人们从理论和实践中认识到化学防治对茶叶质量安全的负面影响，同时国际上对农药残留的容忍度越来越低，因此人们对茶园有害生物的科学防治提出了更高的要求。如何进一步合理使用化学农药？如何在保证防治效果的前提下减少单位面积的农药用量？如何选用国际农药最大残留限量标准较为宽容的农药？在物理防治中如何提高色、光对有害生物的防治和保护益虫的双重效果？如何发挥化学生态防治在综合防治中的作用？如何保护天敌？如何提高天敌人工饲养和商品化程度？以上均是绿色防控和生态防控中须深入研究的课题。

3.3.3 生态防控的目标

生态防控就是在上述背景条件下形成和产生的。化学防治在茶叶生产中启用有成功的实践经验，也有问题和教训。从 20 世纪 60 年代后期起农药残留的负面效应已经清楚地暴露，时有减少化学农药使用的呼声，用植物农药取代化学农药的呼声多次出现，但是其他防治技术的效果还远未达到完全取代化学农药的程度。从 20 世纪 90 年代起的 15～20 年，科学界已在探索减少以至取代化学农药的办法。以光、色为基础的改良物理防治技术，以性信息素和挥发物的利用为基础的化学生态学防治技术，以白僵菌、绿僵菌、昆虫病毒等生物防治制剂为基础的生物防治技术脱颖而出，挑起了替代化学农药的重任。无论从效果上，还是从成本上虽然还不能达到完全取代化学农药的程度，但在认识上已达到了可以接受的程度，这也是生态防控技术发展的目标和要求。

茶园有害生物生态防控技术的基础是以茶园中的茶树为中心，包括茶园中的有害生物种群和天敌生物种群在内的次生生态系统。在这个次生生态系统中，包括茶树和生态环境之间的物质交换和能量流动，也存在着茶树、有害生物、天敌生物之间的竞争和相互依存。它们之间具有一定程度的自我调控能力，在茶园环境中保持一定的生态平衡状态。但在人为干扰的条件下，如茶园管理、采摘、留养和农药化肥的投入等都会对这个次生生态系统中各个层次的生物种群产生不同程度的影响，并使它们在数量和质量上发生变化。因此从生态学的观点来看，合理施肥、减少农药的施用、合理采摘、修剪和留养对茶园害虫和天敌的种群都具有明显的影响，有时茶园中某种害虫或病原菌的大发生就是由于某个管理措施的直接或间接影响造成的。如在20世纪60～70年代，全国茶区中蚧、螨类的猖獗发生与有机氯农药的长时间应用有关，21世纪初全国茶区的小绿叶蝉大发生和我国大面积夏秋茶留养有直接关系（表3-4）。上述这些都为生态防控技术的提出提供了基础和实践经验。

表3-4　我国5次茶园害虫暴发因素分析

害虫暴发记录	年份	原因分析
蚧类大发生	20世纪60年代	50年代有机氯农药大量应用
螨类大发生	20世纪70年代	60年代有机磷农药大量应用
黑刺粉虱大发生	20世纪70年代末	70年代拟除虫菊酯大量应用
茶细蛾大发生	20世纪70～80年代	留叶采技术的推广有利于细蛾成虫产卵
小绿叶蝉大发生	21世纪前10～20年	夏秋茶留养有利于叶蝉秋季生长繁殖

资料来源：陈宗懋，1979；陈宗懋和陈雪芬，1999；陈宗懋和孙晓玲，2013；陈宗懋，2018。

生态防控的基础是运用生态学原理尽可能地采用农业管理、调节的方法保持茶园生态系统的相对平衡，或运用温和的方法通过生态环境的调节达到生态系统中天敌种群数量的上升。在当前茶园中的有害生物种类演替中，在全国范围出现小型刺吸式口器害虫、吮吸式口器害虫暴发的情况下，强调生态条件的强化和运用是具有战略意义的防治措施。从某种意义上来说，茶园有害生物的生态防控目标是达到茶园生态系统的平衡和种群的稳定（陈宗懋，2005；陈宗懋 等，2019）。这里需要强调一个种群稳定的基础数值，也就是茶园有害生物经济阈值（economic threshold，ET）或经济危害水平（economic injury level，EIL）（Stern，1973）。从经济学观点而言，防治成本必须低于有害生物造成的损失。有害生物经济阈值的定义是：当害虫种群数量增加到具有经济损失的程度而必须采用防治措施时的临界值，这个数值又称防治阈值或防治指标。表3-5列出了茶园主要害虫在我国各茶区的防治阈值。从生产实践来讲，针对一种害虫的防治，只要能压低到不致造成经济损失（包括防治成本在内）即可。过去的防治目标口号是：治“早”、治“小”、治“了”。从现代科学发展的观点来看，治“早”、治“小”是正确的，但治“了”，也就是要求100%的防治效果，难以做到，而且从现代生态学的观点来讲，保留少量的害虫种群，对天敌和整个生态系统的平衡是有益的（陈宗懋和陈雪芬，1999；陈宗懋 等，2019）。

表 3-5　茶园主要害虫在我国各茶区的防治阈值（张汉鹄和谭济才，2004）

茶树病虫名称	经济防治阈值	资料来源
灰茶尺蠖	成龄茶园每公顷 6.75 万头或每米茶行有虫 10 头	国家标准
油桐尺蠖	每公顷 1.8 万头幼虫	浙江
茶毛虫	成龄茶园每公顷 3 万～4.5 万头或每米茶行 3～4 头；成龄投产茶园每 100 米有卵块 5 个	湖南、重庆
茶黑毒蛾	成龄茶园每公顷 4.5 万～6.0 万头	安徽
茶小卷叶蛾	第一、二代茶行幼虫数每米大于 8 头	安徽
扁刺蛾	幼龄茶园中幼虫密度平均每丛 5 头，成龄茶园中幼虫密度每丛达 8 头	重庆
茶小绿叶蝉	第一峰百叶虫量大于 6 头，第二峰百叶虫量大于 12 头	安徽
茶蚜	有蚜芽梢率 4%～5%，芽下二叶平均每叶 20 蚜	安徽
茶橙瘿螨	每叶虫口数 20 头左右	浙江
茶棍蓟马	春茶结束第一个高峰到来前每百叶有虫 12 头，若虫占总虫量的 80%以上	重庆
角蜡蚧	每 15 cm 枝长虫口数量大于 8 头	重庆
长白蚧	第一代嫩成叶百叶若虫量大于 150 头	重庆
黑刺粉虱	小叶种茶树每叶若虫 2～3 头，大叶种茶树每叶若虫 4～7 头	重庆

因此，茶园有害生物生态防控的目标可以归纳为 3 点：①保持生态系统相对平衡和可持续性；②对有害生物高效、经济和质量安全；③各类防治措施协调综合应用。

3.3.4　生态防控与综合治理的关联

生态防控与综合治理的目标一致，都是为了对有害生物进行高效、经济和安全的防治。在要求上综合治理主要是强调技术的综合性，对农业防治、化学防治、物理防治、生物防治等技术综合应用。生态防控是在综合防治、综合治理、无公害治理等方针提出后再提出的。生态防控更注重有害生物的生态调控，注意点则除了有害生物外，更强调的是对整个茶园生态系统，如何充分发挥系统中一切可以利用的功能，包括生态环境、茶园布局、茶树肥培管理、天敌结构等，对多种生态调控措施进行优化、组装、综合，使整个系统能高效、经济、安全、可持续发展，达到有害生物防治、茶园生态安全的总体目标。因此可以认为茶园生态防控是综合治理观念的扩大和发展，在对象上从综合治理关注茶园有害生物的防控扩大到生态防控对整个茶园生态系统的控制和调节。

3.4 茶树有害生物的生态学防控技术

茶作为一种我国传统的健康饮品深受世界人民喜爱。正因为如此，在考虑茶树有害生物的防控时既要保证防控的效果，又要保证茶叶的安全性。生态学防控是利用有害生物本身的习性、行为特点，以及它们在复杂的生态环境中利用视觉、嗅觉、味觉和触觉等功能在寄主植物上定位、取食、加害、生存过程中显现的弱点，以控制有害生物的种群为基础，采用物理学、化学生态学、生物学防治方法，应用友好型色板、狭波诱虫灯、性信息素、捕食性和寄生性天敌、植物源和微生物源杀虫剂（杀菌剂、除草剂）、选择寄主植物对有害生物的抗虫性和抗病性等技术。化学农药应在现在的基础上进行减量，并在选用品种上进行科学选择，严格禁止在茶产业中应用水溶性农药。严格执行 2019 年 65 项国家茶叶农药最大残留限量标准，从现代科学发展的角度和实践应用的角度对现有标准进行修正，以控制有害生物种群密度为目标，最大限度减少化肥、农药的使用量和对安全质量问题予以最大程度的关注，减轻茶树因有害生物的危害引起的产量和质量的损失。茶树有害生物的生态学防控技术包括如下几个方面。

3.4.1 基于视觉和嗅觉生理的物理学防治技术

植食性昆虫的寄主定位是指昆虫向寄主生境的定位和到达寄主植物的过程。昆虫寻找寄主植物过程中会出现一系列的复杂行为，包括视觉、嗅觉、味觉和触觉的生理反应过程。视觉、嗅觉、味觉和触觉有其各自的信号，而昆虫也各有其相对应的接受不同信号的感受器，感受器的反应信息会传递到昆虫的中枢神经系统再次整合，并作出选择决策。植食性昆虫依靠视觉和嗅觉向适宜生境定位，通过感受远处的信息，直接向生境移动。在此过程中，昆虫在寄主生境内获得的视觉信息和寄主植物释放的挥发性气体信息通常是植食性昆虫远距离生境定位过程中的可靠信息（Sabelis and Dicke，1985；陈宗懋和孙晓玲，2013；许宁 等，1999）。在植食性昆虫寻找寄主的过程中，如果来自非寄主植物的信息能够提供可靠的适宜生境的信息，那么该信息就与来自寄主植物的信息同样重要。到达生境之后，昆虫可以再转为向寄主植物定向。在生境中，寄主植物的大小可以为昆虫提供重要的视觉和嗅觉信息。由于在一个大的空间中，寄主和非寄主通常混合分布，因此昆虫必须能辨别寄主与非寄主提供的信息。在昆虫根据嗅觉信息而运动的过程中，植物的颜色对昆虫识别寄主和非寄主非常重要（Briscoe and Chittka，2001）。

在昆虫向寄主的远距离定位过程中，视觉和嗅觉这两个因素中究竟哪个更为重要，目前尚无确凿结论。昆虫的视觉在寄主定位过程中的作用主要是对生境中物体的纹理、颜色、形状、大小进行识别判断，而嗅觉在此过程中的作用则是对寄主植物释放的挥发性化合物指纹图谱进行识别（罗宗秀 等，2016a）。在对粉虱向植物远距离点共享的研究中发现，粉虱主要是根据植物的颜色进行降落。在不同颜色中，其对黄色最为敏感。粉虱先在黄色的植物叶片上降落，但在叶片上停留 15 min 左右后，开始向绿色的叶片上转移。研究表明，在黄色叶片上的粉虱成虫有 94%向绿色叶片上转移，而原来停留在绿色叶片上的粉虱有 64%仍停留在绿色叶片上（Valshampayan et al., 1975）。在这个实验中可以看出，在昆虫向寄主定位的过程中，色泽的引诱可能是一个起始化的选择，因为大范围的色泽引诱可能比挥发物的引诱作用更为明显和有效。可以设想，昆虫可能根据色泽进行定向选择，然后根据挥发物的浓度梯度再进行更为精确的寄主选择。可以认为，视觉和嗅觉对昆虫的寄主定位起着互相协调和补充的作用。对于不同的昆虫种类、不同的植物和距离，视觉和嗅觉的相对重要性会有所侧重。

昆虫对视觉信息的识别和行为反应非常复杂，涉及趋光性和对图像的识别、分析和应对策略。趋光性属于条件反射行为，即昆虫受到特定光谱范围和强度的光胁迫后，会向光源产生趋性运动；对图像的识别、分析和应对属于主观行为，即昆虫在观测到生境中的视觉信息后，由中枢神经系统进行分析，并结合自身的生理需求作出相应的行为。灯诱杀是基于趋光性原理开发的技术。趋光性昆虫对不同波长和强度的光呈现出的趋光强度存在显著差异，因此可以利用该差异，精准选择诱光光源和发光光谱，减少灯诱昆虫中的中性昆虫或天敌的数量，实现生态防控的目的。2014 年之前，茶园广泛应用的杀虫灯诱虫光源范围（365～650 mm）很宽，因此灯诱害虫的种类繁多，数量巨大。田间结果表明，这类杀虫灯内的灯诱害虫数量占总虫量的 30%～40%，而益虫数量占总虫量的 60%～70%。利用昆虫对特定波长趋光强度的差异，研究人员筛选出对目标害虫具有强诱集作用，但对益虫诱集能力较差的窄波光作为诱虫光波发光光谱，同时将传统的电网改为风吸负压设备来灭杀诱集茶园害虫。结果显示，灯诱昆虫的总数量明显降低，其中害虫占比 60%～70%，益虫占比 30%～40%（表 3-6）。

表 3-6　窄波诱虫灯与广谱诱虫灯在田间条件下平均每天对茶园害虫和天敌益虫的诱杀效果比较（Bian et al., 2018）

地点	经纬度	害虫（小绿叶蝉）诱集数（平均数±标准差）		天敌益虫诱集数（平均数±标准差）	
		窄波诱虫灯	广谱诱虫灯	窄波诱虫灯	广谱诱虫灯
重庆	29°21′N，105°53′E	1 990.6±100.5	1 399.7±84.9	34.3±3.5	79.0±7.2
贵州	27°44′N，107°27′E	1 805.0±83.4	632.3±46.6	22.7±2.3	65.0±10.6

续表

地点	经纬度	害虫（小绿叶蝉）诱集数（平均数±标准差）		天敌益虫诱集数（平均数±标准差）	
		窄波诱虫灯	广谱诱虫灯	窄波诱虫灯	广谱诱虫灯
江西	28°22′N，116°E	2 156.0±150.9	1 369.3±197.9	27.0±4.4	58.7±10.4
山东	35°25′N，119°28′E	96.33±7.8	86.0±11.9	12.7±3.5	45.0±9.5
云南	22°44′N，100°57′E	190.0±36.9	211.7±19.0	36.3±9.4	46.0±11.2
海南	32°06′N，114°04′E	120.0±11.4	48.7±8.2	3.4±0.9	14.7±0.5
湖南	28°12′N，113°04′E	109.7±16.9	61.3±5.0	6.3±1.5	22.3±4.7

利用害虫对特定图像的选择行为，同样可以研发诱杀技术，如诱虫板即是利用了害虫对特定颜色的偏好性。21 世纪初，针对茶园用诱虫板长期以来产品颜色多样、无靶标针对性、诱杀效果参差不齐的问题，研究人员在三原色（RGB）颜色模式下通过正交试验设计筛选出茶小绿叶蝉（金色）和茶棍蓟马的最佳诱捕色（淡黄绿色），并以此为基础研发出两种害虫的数字化诱虫板（Bian et al., 2014，2016）。相较于常规诱虫板，数字化诱虫板对茶小绿叶蝉和茶棍蓟马的诱杀效果分别提高了 50%和 85%。近 5 年时间，数字化诱虫板在全国茶区应用了超过 1 000 万片，并获得中国专利奖优秀奖。但随着推广面积的扩大，其缺点也逐渐显现，即对天敌昆虫也有较大的误杀。针对该问题，研究人员利用目标害虫和天敌昆虫对特定图像在识别和行为反应上的差异，研发出双色设计图案的诱虫板。该诱虫板含有两种颜色，一种颜色用来引诱茶小绿叶蝉，另一种颜色用来拒避天敌昆虫，并采用可生物降解材料作为基板材料，不污染茶园环境（Bian et al., 2018）。通过在全国 23 个地区的验证试验显示，与数字化诱虫板相比，夏、秋季红黄双色诱虫板对茶小绿叶蝉的诱捕量分别平均提升 28.9%和 65.8%，对天敌的诱捕量分别下降 30.0%和 35.4%。

3.4.2 基于嗅觉生理的化学生态学防治技术

有害生物在浩瀚的自然空间依靠嗅觉、视觉等感知寄主植物释放的挥发性化合物向寄主植物靠近和实现定位，这是有害生物在自然生态空间实现寻找食物的第一步。在到达植物后有害生物会利用嗅觉、味觉和触觉来判断植物的质量和适宜度，以决定停留或离开。绿色植物的挥发物大多是一些 5 碳到 6 碳的醇类、醛类、酯类等化合物（陈宗懋和孙晓玲，2003；Chen et al., 1999）（图 3-1），但不同植物挥发物在种类的组成、比例和浓度上有差异。正是这些细微的差异构成了有害生物在不同植物和同一植物上的不同部位，甚至不同品种上的不同指纹图谱。

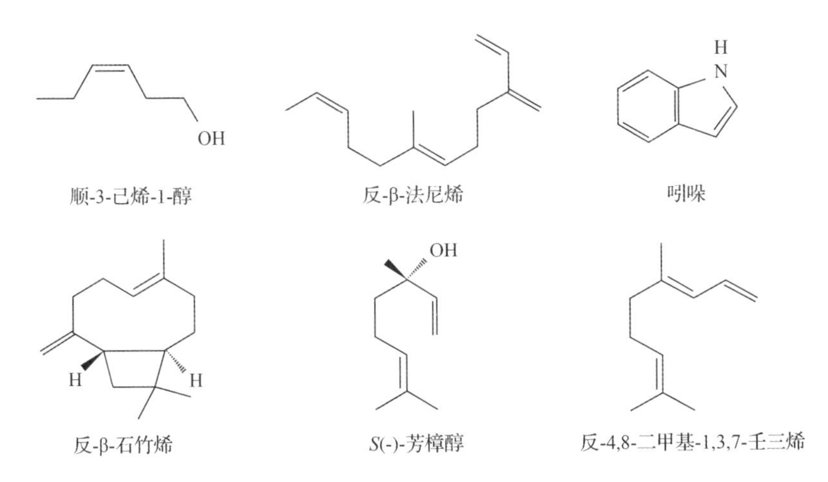

图 3-1　茶树释放出的各种绿叶挥发物

植物受到植食性昆虫的危害后会释放出信息化学物质。这种挥发物就是虫害诱导植物挥发物（herbivore-induced plant volatiles，HIPVs）。这种挥发物被认为是植物的语言（plant language）（Simpraga et al., 2016）。植物通过挥发物的组成或浓度展示它们的生理状态及遭遇到的生存压力。它是一种诱集天敌、保卫自己及用来警示周围植物免受侵害的语言（陈宗懋和孙晓玲，2003；Simpraga et al., 2016）。这种现象最早是由荷兰的 Sabelis 和 Dicke（1985）发现，他们认为植物遭受有害生物危害后，能感知害虫造成的机械损伤，从而激活 HIPVs 的释放，HIPVs 在害虫和天敌的行为调控中发挥重要作用。昆虫的嗅觉系统拥有集中且具有不同功能的感受器。部分感受器能够感知性信息素，另有一些感受器则对植物挥发物气体敏感。昆虫在自然环境中面对成千上万种气味，要求嗅觉系统能将重要的气味从背景气味中辨别出来。对单个气味物质（如性信息素）有特定的感受器产生转移性反应，对成分较为复杂的气味混合物，则要靠大量的感受器发挥协同作用（Smith and Getz，1994）。中国农业科学院茶叶研究所对此进行了系列的研究，茶小绿叶蝉是茶树上的一种重要害虫，成虫和若虫吮吸茶树嫩梢汁液，诱致芽梢失水枯焦。茶小绿叶蝉危害茶树后可诱导茶树释放特异性挥发物 2,6-二甲基-3,7-辛二烯-2,6-二醇（图 3-2）。这种化合物不仅对茶小绿叶蝉具有忌避作用，而且对叶蝉的重要捕食性天敌——白斑猎蛛也有强烈的引诱作用（赵冬香 等，2002）。它还可使茶叶在加工后产生一种独特的香味，在台湾被开发成一种独特的“东方美人茶”。对茶蚜的研究发现，茶蚜的危害可诱导茶树释放挥发性的互利素，其中水杨酸甲酯、正辛醇和反-2-己烯醇等化合物对茶蚜的天敌食蚜蝇和大草蛉等具有引诱活性（Chen et al., 1999）。被害严重的茶树芽梢释放的反-2-己烯醛、水杨酸甲酯和苯甲醛等挥发物具有调节茶蚜及其天敌种群密度的作用（Chen et al., 1999）。

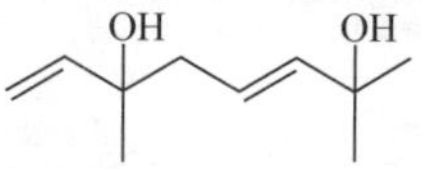

图3-2　茶小绿叶蝉危害茶树后诱导茶树释放的特异性挥发物2,6-二甲基-3,7-辛二烯-2,6-二醇

刺探电位图谱（electrical penetration graph，EPG）技术的应用加深了对刺吸式口器害虫危害性的理解。EPG研究探明了茶小绿叶蝉的危害不仅是刺吸茶树的汁液，它的取食行为包括植物多细胞撕裂、唾液分泌和维管束取食等过程，证明茶小绿叶蝉不仅是一种刺吸式口器害虫，而且还是一种破损细胞的取食者。这为研究不同茶树品种的抗虫机理提供了新的思路和途径，也为研究刺吸式口器害虫与植物挥发物间的关系提供了一个有效的研究手段（Jin et al., 2012）。

在田间条件下应用虫害诱导植物挥发物作为天敌引诱剂和害虫忌避剂，在21世纪初在茶树害虫的防治上已有尝试，并取得了一定的成功，但尚未达到大面积应用的程度。需要解决的关键问题是如何在田间条件下保持这些挥发物的残留时间，解决田间应用的剂型和应用成本等问题，以及根据茶园中茶树释放挥发物的组分和含量的背景值来调节应用在田间的挥发物浓度（Cai et al., 2019）。

另一个利用嗅觉生理达到害虫防治的成功实例是昆虫性信息素的应用。1959年Butenandt报道了家蚕性信息素——蚕蛾性诱醇（bombykol）的结构式。这是科学上首次关于昆虫性信息素的分离、结构鉴定和合成及应用于害虫防治的报道。此后关于昆虫性信息素的研究和应用发展迅速。目前已有数以千计的昆虫性信息素在生产中应用于种群控制和迷向防治，取得了良好的防治效果和经济效益。性信息素在茶产业中的应用最早是20世纪80年代在日本用于茶小卷叶蛾和茶卷叶蛾的防治（陈宗懋和孙晓玲，2013）。这种以干扰昆虫性别间信息交流的无公害防治新技术具有无污染、保护生态、控制种群的突出优点，显示了巨大的引领作用。我国茶产业中的鳞翅目害虫约有10种危害程度较重，需要重点防治。目前已有性信息素产品的害虫有6～8种（罗宗秀 等，2018）。已有产品的是茶尺蠖、灰茶尺蠖、茶毛虫、斜纹夜蛾、茶蚕、茶细蛾。即将出现产品的有茶黑毒蛾和茶谷蛾。在日本已有产品的有茶小卷叶蛾、茶卷叶蛾和桑盾蚧。茶树上的主要鳞翅目害虫和其他害虫的性信息素组成见表3-7。

表3-7　茶树上的主要鳞翅目害虫和其他害虫的性信息素组成

害虫名称	性信息素组成成分	作者
茶尺蠖	顺-3,6,9-十九碳三烯 顺-3,9-环氧-6,7-十八碳二烯 顺-3,9-环氧-6,7-十九碳二烯	Luo et al., 2017

续表

害虫名称	性信息素组成成分	作者
灰茶尺蠖	顺-3,6,9-十八碳三烯 顺-3,9-环氧-6,7-十八碳二烯	罗宗秀 等，2016b
茶艾枝尺蠖	（*Z*, *Z*）-6,9-顺-3*S*,4*R*-环氧-十九碳二烯 （*Z*, *Z*）-6,9-顺-3*R*,4*S*-环氧-十九碳二烯	Ando et al., 1997
茶小卷叶蛾	顺-9-十四碳烯-1-醇醋酸酯 顺-11-十四碳烯-1-醇醋酸酯 反-11-十四碳烯-1-醇醋酸酯 10-甲基十二烷基醋酸酯	Tamaki et al., 1971,1979；Tamaki and Sugie, 1983
茶卷叶蛾	顺-11-十四碳烯-1-醇醋酸酯 反-9-十二碳烯醋酸酯 反-11-十二碳烯醋酸酯	野口浩 等，1981；Noguchi et al., 1981
茶细蛾	反-11-十六碳烯醛 顺-11-十六碳烯醛	Ando et al., 1985
茶毛虫	10,14-二甲基十五碳醇异丁酸脂 14-甲基十五碳醇异丁酸脂 10,14-二甲基十五碳醇正丁酸脂	Wakamura et al., 1994
黄尾毒蛾	顺-7-十八碳醇异丁酸脂 顺-7-十八碳醇丁酸脂 顺-7-十八碳醇-2-甲基丁酸脂 顺-9-十八碳醇-2-甲基丁酸脂 顺-7-十八碳醇戊酸酯 顺-9-十八碳醇戊酸酯	Yasuda et al., 1994
折带黄毒蛾	10,14-二甲基十五碳醇异丁酸酯 14-甲基十五碳醇异丁酸酯	Wakamura et al., 2007
台湾黄毒蛾	顺-16-甲基-9-十七烷基异丁酸酯 16-甲基十七烷基异丁酸脂	Yasuda et al., 1995
茶蚕	十八碳醛 反-11-十八碳烯醛 反-14-十八碳烯醛 反-11,14-十八碳二烯醛	Ho et al., 1996
桑盾蚧	顺-3,9-二甲基-6-异丙烯-3,9-癸二烯丙酸酯	Heath et al., 1979

性信息素在茶园中的应用除了可用于直接防治害虫外，也可用于害虫种群的预测预报，还可以进行迷向防治。迷向防治是将性信息素诱芯放在茶园的不同位置，从分布在茶园各处诱芯中释放出来的性信息素成分使茶园空间弥漫着活性化合物，使雄蛾在寻找雌蛾的过程中迷失方向而找不到雌蛾，致使茶园中雌雄间的交配概率明显降低，从而降低下一代的虫口数。必须指出的是，害虫种群对性信息素也可能产生抗性。在20世纪80年代末日本连续应用性信息素防治茶小卷叶蛾，14年后其防治效果下降。生物测定法显示，茶小卷叶蛾雌成虫性信息素成分

对雄成虫的引诱活性明显降低（Mochizuka et al., 2001），后来适当调整活性成分后该问题得以解决。因此在推广应用性信息素过程中要注意持续监控。这个过程也说明了尽管在一定时期内，人类的防治措施可以对自然界中有害生物种群产生良好的效果，但昆虫种群在经过一定时期的适应后，会在生理上产生抗性机制，表现为防治效果降低。由此也可以得到一点启发：开展有害生物治理的过程是一个治理—防控—推广的发展过程，而有害生物也在进行着适应—抗性形成—生存的对应过程。

3.4.3 基于味觉和嗅觉生理的生物化学防治技术

昆虫在寻找食物和产卵场所时需要依靠嗅觉和味觉，因为各种食物具有不同的滋味和挥发性的香气。昆虫触角表层的嗅觉感受器是昆虫的嗅觉器官，按感受器的外部形态可以分为毛形感受器、锥形感受器、板形感受器、耳形感受器等。毛形感受器是昆虫触角上分布最广、数量最多的感受器。植物所释放的气味通常为植食性昆虫定位寄主植物提供可靠的信息。

除了嗅觉外，味觉可为有害生物定位寄主提供重要的感觉信息，特别对咀嚼式口器害虫而言。当昆虫已完成定位而到达植物组织表面后，通过口器接触植物组织后的味觉反应将会决定这个昆虫究竟是接受寄主还是因为口味不合而离弃。

挥发性引诱剂是基于有害昆虫嗅觉和味觉的双重作用开发出来的。中国农业科学院茶叶研究所研制了一种挥发性引诱剂的配方，该配方是将几种对茶树害虫具有引诱作用的绿叶挥发物（己烯醛、己烯醇）和几种对其他昆虫有引诱活性的挥发物（芳樟醇、法尼烯、苯甲醇、香叶烯等）的混合物涂布在粘板上或加入醋、黄酒等配制成液态引诱剂，在田间条件下对害虫具有引诱活性（Cai et al., 2019）。2018～2019 年中国农业科学院茶叶研究所在茶园中用茶树挥发物成分和酒、醋等配制成液态的引诱剂，每亩茶园放 4～6 盆，两年共诱捕 13 万头茶天牛成虫。除了利用挥发性引诱剂外，另一种是根据推-拉（push-pull）的原理，在茶园中间作薰衣草、罗勒、茴香等芳香植物来防治害虫，这些植物释放的挥发物对茶小绿叶蝉和茶尺蠖具有一定的拒食和拒避活性。

3.4.4 基于天敌种群控制的生物学防治技术

种群是种的存在形式，是以同样的生活方式为基础建立起来的一个集合体。群落是多种生物种群构成的集合体，包括植物、动物、微生物等种群，它们之间存在着非常复杂的相互关系，在物质循环、能量流动和信息传递方面相互交流和相互影响，并随着时间的进程发生质和量上的变化和演替。茶园的生物群落就是以茶树为主体包括其他植物、昆虫（害虫、益虫）、微生物（病原微生物和有益微生物）等的生物群落。害虫种群的形成很快会引入各种天敌种类，这样就形成了

比较复杂的食物网结构。与一年生的农作物生态系统（如稻麦、蔬菜等一年生作物种植系统）相比，茶园是多年生的常绿环境，多种生物种群相互依存，其生物群落结构相对稳定，不同种群的数量虽然也有起伏，但在较长时间内保持相对的平衡。

近一个世纪以来科学技术的发展增加了人为因素对生态体系的干扰，特别是化学农药的问世和应用，使原有稳定的茶园生态系统发生变化。化学农药是在20世纪40年代前后出现的一项科技发明。从50年代起化学农药在茶产业中大量使用。到21世纪20年代的漫长岁月中，我国茶区发生了5次有害生物的种群演替，其中3次是由于化学农药应用引起的，2次是由于栽培技术的变革导致生态条件的改变而引起的。这种种群演替的历程说明了保持自然界生态系统稳定的重要性，但也启示我们，人类同样可以在必要的时候改变原来的生态环境，有意识地增加某些生物种群的数量，目标是减少有害种群的数量。生物防治就是这种认识的具体实践。一些有益的生物种群被用作生物武器，用以降低有害生物种群的数量，达到生物防治的目的。

害虫生物防治的内容包括应用寄生性天敌、捕食性天敌、病原真菌、病原细菌、病毒等。

应用寄生性天敌防治茶树害虫，最成功的例子莫过于20世纪30年代斯里兰卡从印度尼西亚引进寄生蜂用以控制茶卷叶蛾。在田间释放寄生蜂后，短短的3年间便自然控制了原来大发生的茶卷叶蛾（陈宗懋和陈雪芬，1999）。目前国内应用寄生性天敌防治茶树害虫的例子有用人工饲养的赤眼蜂防治茶小卷叶蛾和茶毛虫。

应用捕食性天敌防治茶树害虫，例如，红点唇瓢虫捕食各种茶树上的蚧类，草蛉（中华草蛉和大草蛉等）捕食茶蚜。湖北大学对茶园中9种捕食性蜘蛛捕食茶尺蠖的研究表明，鞍形花蟹蛛、白斑猎蛛、绿腹新园蛛和八斑鞘腹蛛捕食能力最强（Yang et al., 2017）。日本和印度用拟长毛钝绥螨和智利小植绥螨捕杀茶园中的神泽氏叶螨和茶短须螨，已达到生产应用的规模。

病原真菌在国际上防治害虫的应用可追溯到20世纪前半叶。我国已发现的虫生真菌有400多种。昆虫真菌病的流行主要由于湿润的生态环境。20世纪80年代，在江苏和浙江两省茶尺蠖大面积发生的茶园中圆孢虫疫霉流行，幼虫死亡率高达90%（李增智 等，1985）。80年代后期，在浙江和福建两省的茶区还发生过黑刺粉虱被韦伯虫座孢菌大量寄生，寄生率高达80%以上（马新颖 等，2000；张汉鹄和谭济才，2004）。这是世界上首次应用 *Aegerita* 属真菌防治害虫，持效期至少3年；*Aegerita* 属真菌接种后可在田间自然定殖，具有巨大的应用潜力。其他在茶树害虫防治上已达到生产规模的病原真菌有白僵菌。

在应用病原细菌防治害虫方面，研究最普遍的是苏云金杆菌。它能产生蛋白质晶体内毒素（α-内毒素）和外毒素（α-外毒素和 β-外毒素）等，对鳞翅目昆虫的幼虫有毒杀作用。含有病原细菌的食物被害虫啮食后进入昆虫的消化道，病原细菌在偏碱性的肠液中溶解释放毒素，麻痹中肠，使肠壁破损，进而芽孢侵入血腔，瓦解组织，消解血淋巴，引起败血症，致使害虫食欲减退，呕吐腹泻，直至瘫痪软化死去。害虫尸体脓化变黑褐色，最后流出暗色腥臭脓液，芽孢继续扩散侵染。目前已有多种苏云金杆菌的市售商品。

病毒是目前广为应用的一类生防制剂。我国已从茶树害虫中分离到 60 多种昆虫病毒。目前在茶产业中应用最多的是核型多角体病毒（nucleopolyhedrosis virus，NPV）、颗粒体病毒（granulosis virus，GV）和质型多角体病毒（cytoplasmic polyhedrosis virus，CPV）。病毒专一寄生性很强，一经专性寄主口服或感染侵入，进入消化道、血腔后，即可在器官组织的细胞核或细胞质内复制增殖，形成大量病毒粒子，使寄主发病。蛾类幼虫发病后表现为食欲减退，行动迟缓，进而瘫痪溃疡，化脓死亡。死前常以腹足紧握枝叶，虫尸倒挂。死虫体肤脆薄乳白，易破裂流出无臭脓液，病毒粒子再行扩散感染。高温高湿和虫口密度较大时有利于诱发病毒病。目前，灰茶尺蠖、茶尺蠖、油桐尺蠖、茶毛虫、茶蚕、茶小卷叶蛾等茶树害虫在国内均已发现有病毒病。

发展茶树害虫的生物防治技术时，要综合考虑如下 3 个问题。

（1）在生态条件良好的茶园中，茶树害虫与多种捕食性、寄生性天敌，以及各种微生物天敌共生存。当各种天敌的种群数量大于害虫的种群数量时，天敌可以使害虫的种群数量下降。假如因为生态条件不利于各种天敌的生存与繁殖而导致其数量下降时，防控结果就可能不理想。创造良好的生态环境是达到良好生物防治效果的关键条件。一个郁密茂盛的茶园，枝叶将茶树覆盖，在茶树的下层创造了一个幽阴的环境，适于天敌的生长繁殖。

（2）虽然良好的生态环境是获得理想生物防治效果的关键，但实际上许多茶园的生态环境并不理想，因此往往不能期望依靠茶园中已有的生物防治资源达到成功控制有害生物种群数量的目的。在这种情况下，可以将鲜活的天敌商品补充到茶园中去，以达到利用生物天敌控制茶园中有害生物的目的。在现代科学技术的支持下，许多科研单位和企业已开发出多种捕食性的天敌、寄生蜂、寄生菌（如白僵菌、绿僵菌）和病毒等生防制剂，并有商品出售。

（3）化学防治和生物防治是矛盾的双方。在计划进行生物防治的茶园，实施有机管理是最佳方案。因为天敌通常体形纤细，对化学农药的抵抗力较弱。为了保护天敌，应尽可能减少化学农药的使用，以增加天敌的种群数量。

3.4.5　基于安全、高效、合理的化学防治技术

有害生物的化学防治在短时期内仍然是不可替代的，这个观点也是世界共识。从对人体健康的角度考虑，选择茶园适宜农药的关键点如下（Chen et al., 1999）：农药喷施到茶树上在合理的安全间隔期后有较高的降解率，采摘的鲜叶在常规的加工条件下农药挥发和消解率较高；制成的成茶中的残留农药在泡饮过程中进入茶汤中的比率较低（如小于 10%）。表 3-8 是茶叶中常见化学农药在茶汤中的浸出率。由表 3-8 可知，不同农药的水溶解度差异明显，基本上水溶解度越高的农药在泡茶时的浸出率也越高，对饮茶者的安全风险也越大。不同水溶解度的农药在泡茶时的浸出率可以相差数百倍之多。因此从对人体的健康风险来看，茶叶和其他食品的显著差别在于：人在进食粮食、水果、蔬菜、鱼、肉、蛋时，都是将这些食品摄入体内，而饮茶时只将茶汤摄入体内，而将茶叶丢弃。因此在进行茶叶中的残留农药对人体的健康风险评估时，如果用茶叶中的农药残留量来进行计算，将会过高地估计人体因饮茶而摄入的农药数量。正确的方法是采用茶汤中的农药数量，而不是茶叶中的农药数量作为人体健康风险评估的基础。我国提出的这个方法获得了联合国粮食及农业组织（Food and Agriculture Organization of the United Nations，FAO）和世界卫生组织（World Health Organization，WHO）下属的国际食品法典农药残留委员会（Codex Committee on Pesticide Residues，CCPR）及美国、欧盟等主要国家有关机构的同意和采纳（陈宗懋 等，2019）。

表 3-8　茶叶中常见化学农药在茶汤中的浸出率

（陈宗懋 等，1984b；Wang et al., 2019；Yang et al., 2020）

农药名称	水溶解度（mg/L）	泡茶时的浸出率/%
联苯菊酯	0.001	3.0
DDT	0.001	1.0
溴氰菊酯	0.1	1.0
三氯杀螨醇	0.1	2.2
虫螨腈	0.14	3.4
茚虫威	0.2	5.7
唑虫酰胺	0.087	4.2
吡虫啉	610	94.2
啶虫脒	2 950	95.3
噻虫嗪	4 100	101.7
乐果	25 900	113.4
呋虫胺	39 830	98.0

综上，合理的化学防治首先是农药品种的选择。Chen 等（2020）建立了以 7 个指标为基础的茶园农药选用准则。它们是基于农药在茶园的残留半衰期（表征农药在茶园种植环境和气候条件的影响下农药降解的重要参数）、蒸汽压（茶叶中的农药在加工过程中消解的关键参数）、农药水溶解度（决定饮茶者在喝茶时摄入农药量的关键指标）、农药的每日允许摄入量（acceptable daily intake，ADI）和大鼠急性致死中量（median lethal dosage，LD_{50}）（反映农药对人体急性、慢性健康风险的指标）、鱼类和蜜蜂的致死中量（反映农药在环境中生态毒性的指标）。将 7 个指标按照分级标准进行 1～5 分评分，乘以对应因素的权重系数，得到权重分值；各因素的权重分值累加后乘以系数 10 作为最终评判结果。分值越低表示该农药在茶园中使用的安全性越高，累计值低于 25 可在茶园应用，为茶园农药选用提供了科学的定性依据。上述 7 个指标中的权重系数是根据决定农药降解速率的重要程度和决定人体摄入量的重要程度确定的，农药的水溶解度的权重系数最高（0.437），在茶树上的残留半衰期（0.193）及农药的 ADI（0.192）两个指标的权重系数次之。实验证明，有的农药虽然对有害生物有良好的防治效果，但对人体的健康风险较大。因此我国农业农村部（农业部）在 2002 年到 2020 年 1 月先后共颁布了 12 次禁限用农药的公告，提出了茶产业中禁限用的化学农药名单（表 3-9）。

表 3-9　我国颁布的禁限用农药和茶产业禁限用的化学农药名单

农药名称	农药类别	禁限用原因	颁布年月
六六六、DDT、毒杀芬、二溴氯丙烷、杀虫脒、二溴乙烷、除草醚、艾氏剂、狄氏剂、汞制剂、砷类、铅类、敌枯双、氟乙酰胺、甘氟、毒鼠强、氟乙酸钠、毒鼠硅	有机氯农药、汞制剂、砷制剂、长效除草剂、	长残效、高残毒	第 199 号公告，2002-06
甲胺磷、甲基对硫磷、对硫磷、久效磷、磷胺	有机磷农药	剧毒	第 274 号公告，2003-04 第 322 号公告，2003-12
八氯二丙醚	有机氯增效剂	茶叶中高残留、致癌	第 747 号公告，2006-11
氟虫腈	有机氟农药	高生态毒性	第 1157 号公告，2009-02
甲拌磷、甲基异柳磷、内吸磷、克百威、涕灭威、灭线磷、硫环磷、氯唑磷、三氯杀螨醇、氰戊菊酯	有机磷农药、有机氯农药、菊酯类农药	剧毒、高残留	农农发［2010］2 号，2010-04
治螟磷、蝇毒磷、特丁硫磷、硫线磷、磷化锌、磷化镁、甲基硫环磷、磷化钙、地虫硫磷、苯线磷、灭多威	有机磷农药、氨基甲酸酯类农药、有机磷农药、杀鼠剂	高毒	第 1586 号公告，2011-06

续表

农药名称	农药类别	禁限用原因	颁布年月
氯磺隆、胺苯磺隆、甲磺隆、福美胂、福美甲胂	除草剂、杀菌剂	长残效	第 2032 号公告，2013-12
百草枯水剂	除草剂	国际禁用	第 1745 号公告，2014-04
氯化苦、杀扑磷	熏蒸剂	高毒	第 2289 号公告，2015-08
2,4-滴丁酯	除草剂	残留和飘移	第 2445 号公告，2016-09。自 2023 年 1 月 29 日起禁止使用
乙酰甲胺磷、乐果、丁硫克百威	有机磷农药、氨基甲酸酯类农药	残留毒性	第 2552 号公告，2017-07
硫丹	有机氯农药	国际禁用	第 2552 号公告，2017-07
溴甲烷	熏蒸剂	残留毒性	第 2552 号公告，2017-07
林丹	杀虫剂	剧毒、生物蓄积	2019 年第 10 号公告，2019-03，生态环境部公告
氟虫胺	有机氟农药	国际禁用	第 148 号公告，2019-03。2019 年 3 月 26 日起，撤销农药登记和生产许可；自 2020 年 1 月 1 日起，禁止使用
吡虫啉、啶虫脒、噻虫嗪、呋虫胺	新烟碱类农药	高水溶性、对蜂高毒、茶汤中高残留	建议茶产业中停用

3.4.6　以“双减”为目标的茶树有害生物生态学防控技术

减少化学农药和化肥在农业中的应用已是世界共识。化学农药在茶园中的应用虽减轻了有害生物的危害，增加了茶叶的产量，但同时也带来了环境和茶叶的污染，破坏了茶园中的生态平衡。从世界范围来看，化学农药的用量一直维持在一个较高的水平，在我国还处于增长的趋势（图 3-3）。化肥的过量应用对土壤的性状产生了负面效应，造成土壤酸化、增加养分淋溶损失和地表水的富营养化、增加氧化亚氮和氨等温室气体的释放，从而引起茶园生态环境污染和土壤恶化，同时对茶园有害生物种群数量的增加也具有一定的负面效应。从世界范围看，化肥的应用也基本处于增长的趋势（图 3-4）。2016 年中华人民共和国科学技术部发布了涉及茶产业中“双减”的国家重点研发计划“茶园化肥农药减施增效技术集成研究与示范”，要求到 2020 年茶园化学农药用量减少 25%，化肥用量减少 20%。“双减”计划的实施表明我国茶园生态建设进入了新的阶段。

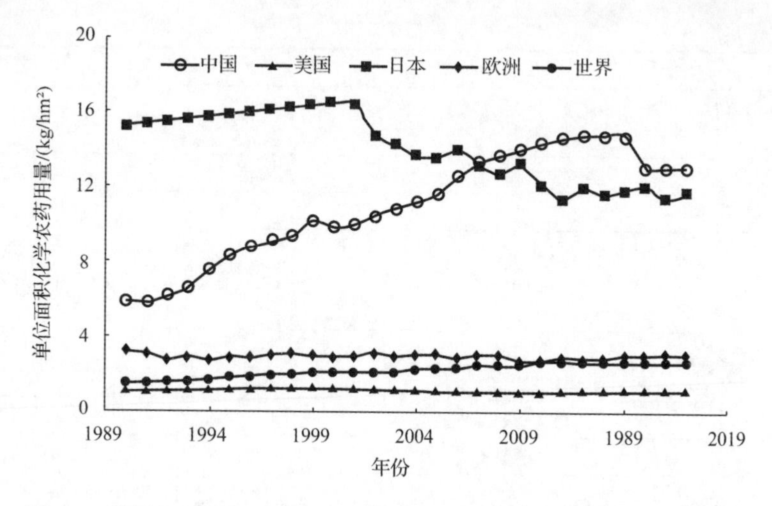

图 3-3 世界主要国家和地区单位面积化学农药用量（Wu et al.，2018）

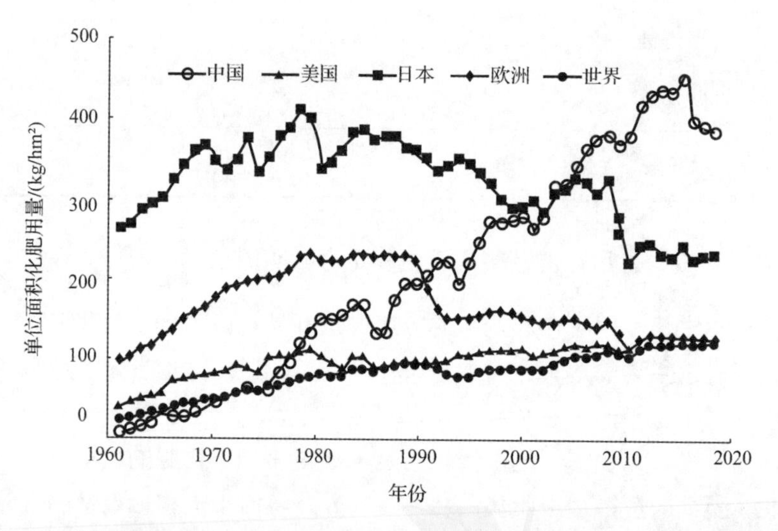

图 3-4 世界主要国家和地区单位面积化肥［包括氮肥（N）、磷肥（P_2O_5）、钾肥（K_2O）］用量

数据来源：IFA. https://www.ifastat.org/databases/plant-nutrition。

第 4 章 茶叶污染物的生态控制

我国是茶的故乡，是茶叶生产、消费和出口大国。茶叶在我国经历了药用、食用、饮用及三者兼用的发展过程。我国茶产业经历了发展栽培技术以保障茶叶产量、发展加工技术以保障茶叶品质、发展污染物控制技术以保障茶叶质量安全的阶段。随着全球工业化、城市化和农业集约化的发展，保护生态环境和保障食品质量安全已成为国际共识。1996 年，WHO 首次定义了“食品安全”（food safety）的概念，即对食品按其原定用途进行制作或食用时不会使消费者健康受到损害的一种担保，强调农产品质量从田间到餐桌全过程不会使消费者健康受到损害。茶叶质量安全指的是茶叶质量状况对饮用者健康和安全的保证程度，即在规定的食用方式和用量下长期食用，对食用者不产生可观察到的不良反应。

本章分析了茶叶中主要污染物的污染水平，探讨了污染物的形成和来源，评价了可能的健康风险，提出了科学合理的控制措施，以实现茶叶中污染物的生态控制，保障茶叶质量安全。

4.1 茶叶中的主要污染物

4.1.1 茶叶中主要污染物的种类

茶从茶鲜叶到饮茶者茶杯中的过程，要经历种植、加工、包装、运输、储存、销售等一系列环节，以上各个环节都可能造成茶叶的污染。目前，影响我国茶叶质量安全的污染物主要包括如下几方面。

1. 农药残留

农药残留是指农药使用后残存于生物体、农副产品和环境中的微量农药原体、有毒代谢物、在毒理学上有重要意义的降解产物和反应杂质的总称。残存的数量称残留量，以每千克样品中的农药量表示，即 mg/kg、μg/kg、ng/kg。自 20 世纪 60 年代以来，茶叶中的农药残留是我国茶产业面临的首要问题。农药残留是施药后的必然现象，研究茶叶中农药残留的最终目的是通过科学选药、合理用药、最大残留限量标准制定、茶园绿色防控等手段减少农药使用对环境的污染、对生态系统的不良影响和对饮茶者的健康风险。

2. 金属元素

茶树是一种强富集植物，可从茶园土壤中富集铅、铝等金属元素，同时对铜、锰、铬、镉等也具有吸收、富集和积累的能力。大气污染、加工过程中使用的燃料和加工设备等也可能加重茶叶中的金属污染。

3. 氟

茶叶中的氟主要来自茶树对生长环境中氟的吸收和累积。茶叶中的氟含量超标问题主要集中在边销茶中。WHO 2004 年规定，人均每天适宜的氟摄入量为 2.5～4.0 mg。我国农业部发布的《茶叶中铬、镉、汞、砷及氟化物限量》（NY 659—2003）规定了茶叶中氟化物含量不得超过 200 mg/kg。

4. 八氯二丙醚、蒽醌等阶段性污染物

21 世纪以来，八氯二丙醚、蒽醌、高氯酸盐、邻苯二甲酰亚胺等成为社会关注的茶叶中的典型污染物，尤其对我国茶叶的出口贸易影响较大。探明这些物质的来源是从根本上降低茶叶污染水平的手段。八氯二丙醚主要源于茶叶加工过程，蒽醌污染是茶叶加工和包装因素共同作用的结果，高氯酸盐的污染来源尚未明确。

4.1.2 茶叶中主要污染物的演替和现状

从污染物的角度分析我国茶叶的质量安全问题，可以分为 3 个阶段：①自 20 世纪 60 年代以来，茶叶中的农药残留一直是我国茶叶质量安全和出口贸易的重要障碍；②自 20 世纪 80 年代以来，茶叶中的金属元素残留问题引起广泛重视；③21 世纪以来，氟、八氯二丙醚、蒽醌、高氯酸盐、邻苯二甲酰亚胺等污染物成为影响我国茶叶质量安全的阶段性因素。

农药的使用可以追溯到公元前 1 000 多年，古希腊人采用硫黄熏蒸以杀虫防病。1865 年，作为颜料使用的巴黎绿（亚砷酸铜与醋酸铜形成的络盐）开始用于马铃薯甲虫的防治；1900 年巴黎绿在美国注册，成为世界上第一个正式注册的农药。DDT 是人类历史上首个有机合成的农药品种，由德国化学家 O.Zeidler 于 1874 年首先合成。1939 年，瑞士化学家 P.Müller 发现了 DDT 的杀虫活性，开启了有机农药的时代。1825 年，英国人 M. Farady 成功合成了六六六，1942 年其杀虫活性开始被科学家发现并应用。随着我国茶园病虫草害防治的需求加大和有机化学合成农药的广泛应用，我国茶叶用药种类经历了有机氯、有机磷、氨基甲酸酯、拟除虫菊酯类及新烟碱类农药等阶段，茶叶中农药残留问题的研究主要是随着有机农药的使用而开展起来的。

在 20 世纪 50 年代以前，茶园中使用的农药多为植物性杀虫剂和矿物性农药，如鱼藤精、棉油皂、石灰硫黄合剂、波尔多液等。50 年代起，有机氯农药开始在我国茶园应用。六六六和 DDT 的大量使用，不仅严重破坏了生态平衡，也造成了我国茶叶中较严重的六六六和 DDT 残留。随着我国全面禁用六六六和 DDT，60～80 年代，有机磷农药、氨基甲酸酯农药和拟除虫菊酯类农药在我国茶园有害生物化学防治中广泛应用。由于农药残留问题，1999 年和 2002 年，我国农业部发布了禁止在茶树上使用氰戊菊酯的公告，联苯菊酯、氯氰菊酯、溴氰菊酯等拟除虫菊酯类农药成为我国茶园病虫害防治的主要农药品种。自 1991 年德国拜耳和日本农药株式会社共同开发出吡虫啉农药后，新烟碱类农药很快在全球推广应用。21 世纪以来，新烟碱类农药在茶园的使用造成我国茶叶中吡虫啉和啶虫脒的高检出率和高超标率。近年来，随着新烟碱类农药替代品种的推广及绿色防控技术的应用，我国茶叶中吡虫啉和啶虫脒的检出率和超标率逐渐下降。2019 年，茶叶中吡虫啉和啶虫脒的检出率降至 30%以下，但仍然是我国商品茶叶中主要的残留农药品种。

从茶叶质量安全的角度讲，茶叶中金属元素污染的研究主要集中在金属元素检测技术、含量调查、风险评价、污染源解析、控制技术等方面。20 世纪 70 年代，我国茶叶中的金属元素污染问题开始受到国内外关注。80 年代以前，我国茶叶中的铅含量水平不高。80 年代茶叶中的铅污染成为茶叶的重要污染问题。我国茶叶中的铅含量为 0.2～97.9 mg/kg（Han et al., 2006），铅含量差异与地域、季节、茶叶种类等因素相关。茶叶中的铅主要来自茶树对土壤和大气中铅的吸收利用，以及加工过程中的铅污染。经过铅污染治理，我国茶叶中的铅含量水平降低，目前西湖龙井茶一级产区茶叶中的铅含量水平已基本恢复到 20 年前。2005 年，我国颁布《食品中污染物限量》（GB 2762—2005）替代原有的《茶叶卫生标准》（GB 9679—1988），我国茶叶中铅的最大残留限量由 2 mg/kg 修订为 5 mg/kg。茶树是一种富铝植物，茶树叶片中铝的浓度可达到几千毫克/千克级别，明显高于其他植物（Müller et al., 1997），幼嫩芽叶中的铝含量（几十到上千毫克/千克）低于成叶和老叶中（几百到几千毫克/千克）。茶树对土壤中铝的富集是茶叶中铝的重要来源，加工过程对茶叶中铝污染的贡献较小。

氟是人体中必需的微量元素之一，适量的氟有益身体健康，但是氟摄入不足或者过量，则引起龋齿或氟斑牙。氟是茶叶中典型的无机物，由于茶树对氟的累积特性（Ruan and Wong，2001），茶树叶片的氟含量明显高于其他植物。通过饮茶可以补充一定量人体所必需的氟，但长期饮用含氟量高的茶叶，会出现氟中毒症状（李旭玫，2004）。越南于 1963 年报道了由于副食品蔬菜、茶叶中的高氟含量引起的中度及重度氟斑牙流行（魏赞道和周琳业，1984）。我国于 20 世纪 70 年代将氟病与食品中的氟联系起来，80 年代中期开始，中国陆续发现了在部分少数民族地区流行的氟斑牙和氟骨症与长期饮用高氟含量的砖茶、边销茶相关，茶叶氟污染成为我国茶叶的重要问题之一。

21 世纪以来，世界茶产业开始关注茶叶中的有机污染物问题，欧盟制定了多项茶叶中污染物最大残留限量。2002 年 12 月 16 日，欧盟颁布茶叶中八氯二丙醚的最大残留限量为 0.01 mg/kg。2001～2003 年，我国茶叶中八氯二丙醚检出率由<10%上升至 31%，最高含量达 0.22 mg/kg，超过欧盟标准 20 多倍。自 2012 年欧盟首次通报中国茶叶中的蒽醌超标问题后，中国茶叶中蒽醌污染越发严重，至 2015 年，我国茶叶因蒽醌超标被通报的比例居欧盟通报首位。同年，欧洲食品安全局（European Food Safety Authority，EFSA）制定高氯酸盐的 ADI 为 0.000 3 mg/(kg·bw)。茶叶加工过程燃料和卫生用品的使用是导致茶叶中八氯二丙醚和蒽醌污染的主要因素。高氯酸盐的污染途径和来源尚不明晰。

4.2 茶叶主要污染物的来源途径

4.2.1 茶叶中农药残留的形成和影响因素

1. 茶叶中农药残留的形成

茶树主要生长在湿热的热带和亚热带的山地、丘陵地带，这种气候条件同样适合茶树病虫草害的发生。化学农药作为茶树病虫草害防治的必要手段，仍将在较长时间内发挥为茶叶增产保质的重要作用，尤其在害虫暴发期。茶叶中的农药残留主要来自人们为了保护茶树免受病虫草害而喷施的农药。农药喷施到茶树后，沉积在茶树或杂草表面，发挥杀虫杀菌作用，部分农药会渐渐渗入茶树组织。茶鲜叶中的农药残留水平一般高于其他茶树组织（方玲，1998）。除直接喷施外，茶鲜叶中的农药残留还可能来自农药的空气飘移和水体污染。1974 年我国禁止在茶树上使用六六六后，虽然茶叶中的六六六残留水平明显下降，但在 20 世纪 70 年代后期至 80 年代初，其总体残留水平仍维持在 0.3～0.5 mg/kg，基于茶园茶梢中的六六六残留水平与茶园空气中的六六六含量呈正相关，探明此时茶鲜叶中六六六的污染来自附近水稻田中施用六六六的空气飘移作用（陈宗懋 等，1986）。此外，水体污染也是茶叶农药残留的来源。一些内吸性农药（如乐果）可通过根系吸收并转运到地上部分形成茶鲜叶中的农药残留（夏会龙和屠幼英，2003）。茶鲜叶中的农药会在茶园田间、加工过程中发生降解，最后进入干茶中的农药即形成茶叶中的农药残留。

2. 茶叶中农药残留的影响因素

1）农药残留在茶园中的消解

农药残留动态也称消解动态，指施药后残留农药逐步降解和消失的过程。它是研究农药在农作物、土壤、水中残留量变化规律的试验，用于评价农药在农作物和环境中的稳定性和持久性。研究农药残留动态，了解施药至收获时农药残留的消长，可以预测农药残留行为，以便安全、合理地使用农药。农药在茶园的消解快慢通常以农药残留量消解一半时所需的时间，即半衰期（DT_{50}）表示。DT_{50}可用图示法表征，分别以农药活性成分及代谢物、降解物残留量为纵坐标，以时间（T）为横坐标绘制消解曲线得出 DT_{50}。DT_{50} 也可以通过计算得出。有些农药在茶树中的残留量（C）随施药后的时间（T）变化符合一级动力学规律，即施药后的农药在茶鲜叶中的残留量一般随时间以近似负指数函数递减的规律变化。

$$C_T = C_0\,e^{-KT} \tag{4-1}$$

式中，C_T 为时间 T 时的农药残留量（mg/kg）；C_0 为施药后的原始沉积量（mg/kg）；K 为消解系数；T 为施药后时间（d）。

当 C_T=0.5 C_0 时，可计算半衰期，计算公式为

$$DT_{50}=\mathrm{Ln}2/K \tag{4-2}$$

沉积在茶树表面的农药可在生物或非生物因素的作用下逐渐消解，大部分农药在茶园中的消解半衰期为 0.2～10.2 d。茶园农药的消解半衰期受环境因素、茶树生长稀释因素和农药性质的影响。

茶园环境因素主要包括光照和降雨两个方面。光照可显著影响茶叶中的农药残留量（姚建仁 等，1989），其影响机理是紫外光的光解作用。农药分子可以直接接收阳光辐射或间接获得光化学反应中的能量发生农药光化学反应，引起分子异构化或裂解。光稳定性越差的农药，其残留半衰期越短。在田间条件下，易于光解的辛硫磷的降解速度快于乙硫磷，辛硫磷在喷药后 1 d 的平均降解率达 95%，乙硫磷在喷药后 3 d 的平均降解率仅有 77.6%（陈宗懋和岳瑞芝，1983）。降雨对农药的降解主要体现在雨水对农药的淋洗和溶解，该过程可减少茶叶中 22%～49%的农药残留（Barooah and Borthakur，2008）。随着时间延长，降雨对农药残留的降解作用逐渐减弱，主要是因为茶鲜叶表面的残留农药逐渐向叶表蜡质层和角质层渗入，叶表面的农药残留量降低（陈宗懋和岳瑞芝，1983）。温度对化学农药在茶园中降解的影响不显著，主要是因为茶树生长季节的气温一般为 15～40℃，该温度对农药的降解影响较小。

生长稀释作用是农药在茶树上的消解半衰期短于其他作物的重要原因。与其他植物相比，茶树的采收部位为顶端幼嫩组织，其单位重量的表面积较大，因此

在同样的施药量下，茶叶中农药残留量较高。不同作物的比表面积见表 4-1。如以40%乐果乳油 800 倍稀释液喷施于茶叶上，原始沉积量为 103～158 mg/kg；相同浓度条件下，黄瓜上的原始沉积量为 0.38～0.85 mg/kg。由于顶端优势，茶芽的生长速度快，由萌动的茶芽生长到一芽三叶的采收芽叶时，重量和表面积均增长了 2 倍以上，大幅降低了单位重量茶鲜叶中的农药残留量。

表 4-1 不同作物的比表面积（陈宗懋，1984b）

名称	单位重量的表面积/（cm^2/g）
甘蓝外叶	18.7
甘蓝球	0.8
黄瓜	0.7
番茄	0.6
菠菜	27.7
芹菜	38.2
苋菜	53.0
茶树嫩叶	41.7
茶树成熟叶	15.9

农药本身的理化性质是影响其在茶园降解的内在因素。在相同条件下，不同理化性质的农药，其持久性差异较大。对蒸汽压低、光稳定性好的农药（如拟除虫菊酯类农药），茶芽的生长稀释作用在其降解中占主导地位；蒸汽压高、光稳定性好的农药以热消解为主；辛硫磷、二溴磷等光敏感性农药则以光解为主；水溶性好的农药，易被雨水淋失（夏会龙和陈宗懋，1989）；残留农药还可被氧化、水解，或被生物体内的酶分解。

2）农药残留在加工过程中的降解

茶鲜叶须经历多道加工工序才能成为干茶，该加工过程中的农药残留总降解率为 20%～80%。红茶、绿茶、乌龙茶加工工艺各步骤对茶叶中农药残留降解均有一定贡献。

杀青方式对茶叶中农药残留降解作用存在差异。微波杀青可降低 55%的农药残留（Soud et al., 2004），可能是由于微波能引起物质内部的热运动，使植物组织内的残留农药得以释放。杀青对乌龙茶加工过程中三唑磷残留的降解显著（张华等，2012），蒸汽杀青对乌龙茶中农药残留的降解率低于液化气杀青，可能是由于杀青温度差异引起的（李玲琴，2007）。萎凋过程的农药消解主要是由于残留农药在该过程中发生光解和挥发。在红茶和乌龙茶萎凋过程中，吡虫啉、啶虫脒（Gupta and Shanker, 2009）、克百威和胺甲萘（Wu et al., 2007）的降解率为 16%～41%。发酵对农药残留降解的作用主要是由于水解酶对农药的催化降解作用，酶的活性越高，与农药的接触越多，农药残留降解率越高（孙继鹏 等，2005）。

干燥步骤对加工过程中农药残留降解的贡献最为显著，主要的原因是高温引起的农药挥发和分解。不同农药品种间的降解差异主要与其蒸汽压相关。需蒸汽压越大的农药品种，在加工过程中的挥发性越大，降解率越高。在压碎-撕裂-卷曲（crush-tear-curl，CTC）红茶工艺的干燥过程中，十三吗啉的总降解率高达 46%～57%，而己唑醇、丙环唑、多菌灵需要的蒸汽压相对较低，总降解率为 12%～22%（Karthika and Muraleedharan，2010）。不同性质的农药在干燥过程中的主要降解方式不同：乐果和喹硫磷经蒸发、热分解均较多；三氯杀螨醇需要的蒸汽压低，热消解作用远大于蒸发（Soud et al., 2004）。因此在相似的病虫害防治效果情况下，应选择需蒸汽压低的农药品种用于茶园施用。

3. 茶叶中农药残留的风险评价

1）农药残留在泡茶过程中的浸出率

茶叶只有在冲泡过程中进入茶汤中的农药才可能随饮茶进入人体，对饮茶者造成健康风险，因此农药在茶汤中的浸出率是评估农药残留对人体危害水平的重要因子。

农药在茶汤中的浸出率与农药性质、冲泡次数、冲泡温度、茶水比、茶叶整碎程度等密切相关（Chen and Wan，1988）。农药水溶解度是影响农药水浸出率的关键物化参数，农药水浸出率随农药水溶解度的增大而增大。低水溶解度的有机氯农药（如 DDT、六六六、三氯杀螨醇和硫丹）的泡茶浸出率低于 7%（Chen and Wan，1988；Jaggi et al., 2001；Manikandan et al., 2009），远低于高水溶解度的新烟碱类农药（如噻虫嗪、吡虫啉和啶虫脒）的水浸出率（62.2%～81.6%）（Hou et al., 2013）。根据浸出率和水溶解度的正相关关系，可预测农药在泡茶时的水浸出率。多菌灵在泡茶过程中的浸出率随冲泡次数的增加而增加，在高温（80～100℃）下的浸出率是常温冲泡条件下的 3 倍，且茶叶越碎其浸出率越高（Zhou et al., 2018）。因此在相同的防治效果情况下，应选择水溶解度低的农药品种用于茶园病虫草害防治。

2）农药残留的风险评价

茶叶中残留农药可能引起的饮茶者健康风险评价是在毒理学和残留化学评估的基础上进行的，主要由茶叶中农药残留的浓度、每人每日的饮茶量（food intake，FI）、农药在泡茶过程中的浸出率（infusion factor，IF）、农药毒理学阈值 4 个因素决定。

每日允许摄入量也称慢性参考剂量（chronic reference dose，CRfD），是慢性风险评估的毒理学阈值，指的是终生每日摄入农药残留而不产生明显有害作用的剂量，是以最敏感的动物的最大无毒性反应剂量（no observed adverse effect level，NOAEL）除以不确定系数（通常为 100）而得，以 mg/(kg·bw)计。急性参考剂量（acute reference dose，ARfD）是急性风险评估的毒理学阈值，指人在 24 h 或更短时间内摄入残留农药而对人体健康没有明显风险的剂量，是以短期的急性毒性无可观察到的 NOAEL 除以不确定系数（通常为 100）而得，以 mg/(kg·bw)计。

农药残留可能引起的饮茶者健康风险大小以人体摄入的农药残留量与农药毒理学阈值的比值，即风险熵（risk quotient，RQ）描述。

慢性风险熵（RQc）的计算公式为

$$\mathrm{RQc} = \frac{\mathrm{IEDI}}{\mathrm{ADI}} \tag{4-3}$$

$$\mathrm{IEDI} = \frac{\mathrm{FI} \times \mathrm{STMR} \times \mathrm{IF}}{b_{\mathrm{w}}} \tag{4-4}$$

式中，IEDI（international estimated daily intake）为国际估计每日摄入量；ADI 为每日允许摄入量；FI 为每日饮茶量；IF 为农药泡茶浸出率；STMR（supervised trials median residue）为残留中值；b_{w} 为体重。

急性风险熵（RQa）计算公式为

$$\mathrm{RQa} = \frac{\mathrm{IESTI}}{\mathrm{ARfD}} \tag{4-5}$$

$$\mathrm{IESTI} = \frac{\mathrm{FI} \times \mathrm{HR} \times \mathrm{IF}}{b_{\mathrm{w}}} \tag{4-6}$$

式中，IESTI（international estimated short-term intake）为国际估计短期摄入量；ARfD 为急性参考剂量；FI 为每日饮茶量；IF 为农药泡茶浸出率；HR 为茶叶中农药的最高残留量；b_{w} 为体重。

RQ<1 表明因农药残留引起的饮茶健康风险不明显，RQ>1 表明因农药残留可能引起饮茶者健康风险。随着农药化学品的低毒、低风险化，在相同的茶叶消费量条件下，农药在泡茶中的浸出率是影响茶叶健康风险的关键参数。水溶解性较低的脂溶性农药（如拟除虫菊酯类农药）在泡茶时溶入茶汤中的比例为 1%～3%，因此安全性较高；高水溶性农药（如吡虫啉、啶虫脒、乐果等）会有 40%～98%进入茶汤，引起较高的健康风险（陈宗懋，2011b）。

4.2.2 茶叶中铅的形成和影响因素

1. 茶叶中的铅污染现状

铅是一种高蓄积性、多亲和性的生理性和神经性毒物，几乎对人体所有重要的器官和系统均会产生毒害，如中枢神经系统、免疫系统、生殖系统和内分泌系统等，其中对中枢神经系统的毒害尤为严重，即使微量的铅暴露也会损害儿童的神经系统和智力水平。铅可通过消化道和呼吸道进入体内，在体内的半衰期可达 5 年。铅中毒会导致人体贫血、脑出血、骨骼变化和智力低下等，长期低浓度暴露可增加患癌概率。茶叶中铅含量状况呈现如下特点。

（1）年代差异。我国茶叶中铅含量水平呈现先升高后降低的趋势。20 世纪 90 年代以后呈上升趋势。以龙井茶为例，1996～1999 年我国茶叶中年平均铅含量分别为 0.63 mg/kg、0.74 mg/kg、0.87 mg/kg、1.45 mg/kg，2001、2002 和 2004 年上升为 1.93 mg/kg、2.19 mg/kg 和 2.20 mg/kg（韩文炎　等，2008a）。2011～2017 年基本下降至 1 mg/kg 以下（除 2013 年外），分别为 0.93 mg/kg、0.81 mg/kg、1.64 mg/kg、0.72 mg/kg、0.72 mg/kg、0.85 mg/kg、0.67 mg/kg（黄小萍　等，2019），接近 20 年前茶叶中的铅含量水平。全国其他名优茶中铅的含量变化与龙井茶相似：1989 年我国名优茶中铅含量中值为 0.44 mg/kg；1992 年上升至 0.49 mg/kg；1998 年、2000 年和 2001 年分别为 0.69 mg/kg、0.76 mg/kg 和 0.66 mg/kg，且铅含量超过 2 mg/kg 的茶叶比例由 4.8%上升至 9.3%。全国茶叶中的铅污染比名优茶严重得多，1999～2001 年全国 17 个产茶省的 1 225 个茶样中的铅含量为 0.2～97.9 mg/kg，平均值为 2.7 mg/kg，超过铅最大残留限量 2 mg/kg 的茶样比例高达 32%（韩文炎　等，2008a），茶叶中铅含量超标成为当时市售茶叶抽检不合格的主要原因（亚杰，2004）。2012～2015 年，六大类茶和代用茶共 2 382 个样品中，平均铅含量为 1.99 mg/kg，低于 1999～2001 年铅含量（刘美秀，2016）。

（2）地域差异。不同产区和消费地区的茶叶样品中铅含量存在一定差异。中国、土耳其等国的茶叶中铅含量较高（Narin et al., 2004）；斯里兰卡、尼日利亚、日本等国茶叶中的铅含量较低，193 个日本绿茶中的铅含量为 0.11～1.93 mg/kg，平均含量为 0.49 mg/kg（Tsushida and Takeo, 1977），尼日利亚茶叶中的铅含量为 0.16～1.32 mg/kg，平均含量为 0.50 mg/kg（Onianwa et al., 1999）。

（3）季节差异。春梢由越冬芽萌发而成，生长期较长，因此茶树从大气和土壤中吸收铅的机会较多，而夏茶生长期短，秋茶介于春夏二者之间，因此不同季节收获的茶叶中，铅含量水平以春茶最高，秋茶次之，夏茶最低，其中春茶中铅含量分别是秋茶和夏茶的 1.9～2.6 倍和 4.0～5.7 倍（韩文炎　等，2008a）。

（4）茶叶类型和品质等级差异。绿茶和花茶中铅含量较低，而黑茶、乌龙茶和红茶的铅含量较高，其中砖茶等茶叶中最高铅含量为 6.48～11.61 mg/kg（Han et al., 2006；宋振硕　等，2009）。这主要是由于铅的累积特性所致，一般来讲，成熟度高的茶叶中铅含量高于嫩度好的茶叶中铅含量。

2. 茶叶中铅污染的形成来源

茶叶中的铅主要来自以下方面。

一是茶树根系吸收土壤中的铅，是茶叶中铅的重要来源。在没有铅污染的前提下，茶树中铅的主要蓄积部位是吸收根。铅元素在茶树体内由高到低的分布依次为吸收根、茎秆、当年生成熟叶、主根、新梢（一芽二叶）（石元值 等，2004），茶叶籽中铅含量最低（韩文炎 等，2009）。当茶园土壤受到污染后，茶树各部位的铅含量均有增加，其中侧根和主根的铅含量急剧增加，之后聚集于侧茎，此时茶树中的铅分布，对于枝干和根系，较嫩的部位铅含量较高，如吸收根>二级侧根>一级侧根>主根，生产枝>侧枝>主干；对于新梢和叶片，随着成熟度的增加铅含量提高，老叶>成熟叶>一芽五叶>一芽四叶>一芽三叶>一芽二叶>一芽一叶（韩文炎 等，2009）。茶树对土壤中铅的吸收不仅取决于铅的总量，更与土壤中的有效铅含量相关。土壤中的铅主要以氢氧化铅、碳酸铅、硫酸铅和磷酸铅等不溶或难溶物存在，由于茶树是典型的喜酸作物，导致土壤种植茶树后会逐渐酸化，土壤中铅的有效含量提高。茶树新梢全铅含量与土壤全铅含量呈显著正相关（$P<0.05$），与土壤有效铅含量呈极显著正相关（$P<0.01$）（石元值 等，2003）。随着土壤中有效铅含量的提高，茶叶中铅含量随之提高，二者呈极显著正相关（$P<0.01$）（Jin et al., 2005）。茶树吸收重金属元素的效果与土壤 pH 呈正相关（Wen et al., 2018），并与茶树品种有关。由于不同品种茶树根系分泌物组分、含量均有一定差异，因此会对土壤造成不同程度的酸化并最终影响茶树叶片对铅的积累（章明奎和黄昌勇，2004），例如，紫荀、龙井 43、福鼎大白、紫阳、绍兴 5801、竹枝春 6 个品种对铅的吸收特征表明，紫荀的铅含量最高；春茶的铅含量以龙井 43 最低，夏茶的铅含量以福鼎大白最低（韩文炎 等，2009）。

二是大气中的铅通过干湿沉降黏着于茶叶表面，或茶树叶片通过张开的气孔从空气中吸收液态或气态的铅。大气中的铅主要来自汽车尾气、工业污染和土壤扬尘。据测定，公路扬尘的铅含量为 40～153 mg/kg（韩文炎 等，2008b）。公路等交通干线到茶园的距离与茶叶中铅含量有较大关联，汽车尾气中含有的铅对公路旁 60 m 范围内的土壤有显著影响（吴永刚 等，2002），距离交通干线 60 m 外，嫩叶中的铅含量开始下降，老叶中的铅含量则从距离交通干线 100 m 外才开始下降，茶园距交通干线 150 m 外鲜叶和老叶中的铅含量均较为稳定（石元值 等，2004），因此建议距离公路边较近的范围内不宜种植茶树。

三是加工过程中的铅污染。加工过程中的铅污染程度受车间清洁程度、加工工序、作业方式、加工机械的影响。鲜叶摊放过程中的铅污染主要是因为不清洁的摊放环境，如鲜叶直接摊放在地面上，地面上的灰尘混入鲜叶，造成茶叶中的铅含量增加（陈宗懋和吴询，2000）。烘干、炒制等过程中煤燃料燃烧时释放出的铅烟雾通过气态传递附着在茶叶上，会提高茶叶中的铅含量；杀青锅、揉捻机的金属材料中的铅也会使成茶铅含量增加（韩文炎 等，2006）。此外，精制工艺降低茶叶中铅含量的原因主要是剔除了铅含量较高的茶末（韩文炎 等，2008a）。

3. 茶叶中铅的风险评估

随着人们对铅毒性的认识，WHO 建议人体的血铅浓度不得超过 25 μg/100 mL，FAO 和 WHO 食品添加剂联合专家委员会（Joint FAO/WHO Expert Committee on Food Additives，JECFA）制定了铅的暂定每周耐受摄入量（provisional tolerable weekly intake，PTWI）为 0.025 mg/(kg·bw)（顾佳丽　等，2013）。世界各国制定了茶叶中铅的最大残留限量以保证茶叶质量安全，英国、澳大利亚、印度制定了茶叶中铅的最大残留限量为 10 mg/kg，日本为 20 mg/kg，欧盟为 3 mg/kg。我国制定了茶叶中铅的限量标准为 5 mg/kg（GB 2762—2012）；绿色食品茶叶中铅的限量标准是 5 mg/kg（NY/T 288—2018）；有机茶中的铅含量为 2 mg/kg，有机紧压茶（5 mg/kg）除外（NY 5196—2002）。

饮茶造成的铅摄入健康风险与饮茶量、茶叶中的铅含量和在冲泡过程中铅的浸出率有关。铅在泡茶过程中的平均浸出率低于 42.7%（Natesan and Ranganathan, 1990），冲泡时间长、茶水比小、水温高、冲泡次数多、总铅含量低的茶叶，铅的浸出率相对较高（韩文炎　等，2008a）。茶叶中铅的结合形态影响其茶汤浸出率。茶汤中的黄酮成分、咖啡碱和可溶性多酚可与铅络合（Norman and Dixon，1977；Ramakrishna et al., 1987；Cairns et al., 1996；Kolayll et al., 2004），形成金属络合物，降低茶汤中的铅含量。

4.2.3　茶叶中铝的形成和影响因素

铝是人体非必需的微量元素，其在人体内的蓄积会对人体的神经系统、骨骼系统、血液系统、生殖系统、免疫系统等造成危害。铝的富集会对中枢神经系统造成危害，可能诱发阿尔茨海默病（Molloy et al., 2007）。铝对骨骼中的钙和磷酸盐矿化形成的抑制作用是导致骨软化的主要原因（朱建民和 Huff，1990）。铝能抑制小鼠卵母细胞第一极体的释放和提高小鼠的生殖细胞及骨髓细胞染色体的畸变率（沈伟干和李朝军，1999）。

1. 茶叶中的铝污染现状

由于茶树的聚铝特性，茶叶中铝含量水平较高。1993～1996 年，我国 14 份名优茶样品中的铝含量为 417～1 054 mg/kg，平均值为 634 mg/kg（高绪评和王萍，1998）。同时期，我国绿茶、茉莉花茶、乌龙茶和红茶中的铝含量分别为（699±40）mg/kg、（915±15）mg/kg、（1 943±33）mg/kg 和（1 565±40）mg/kg（Zhou et al., 1996）。2008～2017 年，我国茶叶中的铝含量为 1.21～4 688 mg/kg（陈宏靖和杨艳，2017；陈晓霞　等，2017；吴志丹　等，2016；吴莉和王玉，2017；Ye et al., 2017；Zhang et al., 2017a；Cao et al., 2010；Li et al., 2015），其中红茶中的铝含量

为112.1～3 147 mg/kg，绿茶中的铝含量为1.21～1 093 mg/kg，白茶中的铝含量为255.3～1 584 mg/kg，普洱茶中的铝含量为 390.0～1 270.8 mg/kg，乌龙茶中的铝含量为2.7～4 688 mg/kg，花茶中的铝含量为259.1～1 248.2 mg/kg。

2. 茶叶中铝的形成和来源

商品茶叶中铝含量问题较复杂。茶叶加工过程涉及的铝制品较少，所以加工过程对茶叶中铝污染的贡献较小。目前尚未开展铝制包装材料对茶叶中铝含量的影响研究。茶树根系从土壤中吸收活性铝并积聚于叶片，是茶叶中铝的重要来源。茶树是一种典型的喜酸耐铝植物，具有耐铝聚铝特性。茶树体内的铝含量是其他植物的几十倍，茶叶成熟叶片中铝含量可高达 30 000 mg/kg（Matsumoto et al., 1976）。茶树叶片中的铝含量取决于土壤中的水溶态和交换态铝，而这几种形态的铝含量受土壤pH影响很大，因此土壤pH是影响茶树中铝含量的重要因素。茶树根部吸收的铝主要运往叶部，最后积聚在叶表皮、栅栏组织的细胞壁中。茶树各器官的铝含量由高到低依次为叶>根>茎。茶树叶片铝含量随着发育成熟度的提高而增加，不同部位茶树叶片铝浓度依次为落叶>成熟叶（老叶）>根系>树枝>嫩叶，茶树老叶中的铝浓度高于幼嫩叶中铝浓度的10倍以上，因此茶叶嫩度是影响茶叶中铝含量的重要因素。一般采用嫩叶加工的红茶、绿茶中铝含量较低，使用粗老叶生产的砖茶中铝含量较高（Wong et al., 2003）。不同茶树基因型对铝的富集存在显著差异，其中政和大白茶、龙井43、浙农113、平云01、迎霜、福鼎大白茶等品种中的铝含量较高，是低铝品种浙农 25、浙农 139、品系 1、碧云、梅占、竹枝春的 2～4 倍（于翠平，2014）。茶树叶片中的铝浓度呈现出季节性变化（王琼琼，2016），秋季茶树叶片铝浓度最高，春季茶树叶片铝浓度最低，同一部位的叶片铝浓度随着树龄的增长而增加。

3. 茶叶中铝的风险评估

1989年，FAO和WHO将铝归为食品污染物，并规定人体每周摄入铝量应少于7 mg/(kg·bw)（JECFA，1999）。JECFA在2007年和2011年分别对该标准进行了修订，2011年将该标准修订为2 mg/(kg·bw)。欧洲食品安全局规定人体每周摄入铝量标准为 1 mg/(kg·bw)。在泡茶过程中，部分铝元素会从茶叶中浸出进入茶汤而被人体摄入，对饮茶者健康产生一定的潜在风险。泡茶过程中 17%～42%的铝会溶出进入茶汤（唐德松，2003）。铝的浸出量与冲泡次数、冲泡温度、冲泡时间、茶水比等条件密切相关。在反复冲泡下，茶汤中铝含量逐渐降低，第一泡茶汤中的平均铝含量可占到平均总浸出量的75%（Zhou et al., 1996）。随着茶水比的减小，茶汤中的铝含量增加。一般认为茶汤中铝的形态主要为多酚配合物、铝的有机酸盐、铝的氟化物、铝离子及其水解产物（聚合羟基铝）等，其中有90%以上是以有机结合态存在（罗明标 等，2004），有毒的交换态铝和单聚体羟基态铝的含量极低。单体羟基铝，如铝离子、二羟基铝离子、四羟基铝离子是目前已确认的致毒形态（黄淦泉 等，1991）。

4.2.4 茶叶中氟的形成和影响因素

氟是人体所需要的一种微量元素，适量的氟能促进人体骨骼和牙齿的钙化、增加骨骼强度，并促进牙釉质的形成，防治龋齿；但若长期摄入过量氟化物，将干扰人体钙代谢和骨组织中的胶原蛋白合成，引起氟中毒，临床表现为氟斑牙、氟骨病和尿氟增高等。我国农业部规定了茶叶中氟化物含量不得超过 200 mg/kg（NY 659—2003）。

1. 茶叶中的氟含量

我国茶叶中氟含量水平差异较大。在主要茶类的 1 570 个茶叶样品中（石建良和郑志强，1985；梁月荣 等，2001；马立锋 等，2002；姚美芹 等，2011；钟希琼 等，2016；廖汉荣，2012；陈利燕 等，2014；艾亥特·艾萨 等，2011；陈清武 等，2012；陈辉，2016；邬秀宏，2009；李琛，2010；高大可 等，2010），氟含量为 2.7～1 420.7 mg/kg。绿茶中平均氟含量最低，红茶、乌龙茶、普洱茶中平均氟含量居中，黑茶中平均氟含量最高。绿茶（样品数 601）中氟含量为 4.8～458.7 mg/kg，平均氟含量为 83.6 mg/kg；红茶（样品数 217）中氟含量为 0.7～457.5 mg/kg，平均氟含量为 154.0 mg/kg；乌龙茶中的氟含量为 21.0～818.5 mg/kg，平均氟含量为 176.0 mg/kg；普洱茶（样品数 114）中的氟含量为 2.7～287.7 mg/kg，平均氟含量为 134.6 mg/kg；黑茶（样品数 490）中氟含量较高，为 37.2～1 420.7 mg/kg，平均氟含量为 535.2 mg/kg。

2. 茶叶中氟的来源

茶树具有较强的从周围环境吸收和贮存氟的能力（陈宗懋，1984a）。茶树生长环境中的氟进入茶叶的主要途径如下。一是茶树根系吸收土壤中的氟。氟在土壤中的存在形式是影响茶树吸收氟的重要影响因素。茶树主要吸收土壤溶液中的水溶态氟，对土壤中的难溶和交换态氟吸收困难。茶园土壤条件（包括土壤形态、土壤 pH、交换态金属离子、有机物含量等因素）对土壤氟的可溶态、难溶态和交换态之间的动态平衡有明显影响，从而影响茶树对氟的吸收累积，铝能促进茶树对氟的吸收（Ruan et al., 2003）。茶叶中的氟含量随叶龄的增加而增加（谢忠雷 等，2001），随土壤 pH、阳离子交换量和黏粒含量的增加而下降，随有机质含量的增加而增加。二是在大气中氟浓度较高的情况下，茶树可直接吸收空气中的氟（黎南华，1994；阮建云 等，2007），如来自砖瓦、磷肥、金属冶炼、化工、水泥、陶器等生产过程中释放的烟雾中的氟元素（高绪评 等，1997）。茶树不同器官的氟含量依次为叶>花>枝>茎>根，其中90%以上的氟累积在叶中（王丽霞，2014），且老叶中的氟含量是嫩叶中的数十倍至数百倍（陈瑞鸿 等，2002）。不同茶树品种间氟含量差异显著（石元值 等，2013；罗学平 等，2006）。在加工过程中，茶叶中的氟含量变化差异并不显著，因此成品茶中的氟含量主要取决于鲜叶中的氟含量。

3. 茶叶中氟的风险评估

茶叶中的氟基本上以水溶性化合物存在。泡茶过程中有42%～86%的氟从干茶中进入茶汤（高绪评和王萍，1998），平均浸出率为70%。茶叶中氟的浸出率与冲泡时间、茶水比、冲泡水温、冲泡次数等因素有关。茶叶中氟的浸出率随冲泡时间的延长而增加（马立锋 等，2002），一般在45 min左右趋于稳定。随着冲泡水温的升高，茶叶中氟的浸出率逐渐增加，在80～90℃达到平衡（刘超 等，1998；马立锋 等，2002）。氟的浸出率随着茶水比的减少而增加，并随冲泡次数的增加而下降（罗淑华 等，2002）。

氟对人体健康有双重影响，适量的氟有益于健康，过量引起氟中毒。WHO 2004年规定，人均每天适宜的氟摄入量为2.5～4.0 mg；中国于2000 年规定的每人每天氟的允许摄入量为3.0 mg。按照每人每天最高饮茶13 g，氟的浸出率平均70%计，则当茶叶中氟含量超过300 mg/kg，氟的摄入量即超过中国允许摄入量3.0 mg。因此对于以成熟叶或老叶片为主制得的茶叶，在大量饮用时宜注意摄入量。

4.2.5 茶叶中八氯二丙醚的形成和影响因素

八氯二丙醚是一种农药增效剂，对拟除虫菊酯类、氨基甲酸类、有机磷类和有机氯类农药均有不同程度的增效作用。我国从20世纪80年代起将其与拟除虫菊酯农药一起用于蚊香等用品的生产，以提高药效，减少农药有效成分的用量。八氯二丙醚属持久性有机污染物，性能稳定，在环境中滞留时间长，具有生物富集作用。在地表水、沉积物和雨水中的八氯二丙醚含量分别为1.6～11.7 ng/L、1.5～3.2 ng/L和1.0～3.7 ng/L（Yoshida et al., 1996）。室内环境中也发现了八氯二丙醚残留，餐厅中八氯二丙醚浓度（0.12～0.79 μg/m^3）高于房间中的八氯二丙醚浓度（0.008～0.046 μg/m^3）（Yoshida et al., 2000），室内空气颗粒物中的八氯二丙醚质量分数范围为0.04～15.9 mg/kg（Yoshida et al., 1997）。由于生物富集作用，日本本土的海鱼和贝类体内的八氯二丙醚含量为0.6 ng/g，高于日本以外的鱼类和贝类体内的八氯二丙醚残留水平（0.2 ng/g）（Yoshida et al., 2003）。此外，在人乳中也检出了八氯二丙醚（Miyazaki，1982）。

八氯二丙醚具有致畸、致癌、致突变作用（谭琳 等，2008）。八氯二丙醚吸入染毒可引起小鼠外周血细胞及肝、脾、肺的氧化损伤（曾垂焕 等，2006），以及小鼠肝和肺细胞的 DNA 链断裂（谈伟君 等，2005）。长期暴露接触八氯二丙醚作业，可导致工人的 *P53* 基因异常，以及对氧化性应激的易感性（唐萌 等，2007）。八氯二丙醚的流行病学调查显示（冯建良和朱玮，2004），某工厂在生产八氯二丙醚的十多年中，20 名工人中有 13 人患肺癌，其中 9 人已死亡。细胞病理学诊断 10 例为小细胞肺癌，3 例为支气管鳞状上皮细胞癌。由于八氯二丙醚在生产、使用过程中对人畜安全具有较大风险，2006 年农业部发布第 747 号公告，撤销含八氯二丙醚的农药产品登记。

1. 茶叶中的八氯二丙醚含量

由于八氯二丙醚曾作为农药增效剂使用，因此施用过农药的农产品中可能存在八氯二丙醚残留。蔬菜和谷物中八氯二丙醚的含量可达 0.029～0.282 mg/kg，且大米中八氯二丙醚的含量高于小麦面粉和玉米面粉，叶菜类蔬菜中八氯二丙醚的含量明显高于根菜类蔬菜（李腊梅，2007）。在八氯二丙醚未禁用前，我国茶叶中八氯二丙醚污染普遍，我国主要产茶区的茶叶样本中均不同程度地检测到了八氯二丙醚，含量为 0.027～0.390 mg/kg（汤富彬 等，2007；李腊梅，2007）。除茶叶外，花类、果类、叶类的代用茶中八氯二丙醚的检出率也较高，其中花类样品中八氯二丙醚检出率为 59%，超标率为 20%；叶类样品中八氯二丙醚的检出率和超标率分别为 55%和 17%；果类样品中八氯二丙醚残留情况最轻，检出率和超标率分别为 25%和 10%。

2. 茶叶中的八氯二丙醚来源

茶叶中八氯二丙醚主要来自茶叶加工过程和种植过程两个方面，其中加工过程是其主要的来源。在茶叶加工过程中使用蚊香和喷雾杀虫剂是导致茶叶中八氯二丙醚污染的因素。蚊香中八氯二丙醚的含量为 0.18～27.66 mg/kg，气雾剂中的含量最高可达 1 150.8 mg/kg（汤富彬 等，2007）。蚊香燃烧和气雾剂喷洒均有八氯二丙醚释放到空气中。茶叶具有较强的吸附能力，可吸附空气中的八氯二丙醚。放置于点燃蚊香的空间中的茶叶，在较短的时间（2 h）内八氯二丙醚含量即超过了欧盟的残留限量（0.01 mg/kg）。茶叶由于吸附作用造成的八氯二丙醚的污染程度与空气中的八氯二丙醚含量成正比。在使用气雾剂的空间中，空气中高含量的八氯二丙醚可造成红茶和绿茶中 9.2～11.3 mg/kg 八氯二丙醚的高污染（汤富彬 等，2007）。此外，种植过程中的农药使用也可能造成茶叶中八氯二丙醚污染。八氯二丙醚曾作为农药增效剂使用，因此部分农药施用到茶园中即可造成茶叶中八氯二丙醚污染（孙威江 等，2007）。

3. 茶叶中的八氯二丙醚风险评估

对于茶叶最重要的食用方式——冲泡饮用而言，茶汤中的八氯二丙醚才可能对饮茶者造成健康风险。针对干茶中八氯二丙醚的研究较少，研究表明干茶中的八氯二丙醚通过泡茶进入茶汤中的比例较小，含量仅为 6.0%～14.8%（Liao et al., 2016；汤富彬 等，2006）。

4.2.6 茶叶中蒽醌的形成和影响因素

蒽醌是一种淡黄色晶体，不易溶于水。蒽醌在工业生产上应用广泛，作为一种染料原料，用于合成分散染料、酸性染料、还原染料和活性染料，相关染料产品具有高效渗透、不易褪色等特点（HSDB，2005）；蒽醌可用于造纸行业，用于提高脱木素的速度，缩短造纸时间；蒽醌可对鸟类产生趋避作用，因此蒽醌曾在农业生产中用作驱鸟剂（Werner et al., 2014；Werner et al., 2015）。目前国内外无蒽醌用于农业生产的登记。

蒽醌在环境中普遍存在，在空气、水（地表水、地下水和饮用水）、土壤、植物、鱼类/海产品和动物组织内部都检测到了蒽醌。环境中的蒽醌主要来源于自然环境及人类活动，植物燃烧、燃料燃烧或垃圾燃烧均可产生蒽醌，重型柴油货车燃烧每升燃料释放出 21～27 μg 的蒽醌（Jakober et al., 2007）。水体中蒽醌含量为 0.2 ng/L～3.3 mg/L（HSDB，2005）。蒽醌可通过生物富集作用，累积到动植物体内，工厂附近的苔藓和蚯蚓体内的蒽醌含量为 0.1～5 mg/kg（Holoubek et al., 1991）。

蒽醌具有潜在致癌作用，肿瘤的发生可能性与蒽醌暴露浓度呈正相关（NTP，2005；Barbone et al., 1992；Wei et al.，2010a）。由于蒽醌潜在的健康风险，欧盟设定茶叶中蒽醌的最大残留限量为 0.02 mg/kg。我国出口茶叶中蒽醌的高超标率造成我国茶叶出口损失巨大，2015 年我国茶叶的蒽醌残留问题居通报首位。

1. 茶叶中蒽醌的含量

来自我国四大产茶区，浙江、云南、福建、安徽、四川、广东、湖南、广西等 12 个产茶省（区）的 1 462 个绿茶、红茶、乌龙茶、黑茶、白茶、黄茶，以及花茶、花果茶、茶粉和抹茶等茶叶样品中的蒽醌含量测定表明，蒽醌含量水平超过欧盟农药最大残留限量标准的样品数为 405 个，总体超标率为 27.7%，其中蒽醌含量低于 0.01 mg/kg 的茶叶样品比例大于 50%，蒽醌含量为 0.01～0.02 mg/kg 的比例在 10%左右。超标茶叶中的蒽醌含量集中在 0.02～0.05 mg/kg；含量高于

0.1 mg/kg 的茶叶样品数很少，只占总样品数的 2%。不同茶类中蒽醌含量的超标率差异较大，黑茶是蒽醌超标较严重的茶叶品种，超标率在 40%左右。绿茶中的珠茶是超标严重的茶叶类别，超标率高于 60%。国际茶叶中的蒽醌超标率低于我国茶叶水平。来自斯里兰卡、印度、德国、英国、日本等 23 个国家或市场的 216 个茶叶样品中，蒽醌的最高含量为 0.035 mg/kg，超标率为 2.8%。

2. 茶叶中蒽醌的来源

茶叶加工中的燃料污染是造成茶叶中蒽醌污染的主要来源，加工过程中煤和柴的使用可造成茶叶中更高的蒽醌残留水平。与使用电能作为杀青、烘干等步骤的能源相比，煤和柴的使用增加茶叶蒽醌超标率为 20%；木柴作为熏制步骤中的燃料，可造成茶叶中蒽醌的高污染（0.88 mg/kg）。包装过程使用的含有蒽醌的包装材料也是造成茶叶中蒽醌污染的原因之一。蒽醌阳性包装材质与茶叶的直接接触会使茶叶中蒽醌含量快速增加，高湿储藏环境会加重纸包装材料中蒽醌向茶叶的转移。外包装中的蒽醌可透过内包装对茶叶造成污染，茶叶的污染水平与包装中的蒽醌含量呈正相关，与包装材质的物理性质（包装内袋厚度、气体透过性和透湿性）呈负相关。茶园环境对茶叶中蒽醌含量的贡献较小。蒽醌在茶园环境中含量不高（最高值可达到 1.125 ng/m^3），湿沉降可造成茶园环境中蒽醌含量的升高，茶园茶树嫩叶中的蒽醌含量（ND～1.2 μg/kg）很低。水培条件下，茶苗根系可以大量富集水环境中的蒽醌［富集因子（enrichment factor，EF）为 20～90］，但是迁移到茶树叶片中的蒽醌含量很少（迁移率为 0.02%～3.5%）；进入土培环境中的蒽醌可以迅速被土壤吸附，茶树根系很难从土壤中吸收蒽醌，所以蒽醌很难从土壤中转移至叶片上造成污染。因此，在正常栽培方式下，环境中的蒽醌较难造成茶叶中的蒽醌含量超标。

3. 茶叶中蒽醌的风险评估

茶作为重要的饮料作物，浸出进入茶汤的蒽醌是风险评估的重要参数。蒽醌在茶汤中的浸出率取决于蒽醌的水溶解度、亲脂性 LogP、浸泡时间、蒽醌残留水平。由于蒽醌的水溶性较低（1.35 mg/L，25℃），LogP 较高，因此其在茶汤中的浸出率只有 1.6%～13.7%。蒽醌的浸出率与冲泡温度相关，100℃沸水浸泡出的蒽醌含量是 25℃冷水浸泡的 5 倍（Wang et al., 2018）。

现有研究缺乏蒽醌的毒理学数据，因此以研究报道的大鼠的最大无毒性反应剂量 1.36 mg/(kg·bw·d)、浙江省茶叶中蒽醌最高残留限量 0.15 mg/kg、茶叶最高消费量（13 g/d）、蒽醌在茶汤中的最高浸出率 15%作为风险评估标准，通过饮茶摄入蒽醌可能引起的风险（无毒性反应剂量/100）为 0.036%。以我国茶叶中蒽醌最高残留限量 1.5 mg/kg 计，则通过饮茶摄入蒽醌可能引起的风险（无毒性反应剂量/100）为 0.36%。因此，茶叶中蒽醌残留引起的健康风险很小。

4.2.7 茶叶中高氯酸盐的形成和影响因素

2015 年中国出口到欧盟的茶叶中被检出新型污染物高氯酸盐（ClO_4^-），引起了国内外的广泛关注。高氯酸盐是一种持久性的无机化学物质，主要以铵盐、钠盐和钾盐的形式存在。高氯酸盐分子呈正四面体结构，氧化性较弱，反应活性低，稳定性高。作为一种高水溶性、低挥发性的阴离子，高氯酸盐在自然环境中难以被还原，易在水体中流动扩散，不易被土壤吸附。高氯酸盐主要作为火箭、导弹、焰火等的固体氧化剂，化肥的原料，皮革加工、汽车安全气囊、橡胶制造、涂料和润滑油生产等的添加剂。

高氯酸盐广泛存在于地表水、地下水和土壤中，由于其具有生物富集效应，在水果、蔬菜、乳制品、饮料、母乳等中都可被检测到。高氯酸盐能够竞争性地抑制钠/碘转运体把碘离子运输到甲状腺，从而影响甲状腺功能。2015 年，欧洲食品安全局重新发布了食品中高氯酸盐对公众健康风险的科学意见，制定高氯酸盐的 ADI 为 0.000 3 mg/(kg·bw)。目前，欧盟制定茶叶中高氯酸盐的最大残留限量为 0.75 mg/kg。

1. 茶叶中高氯酸盐的含量

茶叶中高氯酸盐检出率高，污染普遍。2015 年，欧洲茶叶和草药浸出物协会（Tea and Herbal Infusions Europe，THIE）测定了 343 个茶样中的高氯酸盐含量。高氯酸盐的检出率为 51.02%，超标率达 26.86%；其中中国茶叶样品的污染情况更为严峻，检出率和超标率分别为 93.1%和 29%，最高污染水平达 2.7 mg/kg。

2. 茶叶中高氯酸盐的来源

草本植物可通过蒸腾作用吸收环境中的高氯酸盐，并主要累积于叶片中（Jackson et al., 2005；陈桂葵 等，2011）。在相同高氯酸盐暴露水平下，番茄叶片（11 mg/kg）>番茄果实（0.18 mg/kg），大豆叶片（31 mg/kg）>豆荚（7.6 mg/kg）>大豆（0.6 mg/kg），水稻叶片（61.24～174.75 mg/kg）>茎（0.02～8.79 mg/kg）≈根（0.74～7.47 mg/kg）>稻谷（0.04～1.31 mg/kg）。植物叶片累积高氯酸盐的能力与植物类型、品种相关（Yu et al., 2004；陈桂葵 等，2011）。如莴苣叶片（116 mg/kg）>黄瓜（35 mg/kg）>大豆（13 mg/kg），水稻天优 998（174.75 mg/kg）>

水稻桂农占（105.27 mg/kg）>水稻博优 998（65.20 mg/kg）>水稻粤晶丝苗（61.24 mg/kg）。高氯酸盐在叶片中相对稳定，累积于叶片中的高氯酸盐无显著代谢或迁移至其他器官（新叶、根），其初始运输通过植物的木质部进行（Seyfferth et al., 2008）。目前，茶树是否可吸收环境中的高氯酸盐尚不明确。烟花燃放可导致大气中高氯酸盐污染，大气中的高氯酸盐沉降可导致茶叶中高氯酸盐含量增加。

3. 茶叶中高氯酸盐的风险评估

高氯酸盐的高水溶解性使茶叶中高氯酸盐在泡茶过程中浸出到茶汤中的比例较高，不同茶类中高氯酸盐的浸出率为 55.4%～93.6%。以体重为 60 kg 的成年人每天喝茶 13 g，最高浸出率 93.6%计，可知当茶叶中高氯酸盐含量超过 14.8 mg/kg 时，每天从茶汤中摄入的高氯酸盐的含量可能超过 ADI。

4.3　茶叶主要污染物的控制技术

污染物的源头控制、过程调控和终端治理是降低或消除茶叶中污染物健康风险的途径。针对茶叶的特殊性，其在种植—加工—包装—储存过程中的土壤、大气、燃料、包装材料等因素都可能成为茶树中污染物的来源，对污染源的控制可从根本上控制茶叶高污染的发生。控制与阻断污染物在上述过程中或过程间的传递，可在一定程度上降低茶叶中的污染物水平。茶叶作为饮品，对茶叶产品本身进行污染物含量检测和监管，降低人体摄入量是在终端消费阶段保护消费者健康的手段。

4.3.1　污染物的源头控制

1. 茶园农药的选用

茶园农药使用是茶叶中农药残留的最主要来源。化学农药的使用在很大程度上保障了茶叶的产量和质量，尤其延缓或抑制有害生物暴发。为了最大限度地降低由于农药使用造成的茶叶安全问题和环境安全问题，首要解决的是选择合适的农药品种。根据茶叶的特殊性，基于农药在茶园的残留半衰期是表征农药在茶园环境变化的重要参数，蒸汽压为表征农药在加工过程消解的关键参数，农药水溶解度是残留农药有效风险量的关键指标，农药的 ADI 和大鼠 LD_{50} 是农药急慢性健康风险的指标，鱼类和蜜蜂的毒理学是农药生态毒性的指标。Chen 等（2020）基于以上 7 个指标建立了茶园农药选用准则。

2. 茶园禁用农药

禁止使用国家禁用和停用的农药品种。为保护消费者健康，我国陆续对茶叶中使用的农药和化学品采取了禁限用措施。2019 年 3 月 25 日，农业农村部发布第 148 号公告，对氟虫胺采取管理措施：自 2019 年 3 月 26 日起，撤销含氟虫胺农药产品的农药登记和生产许可；自 2020 年 1 月 1 日起，禁止使用含氟虫胺成分的农药产品。此外，自 2019 年 8 月 1 日起，将禁止乙酰甲胺磷、乐果和丁硫克百威在茶叶中的使用。至 2023 年 1 月，我国将禁止 60 多种/类农药和化学品在茶叶中的使用（表 3-9）。

3. 茶园环境改良

茶树对土壤中元素的吸收富集是茶叶中铅、铝和氟元素污染的重要来源，茶园土壤 pH 改良是降低土壤中上述元素生物有效性的途径。土壤中施用碳酸钙、天然矿物磷灰石等，可适当提高土壤 pH，降低土壤中有效铅、铝、氟含量（韩文炎 等，2008b；王浩和章明奎，2008）。在土壤中添加木炭、竹炭可有效降低茶叶中的氟含量（Gao et al., 2012；Luo et al., 2019）。公路与茶园之间种植灌木林或灌木与乔木相结合的防护林可阻截公路扬尘进入茶园，显著降低茶叶中的金属元素含量（崔林 等，2017）。在选择茶园时要考虑茶园与工厂、矿区、居民区、其他农田的隔离。

4. 燃料和加工设备升级改造

茶叶加工过程中的煤、柴的使用是茶叶中铅、蒽醌污染的重要来源，针对我国茶叶生产现状，应加快茶产业中的燃料改革。减少茶叶加工过程中煤和柴燃料的使用，逐步采用清洁化能源替代煤和柴，从源头上降低茶叶中铅和蒽醌的含量水平。为了减少污染，实现茶厂的无烟化，建议推广使用电气化加工设备。对现有设备做好加工过程中烟尘和茶叶的隔绝措施，避免漏烟对茶叶的污染。

4.3.2 污染物的过程调控

1. 化学农药的合理使用技术

化学农药的合理使用技术如下。①选择恰当的用药时期。根据防治对象的监测结果和防治指标，考虑茶树生长状况进行施药，如茶小绿叶蝉应在各代若虫孵化盛期用药，茶毛虫、茶黑毒蛾宜在 3 龄幼虫期前用药，蚧类、黑刺粉虱宜在孵化高峰期用药。对于病害应在发病初期用药。在天敌高峰期或敏感期，应尽量不用或少用农药，以保护天敌。②选择恰当的施药时间。温度、降雨等因素不仅影响药剂的理化性质和活性，还会影响防治对象的生理活动。如敌百虫属正温度系数药剂，其防治效果随温度的升高而提高，因此选用这些药剂时，可选择温度高一些时施药。拟除虫菊酯类农药在温度较低时防治效果较好，应选择在早晨和傍晚用药。雨前不宜施药。③轮换用药，减缓抗药性的发生。长期连续使用单一农药，易产生抗药性，尤其是菊酯类农药和内吸性杀菌剂。短期内不再使用该地区已经产生严重抗药性的农药，选择防治机制不同的农药进行轮换使用，对于由于抗药性而停用多年的农药，也可尝试列入轮换名单，轮换周期不宜过短。④严格按照我国发布的《农药合理使用准则》用药，执行农药制剂的使用浓度、使用次数和鲜叶采收的安全间隔期（表4-2）。

表4-2　茶园适用农药品种的安全使用标准

序号	农药名称	国家标准名称	农药制剂	每667 m^2每次制剂施用量或稀释倍数（有效成分浓度）	防治对象	使用次数	安全间隔期/d
1	溴氰菊酯	GB/T 8321.1—2000	2.5%乳油	800～1 500倍液（20～31 mg/L）	茶尺蠖、茶毛虫、茶小绿叶蝉、介壳虫（蚧类）等	1	5
2	氰戊菊酯	GB/T 8321.1—2000	20%乳油	8 000～10 000倍液（20～25 mg/L）	茶尺蠖、茶毛虫、丽绿刺蛾、黑刺粉虱等	1	10
3	喹硫磷	GB/T 8321.1—2000	25%乳油	1 500～2 500倍液（100～167 mg/L）	茶尺蠖、茶小绿叶蝉、介壳虫（蚧类）等	1	14
4	顺式氯氰菊酯	GB/T 8321.2—2000	5%乳油	4 000～5 000倍液（8.3～12.5 mg/L）	茶尺蠖、茶小绿叶蝉等	1	7
5	联苯菊酯	GB/T 8321.2—2000	10%乳油	4 000～6 000倍液（16.7～25 mg/L）	茶尺蠖、茶毛虫、茶小绿叶蝉、黑刺粉虱、象甲虫	1	7
6	氯氰菊酯	GB/T 8321.2—2000	10%乳油	2 000～3 700倍液（27～50 mg/L）	茶尺蠖、茶毛虫、茶小绿叶蝉等	1	7
7	杀螟丹	GB/T 8321.3—2000	50%可溶性粉剂 98%原粉	750～1 000倍液（500～667 mg/L） 1 500～2 000倍液（490～653 mg/L）	茶小绿叶蝉等	2	7
8	氯氟氰菊酯	GB/T 8321.3—2000	2.5%乳油	2 000～4 000倍液（25～50 mg/L）	茶尺蠖、茶小绿叶蝉等	3	7
9	顺式氰戊菊酯	GB/T 8321.3—2000	5%乳油	8 000～10 000倍液（5～6.25 mg/L）	茶尺蠖、茶小绿叶蝉等	1	7

续表

序号	农药名称	国家标准名称	农药制剂	每 667 m^2 每次制剂施用量或稀释倍数（有效成分浓度）	防治对象	使用次数	安全间隔期/d
10	甲氰菊酯	GB/T 8321.4—2006	20%乳油	8 000～10 000 倍液（20～25 mg/L）	茶尺蠖、茶毛虫、茶小绿叶蝉等	1	7
11	除虫脲	GB/T 8321.5—2006	20%悬浮剂	2 500～3 200 倍液（63～80 mg/L）	茶毛虫	1	7
				1 600～2 500 倍液（80～125 mg/L）	茶尺蠖		
12	噻嗪酮	GB/T 8321.6—2000	25%可湿性粉剂	1 000～1 500 倍液（166.7～250 mg/L）	茶小绿叶蝉、黑刺粉虱	1	10
13	哒螨灵	GB/T 8321.6—2000	15%乳油	2 000～4 000 倍液（37.5～75 mg/L）	螨类	1	5
14	氟丙菊酯	GB/T 8321.8—2007	2%乳油	2 000～4 000 倍液（5～10 mg/L）	短须螨	1	7
				1 333～2 000 倍液（10～15 mg/L）	茶小绿叶蝉		
15	丁醚脲	GB/T 8321.10—2018	50%悬浮剂	100～120 mL	茶小绿叶蝉	2	7
16	除虫脲	GB/T 8321.10—2018	5%乳油	1 000～1 500 倍液（33～50 mg/L）	茶尺蠖	1	5
17	氯噻啉	GB/T 8321.10—2018	10%可湿性粉剂	20～30 g	茶小绿叶蝉	1	5
18	苯醚甲环唑	GB/T 8321.10—2018	10%水分散粒剂	1 000～1 500 倍液（66.7～100 mg/L）	炭疽病	2	7

2. 严格执行《农药合理使用准则》

《农药合理使用准则》是国家颁布的农药使用技术规范，是农药使用管理的一项措施，目的在于通过科学、合理、安全地使用农药，既能达到有效防治农作物病虫草害的目的，又不会造成农产品污染和环境污染，又能使农产品中的农药残留量低于规定的限量标准。在农药管理制度比较完善的一些国家，对有关农药合理使用的具体要求和注意事项等，在农药登记时就做了规定，并详细列在农药使用说明书中，在标签上还有简要介绍，使用者按使用说明书和标签上的要求施药即可。我国为了加强农药管理，制定了《农药合理使用准则》国家标准，严格规定了不同农药制剂的使用浓度、使用次数和安全间隔期等参数。1987 年中华人民共和国农牧渔业部批准发布《农药合理使用准则（一）》（GB 8321.1—1987），内容包括溴氰菊酯、氰戊菊酯和喹硫磷 3 种农药制剂的使用量、施药方法、使用次数和安全间隔期等参数。2000 年，国家质量技术监督局修订并发布了《农药合理使用准则（一）》（GB/T 8321.1—2000、GB/T 8321.2—2000、GB/T 8321.3—2000

和 GB/T 8321.6—2000），增加顺式氰戊菊酯、联苯菊酯、氯氰菊酯、氯氟氰菊酯、顺式氯氰菊酯、噻嗪酮、硫丹、灭多威 8 种农药的使用规范。至 2018 年，《农药合理使用准则（一）》（GB 8321）已陆续规定了 24 种农药制剂在茶叶中的使用准则，其中茶园适用农药品种的安全使用标准如表 4-2 所示。

茶园农药使用须严格按照《农药合理使用准则》国家标准规定的使用参数用药，不得随意提高用药的有效剂量和使用次数，否则，该方式长期来看易加速抗药性的产生，降低防治效果。用药后要达到采收间隔期的规定时间，才可采摘。在安全间隔期前采摘鲜叶，往往造成茶叶中的农药残留超过最大残留限量水平。

3. 茶叶采摘标准

茶树成熟叶和粗老叶部位的铅、铝和氟含量显著高于新梢，因此茶叶采摘过程中应避免较多的成叶、蒂头或半木质化枝条，这也是大宗茶上述元素含量高于名优茶的重要原因之一。茶叶精制时剔除黄叶、茶末对降低茶叶中铅、铝含量具有一定作用。

4. 加工过程清洁化和加工工艺控制

首先，要保持加工车间清洁。灰尘中的铅含量是茶叶中铅含量的数十倍至上百倍，因此增加加工车间和加工设备的清洁频率，减少摊放过程及加工设备中的灰尘是降低茶叶加工过程中铅污染的有效措施。对暂时缺乏条件改造的旧生产车间和老厂房，在产茶季应加强生产车间的通风，减少生产车间的扬尘，减少车间内的积灰，尤其避免生产期间烟雾弥漫的状况；划定特定区域放置煤、柴等燃料，分隔燃煤燃柴区和茶叶加工区域。其次要注意改良加工工艺技术。在茶叶加工过程中添加降氟剂复合配方 E，可降低茶叶中 40%的水溶性氟含量（林智 等，2002）。以水潦杀青方式加工的茶叶，其氟含量与蒸青相比下降了 32%（陈玉琼 等，2011）。

4.3.3　污染物的终端治理

我国规定了茶叶中农药、铅、铝、氟等污染物的最大残留限量标准。该标准是评价茶叶商品是否合格的准则，也是保障饮茶者健康的界限，因此在茶叶商品进入市场流通之前，须做好终端茶叶的污染物残留量测定和质量把控。此外改变茶叶的冲饮方式，如在茶汤中加入牛奶，可降低氟的生物可吸收性（Zhang et al., 2017b）。

第5章 气候变化与茶园生态调控

5.1 茶园的气候特征及气候变化趋势

茶树主要分布在亚热带和热带地区，是多年生常绿叶用经济作物，对气候环境条件有较高要求。根据茶叶生产分布和气候环境条件，世界茶区可以划分为东亚、东南亚、南亚、西亚、欧洲、东非和南美七大茶区。目前，茶树的分布范围已遍及五大洲的50多个国家和地区，从49°N的俄罗斯索契到22°S的南非纳塔尔都有栽培茶园（黄寿波，1981）。

我国是世界上茶树栽培历史最悠久的国家，茶树种植规模大、范围广。自18°N的海南榆林到37°N的山东荣城，自94°E的西藏米林到122°E的台湾东岸(王立，1991)，这片广大区域之间有全国20个省（自治区、直辖市），1 000多个县（市）种植茶树。在国家总体生产方针的指导下，总结前人实践经验，综合自然、经济和社会条件，我国现有茶区可以分为一级、二级、三级3个等级，其中一级茶区是由国家进行区域宏观调控来确定的，分别是西南茶区、华南茶区、江南茶区和江北茶区四大茶区。

西南茶区主要是指贵州、四川、重庆、云南中北部和西藏的东南部；华南茶区主要是指福建和广东东南部、广西、云南南部及海南和台湾地区；江南茶区包括广东和广西的北部、福建的中北部、安徽长江以南、江苏、湖北、湖南、江西、浙江等广大种植区域；江北茶区包括安徽和江苏北部、山东东南部、河南南部、湖北北部、甘肃、陕西等区域。

5.1.1 我国四大茶区的气候环境特征

1. 西南茶区

西南茶区主要为干湿季分明的季风气候。该区≥10℃年活动积温为 4 000～5 800℃，全年无霜期240～340 d，年降水量为1 200 mm左右。该区是云雾最多、日照最少的地区，茶区的茶树生态类型多样。西南茶区气候变化具有典型的敏感性和复杂性。一方面，由于茶区位于南亚季风经东部支流与东亚季风的交汇区域，因此，该区的气候变化趋势和波动性比较复杂，属于典型的季风气候敏感区。同时，该茶区地形地貌复杂，局部气候波动性和变异性较大，极端天气事件频发。另一方面，该茶区是典型的高原农业区域，气候垂直地带性差异明显，导致高海拔地区的气候变化趋势更为显著（庞晶和覃军，2013）。

2. 华南茶区

华南茶区主要为南亚热带气候。该区≥10℃的年活动积温为≥6 500℃，全年无霜冻期 300 d 以上，年降水量为 1 200～2 000 mm。该区高温多湿，是茶树生长发育最适宜的地区之一。华南茶区也是我国雨量最充沛且气象灾害频发的区域之一。汛期一般从 4 月开始直到 9 月，甚至 10 月才结束。近年来华南地区极端事件频发，持续性极端降水事件增多。华南茶区的降水量也存在明显的年际变化，有些年份降水范围广、强度大、持续时间长，造成茶园洪涝灾害，而有些年份降水却很少，造成旱灾，严重影响茶叶生产（李慧 等，2018）。

3. 江南茶区

江南茶区属中亚热带气候。该区年平均气温为 15～20℃，≥10℃的年活动积温为 4 800～6 000℃，年日照时数为 1 200～2 400 h，无霜期 230～280 d，年降水量为 1 400～1 600 mm，该区容易出现茶树高温干旱灾害（金志凤 等，2014）。35℃以上高温日数由南向北递减，长江以南夏季热害发生频率和强度均大于长江以北，湘赣交界一带最易出现高温热害，最长持续天数达 30 d（李时睿 等，2014）。此外，受东南季风影响，台风、暴雨等天气对江南茶区水分资源分布影响较大，空间分布特征比较明显，年降水量由东南向西北逐渐减少（李柏贞 等，2015）。此外，长江中下游广大茶区受梅雨等天气影响，3～10 月的月平均降水量达 160 mm 以上（李时睿 等，2014）。

4. 江北茶区

江北茶区属北亚热带气候区。该区≥10℃的年活动积温为 4 500～5 200℃，无霜期 220～250 d，年降水量为 780～1 200 mm。该区雨水较少，夏季湿热，冬季干冷，因此茶树容易发生冻害。江北茶区的年平均气温与茶树生长期（4～10 月）的月平均气温均低于全国其他茶区，所以该区的茶叶形成同样的生物量所需时间长，叶片肥厚，持嫩性好。江北茶区的降水总量与全国其他茶区相比差不多，但无论是年降水量还是 4～9 月茶树生长旺盛期的降水量均能满足茶树正常生长发育的需要，并且不同季节降水分配相对比较均匀，利于茶树的生长（袁丁 等，2013）。

5.1.2　我国气候变化特征与趋势

气候变化对自然生态系统、社会和经济具有重大影响，是当前国内外研究关注的焦点问题之一。联合国政府间气候变化专门委员会（Intergovernmental Panel on Climate Change，IPCC）第五次评估报告指出，工业革命以来的近 130 多年间（1880～2012 年），全球平均气温升高了 0.85℃，1983～2012 年成为近 1 400 年中最暖的 30 年。在全球气候变化环境下，中国的气候与环境也发生了显著的变化。

1. 我国气候变化的主要特征

1）地面温度

利用全国 726 个地面站的月平均观测记录，对 1951～2001 年中国温度变化趋势进行分析发现，中国年平均气温整体的上升趋势非常明显，温度变化为0.22℃/10 a，平均气温上升了约 1.1℃（丁一汇 等，2007）。增温主要从 20 世纪 80 年代开始，且有加快的趋势。这一变化略高于全球平均的增温幅度，也高于国内其他学者的估计值（赵文翔，2016）。从春、夏、秋、冬 4 个季节进行分析，四季的平均地面温度均呈上升趋势，其中冬季上升趋势最为明显，升温速率高达 0.36℃/10 a（丁一汇 等，2007）。此外，春季和秋季的增温幅度也较为显著，夏季的增温幅度最小。春季和夏季温度变化特征基本一致，增温开始于 20 世纪 90 年代中期；秋季和冬季的增温开始于 80 年代早期，1987 年后增温趋势有所加快。在全国范围内，除局部区域的地面温度呈现下降趋势外，其他区域均呈上升趋势。其中秦岭、淮河以北的江北茶区年平均气温升高明显，但西南地区北部，包括四川盆地东部和云贵高原北部年平均气温呈下降趋势（丁一汇 等，2007；周天军和邹立维，2014）。

2）降水情况

从全国平均来看，近 50 年来我国的年降水量呈现小幅增加趋势，但具有明显的区域差异（贺冰蕊和翟盘茂，2018）。我国东北东部、华北中南部的黄淮海平原和山东半岛、四川盆地等部分地区年降水量均出现不同程度的下降，其中山东半岛的下降趋势最为明显（丁一汇 等，2007）。其他地区，包括我国西部的大部分地区、西南西部地区、长江下游和东南丘陵地区等，年降水量均出现不同程度的增加。其中，长江下游和华南沿海等地区的增加较为显著，长江中下游和东南地区年降水量从 1956 年到 2002 年增加了 60～130 mm（李慧 等，2018）。

3）极端气候事件

气候变化不仅表现为地面温度和降水量的变化，还表现在极端天气气候事件发生频率的变化上（赵文翔，2016）。我国极端天气气候事件的变化表现在极端降水量和极端降水平均强度均有一定的增强态势。极端降水事件趋多，并且极端降水量比例趋于增大。其中，山东、河南等地年降水量显著减少，极端降水平均强度明显减弱，极端降水事件频率显著降低；而长江及其以南地区的极端降水量明显增加，极端降水值和降水事件强度均显著升高，极端降水事件增多，暴雨洪涝灾害发生频率增加（贺冰蕊和翟盘茂，2018）。夏季高温干旱等极端天气气候事件增多。近 50 年来，全国平均极端高温日数呈现先减少后增加的趋势，而近 20 年来上升较为明显（丁一汇　等，2007）。华北地区近 20 年来干旱不断加剧的形势十分严峻，1997 年、1999～2002 年，全国很多地区连续遭遇持久干旱。在全球气候变暖背景下，低温冻害等极端天气气候事件发生的强度减弱，特别是黄河以北及东南沿海地区减弱明显。从持续期来看，低温寒潮的年持续期长期变化趋势以缩短为主，特别是江南和华南地区东部，年低温寒潮持续期减少较为显著（齐庆华　等，2019）。

2. 我国气候变化的可能趋势

近年来，多个国家根据温室气体排放的气候效应、温室气体加硫酸盐气溶胶的直接效应，以及《IPCC 排放情景特别报告》的排放方案，分别对全球气候模式进行了全球气候变化的预估。我国科学家也利用国外全球气候模式的模拟结果计算了中国的气候变化（Zhao et al., 2003），同时也发展了我国的全球气候模式，并做了模拟研究（丁一汇　等，2007；杨绚　等，2014）。根据上述研究，我国气候变化的可能趋势主要表现在以下几个方面。

1）地面温度

到 2050 年我国平均气温可能将比 21 世纪初增加 2.3～3.3℃，到 2100 年将增加 3.9～6.0℃。与全球和东亚地区未来 100 年的线性趋势相比，中国温度变化的线性倾向比全球的偏高，而比东亚地区的略低。根据不同季节分析，21 世纪我国各个季节的温度都将不同程度升高，其中冬季和春季的温度升高最为明显，夏季和秋季次之。预计到 21 世纪末期，我国冬、春季节和夏、秋季节的平均温度将分别升高 5.6℃和 4.0℃（丁一汇　等，2007）。对不同区域而言，我国气温升高的南北差异明显，其中北方茶区的增温幅度明显大于南方茶区。沿海地区等值线的东北、西南走向表明，在同一纬度上，东部沿海地区平均温度的升高小于内陆地区。综上所述，气候模式对我国未来地面温度变化的预估结果表现出了较为明显的时空变化特征：空间变化特征主要表现为高海拔和高纬度地区的地面温度变化程度大于低纬度和低海拔地区，因此高海拔茶区的茶园防灾减灾应该注重气象灾害；而时间变化特征则表现为冬季的地面温度较其他季节增高幅度大，趋势更为明显。

2）降水情况

与气温相比，人类活动对降水的影响更为复杂。不同气候模式和温室气体排放方案获得的预测结果差别较大，尤其是受硫酸盐气溶胶等因素的影响。总体而言，不同气候模式模拟的未来降水量都呈增加趋势，预计到 21 世纪末我国的年平均降水量将增加 10%～20%，尤以东北地区和西北地区明显。研究发现，利用不同排放情景分析，西部地区降水量将明显增加，而东部沿海地区降水量则将略有减少，特殊的是在考虑硫酸盐气溶胶的影响下，西北地区的降水量将增加 20%，而长江以南大部地区降水量则将减少。2050 年，在温室气体排放增加的情况下西部广大茶区降水量将增加得更为明显（杨绚 等，2014）。气候模式预估的中国地区未来降水的空间变化特征同未来气温变化特征一致，高纬度和高海拔地区为降水量增幅最明显的地区（李慧 等，2018）。

3）极端天气气候事件

鉴于极端天气气候事件对农业生态系统及经济、社会的显著影响，我国在极端天气气候事件的预测方面开展了大量工作，主要集中在极端温度和极端降水两个方面。Huang 和 Jian（2012）利用预测模型分析了中国极端气温的变化，发现在未来气候变化情景下，我国极端高温事件预计会增加，而极端低温事件则可能会有所下降，到 21 世纪中叶，极端高温事件指数将比过去增加 2.6 倍。Chen 等（2018）利用 2 052 个气象站数据对比分析预测了 1971～2000 年中国极端气温与 2071～2100 年中国极端气温的差异，认为我国北方茶区的极端温度增长速度将快于华南茶区，尤其是秋季和冬季。Yuan 等（2015）利用气候变化预测模型分析了历史（1961～2010 年）和未来（2011～2050 年）极端降水的变化情况，结果表明，未来我国的极端降水发生频率在南方茶区将明显增加。Yin 等（2016）通过分析 1961～2000 年我国极端降水的变化情况，对 2001～2050 年极端降水的变化趋势进行了预测，认为我国极端降水整体呈增加趋势，其中部分地区甚至将增加 30%以上。总体而言，上述预测结果均表现出较为显著的变化趋势，暖性极端天气气候事件显著增加（南方茶区尤为明显），冷性极端天气气候事件略有减少，极端降水事件趋于增多。

5.1.3 茶园灾害性气候

茶叶是我国重要的特色农产品，也是最具有经济价值的特色农作物之一，尤其是对于一些偏远山区而言更是主要的经济作物。由于茶叶对地理、气候等条件的要求，我国茶产区主要分布在远离人群聚集区、较为偏远的山区地带。除了江浙一带的茶产区位于长江中下游平原外，广西、云南、四川、福建、贵州等地的茶园，基本上都处在自然灾害较为多发的地区，极易遭受高温干旱、台风、洪涝、霜冻等灾害的影响。

1. 茶园高温干旱

近年来，全球气候变暖形势日益严峻，高温干旱等极端气象灾害的出现，对我国广大茶区造成了严重的经济损失。林笑茹和高吟婷（2009）统计福建省福鼎市气象资料的结果表明，该市出现高温干旱灾害的年份达到 80%以上，并且夏、秋两季的高温降水分布不均匀，在地理分布上呈现出沿海地区比山区高温干旱灾害更为严重的特点。江西省德兴市的气象资料统计结果表明，该市近几年最高气温达到或超过 35℃的年平均天数高达 38 d。由于降水季节的不均性，导致近 80%的年份里，茶园均受到高温干旱危害（吴叶青，2013）。

1995 年，江西德兴茶区遭遇了高温干旱极端气象灾害，秋茶减产了 35%（吴叶青，2013）。刘声传和陈亮（2014）研究发现，由于高温干旱，湖南春茶、夏茶产量均减少 20%～30%，经济损失约 5 亿元。何金旺和李敏国（2012）在气温变化与茶叶产量关系的研究中发现，随着气温的升高，叶芽逐渐萎缩，产量也逐渐降低，在每年的 7 月、8 月达到最低值。由于干旱性气候对茶树危害严重，必然影响茶树正常的生理代谢。研究发现，茶树的光合作用、百芽重、叶绿素含量、根系活力等生理指标在干旱胁迫下均有所下降。对茶叶生产而言，高温干旱不但造成了茶叶产量下降，也对茶叶质量造成了重大影响（李治鑫 等，2015）。灾害性干旱气候对茶叶生化成分的影响主要表现为游离氨基酸、咖啡碱等成分含量下降，而具有苦涩感的茶多酚、水浸出物、粗纤维等含量上升。这表明干旱胁迫对绿茶的品质产生了不良影响，茶叶持嫩性变差，鲜叶品质降低（田永辉 等，2003）。

2. 茶园倒春寒（霜冻）

全球气候变暖是整体趋势，尤其是近 20 年来增暖比较显著。由于春暖促进了春茶的生长发育，使春茶开采时间逐步提前，春茶采摘期加长，春茶产量增加，品质也相对提高。因此，茶农根据气候变暖的特点和市场经济特点，逐步减少或放弃传统的夏秋茶生产，转而把重点放在品质好、经济效益高的春季名优茶的生产上。春季名优茶生产是浙江农村经济发展最快、效益最好的产业之一（娄伟平 等，2014）。近年来，大面积新种或换种改植特早生或早生无性系良种，也加剧了倒春寒对名优茶生产的危害，扩大了晚霜冻害对茶叶生产的影响。如 2010 年 3 月 9～11 日低温霜冻使浙江 60%的茶园遭受冻害，茶叶经济损失达 16.9 亿元（中国茶叶流通协会，2010）。

茶园倒春寒发生时，低温胁迫影响了茶树生理代谢过程，使细胞内代谢紊乱，叶片受伤，严重时导致茶树死亡。低温胁迫对茶树的危害有冷害（由 0℃以上低温造成）和冻害（由 0℃以下低温引起）两种。0℃以下低温会使细胞间水分结冰，导致原生质脱水变质而凝结，原生质的胶体性质受到破坏（李合生，2002），温度越低，持续时间越长，对茶树影响就越大。此外，霜冻发生时，茶树芽头和叶片中的花青素含量增加，因此用受冻的鲜叶加工的早春茶，茶的苦涩味更重，影响滋味，茶叶的品质降低（郭明星 等，2016）。

3. 茶园洪涝灾害

气候变暖背景下，全球多数区域暴雨事件频发，给社会经济发展和城市安全运营带来了严峻的挑战。我国持续时间较长、影响范围较大的暴雨多发生在华南、江南等茶区（贺冰蕊和翟盘茂，2018）。其中，长江中下游和华南等茶区的暴雨总量、频次和强度均呈增加态势，而西南茶区的暴雨雨量则呈减少趋势（李慧等，2018；李鑫鑫 等，2018）。暴雨增多意味着上述区域的茶园面临着较高的内涝风险。

洪涝灾害发生时将导致茶园土壤中水分的比率增大，空气的比率缩小，由于氧气供给不足，茶树根系呼吸困难，水分、养分的吸收和代谢受阻。当茶园土壤过湿时，土壤下层还原性物质的浓度增加，将进一步毒害茶树根系。此外，由于缺氧，厌氧细菌，尤其是腐败性的厌氧细菌活跃。在这种条件下，土壤环境恶化，有效养分降低，毒性物质增加，茶树的抗病能力降低，容易造成茶树根系脱皮坏死、腐烂，进而影响茶叶的产量和品质（湖北省农业厅果茶办公室 等，2016）。

5.2 气候变化对茶园生态系统的影响

气候变化已经成为全球环境与可持续发展的主要问题之一，引起了世界各国政府和公众的广泛关注。农业是对气候变化最敏感的产业之一，农业生态系统受气候和天气的影响很大，气候变化将直接引起农业生态环境、生产布局和结构的变化。因此，气候变化对未来茶叶生产和茶产业的可持续发展提出了严峻的挑战。

未来的气候变化将对我国茶叶生产区域的布局、栽培管理制度，以及茶产品的质量与安全等方面产生一定程度的影响，特别是极端天气气候事件的发生，将会极大地影响我国的茶叶生产。

5.2.1 气候变化对茶树物候期和适宜种植区域的影响

1. 气候变化对茶树物候期的影响

物候期是开展农业生产活动的重要依据，也是农作物对气候变化响应最敏感的指标之一（林而达 等，2006）。因此，研究气候变化对作物物候期的影响，也是气候变化研究的重要问题。近年来，国内外学者基于气象数据、农业气象站的物候期观测指标数据、卫星资料数据和作物生长发育模型等分别研究了气候变化对水稻、玉米、小麦等大宗作物物候期的影响（王斌 等，2012；肖登攀 等，2014；Tao et al., 2014），但关于气候变化对特种经济作物（如茶树等）物候期的研究相对较少。Nicole 等（2010）对德国 20 种多年生作物和单年生作物的物候期进行对比研究，发现多年生作物对春季平均气温变化的响应比单年生作物更显著。茶树物候期中的春季萌芽期是品种的主要经济性状之一。娄伟平等（2014）研究表明，近 40 年来 2 月平均气温升高使茶树开采期提前了 1.34～2.48 d/10 a。然而，随着

3 月平均气温的升高，茶树的采摘期随年份变化呈缩短趋势，均达到显著差异。这说明随着 3 月气温升高，茶树的春茶采摘期将会显著缩短。段学艺等（2010）研究发现，在自然干旱胁迫下，茶树春季萌芽期未受任何影响，但是会导致茶树生长缓慢，各物候期之间间隔天数增长。

2. 气候变化对茶树适宜种植区域的影响

张晓玲等（2019）通过分析全球 858 个茶树种植区域和 6 个气候因子的相关数据，建立了茶树分布模型，预测了在不同温室气体排放情景下 2070 年全球茶树适宜种植区域的变化。研究表明，最冷季的平均气温和最暖季的降水量是限制茶树适宜种植区域分布的最主要的气候因子，而最暖月的最高气温和最干月的降水量对茶树分布范围的影响较小。当前五大洲均有茶树适宜种植区域，主要集中在亚洲、非洲和南美洲。然而，预计到 2070 年茶的适宜种植区域分布在不同的国家和气候情景模式下将存在显著差异。具体表现为：茶的适宜种植区域总面积将会有所减少，减少的适宜种植区域主要位于低纬度地区；中高纬度地区的茶树适宜种植区将有所扩张。

近几年，在全球气候变化的背景下，作物气候适宜度已成为研究热点之一（秦大河　等，2007；金志凤　等，2014）。李湘阁等（1995）通过模糊数学方法研究了南京地区茶树生长气候适宜度，分析并阐述了南京地区茶树种植的气候适宜状况。张丽霞等（2006）对泰安地区茶树种植气候进行了分析，并提出了因地制宜发展泰安茶叶的建议。研究还发现，受气候变化影响，浙江茶树种植气候适宜度存在明显的变化特征，20 世纪 70 年代呈明显的下降趋势，80 年代变化平缓，之后呈明显的上升趋势（金志凤　等，2014）。

5.2.2　气候变化对茶叶产量和品质的影响

1. 气候变化对茶叶产量的影响

气候变化对茶叶产量既有有利的影响，也有不利的影响。温度和二氧化碳浓度适度升高将有利于茶树进行光合作用，提高茶叶产量（Li et al., 2017）。但极端天气（如高温干旱、低温冻害和洪涝灾害）的增加不仅直接导致茶叶减产，还会引起水土流失，导致茶园土壤有机质积累减少等，影响茶叶产量。

如果茶园年平均气温提高 1℃，大于 10℃的天数将增加 15 d，由于 10℃是大多数茶树品种的萌动起点温度，如果其中的一半天数，约 8 d 分布在春季，则杭州地区的茶叶生产季节可从 193 d 增加到 201 d，茶叶产量可增加约 4%（韩文炎，2020）。大气二氧化碳浓度升高对茶树生长发育和茶叶产量的提高也有一定的促进作用。当二氧化碳浓度从近 400 mg/L 增加到 550 mg/L 和 750 mg/L 时，茶树新梢净光合速率分别提高 17.9%和 25.8%，并能缓解和消除光合午休现象，提高茶叶产量（蒋跃林 等，2005）。Li 等（2017）研究表明，当二氧化碳浓度提高到 800 mg/L 并培养 24 d 后，茶苗株高、地上和地下部干重、根冠比均有显著提高。

虽然我国主要茶区年均降雨量变化不大，但降雨天数减少意味着雨水相对集中，从而加剧了季节性干旱和洪涝灾害的发生。此外，光照时数和降雨天数同时减少意味着多云或阴天增多，这对喜漫射光的茶树是否有利主要取决于茶园所处的地理位置，如果在阳光强烈的热带和亚热带地区，这是有利的，但对于光照不足的高山茶园和高纬度茶区则可能会导致茶叶产量降低（韩文炎，2020）。

2. 气候变化对茶叶品质的影响

研究发现，随着温度的升高，茶叶中茶多酚含量增加，氨基酸含量减少，茶叶品质降低，特别是绿茶品质（Li et al., 2016）。但对于利用中小叶品种生产的红茶，茶多酚含量适当提高，有利于发酵，在一定程度上有利于提高红茶品质（韩文炎，2020）。大气二氧化碳浓度适当提高有利于光合产物的累积，为各种有机化合物，包括含氮化合物提供碳骨架，有利于茶叶中碳代谢产物含量的增加（Li et al., 2017）。蒋跃林等（2006）的研究表明，当二氧化碳浓度由 400 mg/L 提高到 550 mg/L 和 800 mg/L 时，茶叶氨基酸含量分别降低了 1.7%～4.5%和 6.7%～12.2%，咖啡碱含量分别降低了 3.1%～4.6%和 5.1%～10.7%，与此同时，茶多酚含量分别提高了 3.8%～6.0%和 6.9%～11.3%，可溶性多糖分别增加了 8.4%～14.4%和 18.1%～28.2%。干旱也将对茶叶品质产生重要影响，主要表现为氨基酸、咖啡碱等成分的含量减少，而具有苦涩感的茶多酚、粗纤维含量增加，最终导致茶树芽叶持嫩性差，叶质变硬变脆，鲜叶品质下降（杨菲 等，2017）。可见，无论是温度升高、大气二氧化碳浓度增加，还是干旱均会导致茶叶茶多酚含量增加，氨基酸含量减少，从而影响茶叶品质，特别是绿茶品质。

5.2.3 气候变化对茶园土壤的影响

气候变化对茶园土壤养分利用效率具有重要影响。土壤养分的利用效率对环境温度变化十分敏感，氮、磷、钾是土壤养分的三要素，其中氮最为活跃，温度升高会加速氮的释放（王修兰和徐师华，1996）。研究表明，随着二氧化碳浓度的升高，植物体内的碳浓度显著提高，而氮、磷、钾、钙、镁、硫、铁、铜和锌等其他营养元素含量几乎全部降低（Loladze，2002）。蒋跃林等（2006）的研究发现，在大气二氧化碳浓度升高的环境下，茶树新梢内的氮元素含量呈降低的趋势，降低幅度为 9.1%～14.4%。可见，为提高植物体内这些元素的含量，保持养分平衡及提高作物产量，需要施用更多的肥料。然而，增加施肥量不仅增加投入，而且对土壤和环境不利。所以，以全球气候变暖和二氧化碳浓度升高为主要特征的气候变化所引起的氮肥施用量增加，对茶叶生产的影响不仅是成本的增加，其造

成的环境问题对农业的影响也不可低估。

土壤呼吸是农业生态系统碳循环过程的重要组成部分，也是全球碳循环的关键环节之一，直接影响全球碳收支的平衡（Luo and Zhou，2006）。然而土壤呼吸对气候变化的响应却存在明显差异：气候变暖加速土壤中的有机碳转化，土壤呼吸增加；大气中二氧化碳浓度升高将会增加地上部生物量，促进地下部碳输入，进一步增强土壤呼吸（Luo and Zhou，2006）；氮沉降会引起农业生态系统的正反馈效应，抑制土壤呼吸过程（宋冰和牛书丽，2016）。综上所述，全球气候变化涉及的各个气象因子间的交互作用会以加和、协同和拮抗等方式对土壤呼吸产生更加复杂的影响（Zhou et al., 2016）。

同时，茶园土壤微生物作为茶园土壤中最为活跃的组成部分之一（Zhou et al., 2014），参与有机质形成和转化、茶树养分利用，以及茶园温室气体排放等过程，在维持茶园生态系统平衡中扮演着重要角色（Hinko-Najera et al., 2015）。然而，气候变化对茶园土壤微生物的影响和茶园土壤微生物对气候变化的反馈作用十分复杂，仍需要进一步的研究。

5.2.4　气候变化对茶园病虫害发生规律的影响

1. 气候变化对茶园虫害的影响

茶园害虫的生长发育和繁殖过程与气候环境因子密切相关。根据范托夫定律（Van't hoff's law），全球气候变暖可促使生物生长发育速率加快、生殖能力增强、存活率尤其是越冬存活率显著提高，提高有害生物次年的发生基数水平。气候变暖也将导致有害生物适生区变宽，有害生物发生始见期、迁飞期、高峰期提前，生育期延长，发生代数增加，暴发周期缩短等，危害程度加重（魏书精 等，2013）。研究发现，茶小绿叶蝉的越冬虫数与日平均气温低于 0℃的天数呈极显著负相关（黄寿波和金志凤，2010）。温度升高，蚜虫提前进入发生期，一旦发生期提前，不仅会导致危害时间的增加，同时蚜虫的数量也会大幅度增加。Li 等（2019）研究发现，在二氧化碳浓度升高的环境下，茶蚜种群丰度显著提高。此外，极端天气也容易导致部分虫害的发生，如 2016 年 8～9 月，长江中下游茶区茶尺蠖大面积为害，主要原因是高温干旱影响茶尺蠖天敌茶尺蠖绒茧蜂的发育繁殖，导致茶尺蠖由于失去了天敌的控制而成灾（姚惠明和周孝贵，2016）。代云昌等（2011）发现，2008 年贵州湄潭的低温霜冻天气导致越冬虫卵受到极大程度的抑制和破坏，减少了茶小绿叶蝉的虫口高峰期。也有研究发现，长期降雨将抑制茶小绿叶蝉的发生和活动（李星辰和黄亚辉，2010）。

2. 气候变化对茶园病害的影响

气候变化对茶园病害发生的时期、发病程度和流行范围等具有重要影响。病原菌越夏、越冬，以及入侵茶树植株后的发病过程等受气候环境因子的制约。研究发现，冬、春两季的气候干旱，会降低茶树炭疽杆菌的越冬率，有利于茶园炭疽病的防控。春、秋季（5月上旬和10月上中旬）为病原菌入侵茶树植株的主要阶段，如果这段时期降雨量偏大，将会增加茶园炭疽病发生的概率和为害程度（刘威 等，2016）。Li等（2017）研究发现，随着二氧化碳浓度升高和全球气候变暖，茶树对炭疽杆菌等的抗性减弱。目前关于气候变化环境下茶树与病原微生物互作的研究相对较少，需要进一步深入研究。

5.3 气候变化环境下的茶园生态调控

茶树产量和品质除了取决于茶树的品种、树龄、土壤、管理等因素外，气候条件起着举足轻重的作用。面对全球气候变暖，要减轻气候变化对茶叶生产的负面影响，我国茶业必须采取相应的策略，研发气候变化环境下的茶园生态调控技术和茶园防灾减灾调控技术，以应对气候变化带来的挑战。

5.3.1 气候变化环境下的茶园生态调控技术

1. 基于茶园生物多样性的生态调控技术

气候变化将导致茶园生物多样性发生根本变化。只有建立基于茶园生物多样性的生态调控技术才能更好地应对气候变化对茶叶生产的挑战。例如在丘陵茶区建立复合生态茶园，除了可以改善茶园的光照、温度、湿度等生态条件以外，还有利于提高夏、秋季茶叶的产量和品质，增加茶园生物多样性，为茶园害虫的天敌创造生存和繁衍的优良环境条件。目前常见的复合生态茶园类型有果-茶复合生态茶园、药-茶复合生态茶园、生态林-茶复合生态茶园和用材林-茶复合生态茶园等。

2. 气候变化环境下的茶树树体管理调控技术

茶树的形态特征和生理特性均受气候变化的影响。全球气候变暖和二氧化碳浓度升高，促进了茶树的生长，提高了根冠比（Li et al., 2017）。然而，还有研究发现，二氧化碳浓度升高和高温处理有可能会促进植株叶片衰老，加速树势衰弱（Mikkelsen et al., 2015）。因此，在气候变化环境下，应建立更加科学的茶树树体管理技术，从而更有效地控制茶叶产量，改善茶叶品质。同时，应根据未来气候环境下茶树的生长规律、生长发育需求，以及外界环境生态状况对茶树进行合理的树冠管理，改变其自然生长分枝习性，延长其经济年龄，有效提高茶树经济效益。

3. 气候变化环境下的茶园养分调控技术

在温度和二氧化碳浓度升高的环境下，茶树叶片中的碳氮平衡发生了显著变化（蒋跃林 等，2006）。研究表明，氮供给将成为二氧化碳浓度升高条件下影响茶叶品质的重要限制因子（Li et al., 2017）。此外，高浓度二氧化碳处理将导致茶叶中钾、钙、磷、钠的含量降低（蒋跃林 等，2006）。因此，在气候变化环境下，应加强茶园土壤中的养分动态监测和管理，适当增施氮肥，为茶树植株中碳氮平衡提供必要条件。要重视施用有机肥，以有机肥为主，以无机肥为辅，以解决茶树需肥多样性的问题。同时，积极探索茶园中肥料的缓释与控释技术，减少施肥用工和茶园养分流失，提高茶园肥料的有效性。

4. 气候变化环境下的茶园病虫害生态调控技术

研究表明，二氧化碳浓度升高环境下茶树对炭疽病的抗性显著下降（Li et al., 2016）。同时，Li 等（2019）研究发现，二氧化碳浓度升高引起茶树叶片中可溶性糖和蛋白质含量的变化，将会影响茶蚜的种群丰度。利用二氧化碳浓度升高环境下的茶树叶片饲喂茶蚜 30 d 后，与对照相比，茶蚜种群丰度显著提高了 4.24%～41.17%。这表明在气候变化环境下，茶园病虫害的发生频率可能会增加，为害程度可能会有所加重。因此，应制定更加科学的茶园病虫害调控技术，优先采用生态调控、物理防治和生物防治等绿色调控技术，科学、安全、合理地使用高效、低毒、低残留的化学农药，从而保障茶叶质量安全和茶园生态环境安全。

5.3.2　气候变化环境下的茶园防灾减灾调控技术

1. 茶园应对倒春寒的综合调控技术

1）晚霜冻害预防技术

随着气候变化的加剧和早生良种的普及，晚霜冻害已成为影响茶叶产量、品质和经济效益最重要的因素。因此，对于茶叶生产者来说，在茶园规划和种植过程中，就必须考虑如何应对晚霜冻害，主要应采取下列技术措施。

（1）选择抗冻品种。到目前为止，绝对抗冻品种是没有的，特别是春季新梢萌动后，如果遭遇低温，几乎所有茶树品种都会受冻。但在生产实践中发现，不同品种的抗冻性略有差异，如发芽迟的品种抗冻性比发芽早的品种强，群体种抗冻性比无性系品种强，中小叶种抗冻性比大叶种强，茸毛多的品种抗冻性比茸毛少的品种强，叶片厚、叶色深的品种抗冻性比叶片薄、叶色浅的品种强，北方选育的品种抗冻性比南方选育的品种强。

（2）早中晚生品种合理搭配。对茶厂或农户来说，选择发芽时间不同的品种，即特早生、早生和中晚生品种进行合理搭配是预防晚霜冻害的关键。晚霜冻害发生早时，如2010年3月8～10日发生的冻害，发芽特早的品种受害，如乌牛早几乎全军覆没，但发芽迟的品种没有受冻；如果晚霜冻害发生较迟，如2013年4月7日的严重霜冻，发芽迟的品种（如群体种）受冻，而发芽早的品种（如乌牛早和龙井43）已基本采摘完毕，影响不大。所以，不同茶树品种合理搭配种植，可有效避免一个品种全军覆没、无茶可采的局面。另外，发芽迟、早品种合理搭配，还能缓解采摘高峰，有利于劳动力和机械设备的合理安排。合理搭配的比例，对面积较大、以采摘名优茶为主的茶厂来说，可选择4～6个品种，特早生品种占50%，早生和中生品种占40%，晚生品种占10%；对面积较小的个体农户来说，可选择2～3个品种，特早生和早生品种占70%，中晚生品种占30%；对于极易导致晚霜冻害的高山或北方茶区，不应种植特早生品种。

（3）选择合适的建园地点。对于经常发生霜冻的地区，建园时应避开极易发生霜冻危害的地点。一般来说，低洼地，特别是冷空气易沉积的山涧、风口或风道等地茶树容易受冻；另外，西北或东北方向的茶园气温低，也易受霜冻。背风朝南或向阳的山坡茶园，水库、河流等大面积水域附近的茶园，晚霜冻害往往较轻。

（4）改善茶园小气候。适宜的茶园小气候有利于茶树的生长发育，提高茶叶产量和品质，增强茶树抗性，防护林还能阻挡寒风，提高冬季低温，减轻霜冻危害。所以，建议在茶园四周种植防护林，对于多数茶园建议种植香樟、桂花、无患子、杜英和樱花等经济价值和观赏价值较高的树种；对于风口处的茶园，建议在茶园西北方向种植篱笆状的冬青树，以提高防风能力；对于倒春寒频繁发生的茶园，可考虑在茶园内种植遮阴树，以减轻辐射降温，但种植密度不应过大，一般遮光率控制在30%左右。

（5）平衡施肥、合理养蓬，提高茶树抗性。提高茶树本身的抗性，不仅有利于减轻霜冻的危害，还有利于霜冻过后茶树的恢复生长。这里特别强调3点。一是施好基肥，以有机肥为主，适当添加复合肥，一般亩施商品有机肥（如菜籽饼肥）300～500 kg和氮、磷、钾总量45%的高浓度复合肥20～30 kg，江南茶区要求9月底至10月中旬开沟深施。平时，要注意平衡施肥，加强磷、钾肥的施用，切忌氮肥施用过量。二是适当提早封园，茶树蓬面要有一定的越冬叶厚度，叶面积指数为3～5，以保证茶树体内积累较多的营养。三是对于冬、春季干旱的茶区，入冬前需要灌水保湿，以提高土壤热容量，改善防冻效果。

（6）加强基础设施建设。防冻风扇、灌溉防霜和覆盖防霜是目前防治晚霜冻害的有效手段。因此，对有条件的茶园应加强基础设施建设，建立喷灌茶园和棚架茶园。这些设施可以一机（棚）多用，喷灌既能防霜，又能防旱；架棚覆盖有利于提高茶叶品质，特别适合生产蒸青茶的茶园。另外，防冻风扇的效果也很好，但成本较高。在霜冻严重但效益较好的名优茶园，建设防冻风扇设施也十分必要。

2）晚霜冻害来临时的应急技术

在做好预防工作的基础上，如果茶芽已经萌动，那么在气温降到4℃以下时，就必须采取应急措施，防止或降低晚霜冻害的发生。研究表明，目前生产上应用效果较好的技术有防冻风扇、喷灌除霜、覆盖防冻和大棚茶园。但低温霜冻来临前，如果茶芽已达到采摘标准，则首先必须集中抢采，然后再采取其他应急措施。

（1）防冻风扇。防冻风扇是日本茶园最常见的田间设备，几乎所有的茶园都有，在产生逆温的晴天，能起到明显的防霜效果。它一般安装在离地6 m的空中，这是因为离地6 m的高空温度比近地面温度高2～4℃，风扇运转后能将高空的热空气吹到茶树蓬面，防止或降低霜冻的发生。一般设定近地面温度低于 4℃自动开启风扇，多数在晚上19时，次日7时温度回升后停止。风扇有效控制面积依地势而异，一台功率为3 kW的风扇可保护1.5亩平地茶园。

（2）喷灌除霜。水具有较高的热容量，当气温降到接近霜冻温度时，采用喷灌在茶树蓬面上洒水，可阻止芽梢结霜，同时能提高土壤热容量和空气湿度，防止气温进一步大幅降低；当气温较低时，喷出的水会使芽梢结冰，但这层包在芽梢外面的冰相当于保护层，可防止芽梢内温度进一步降低，从而避免霜冻危害。试验表明，当气温在霜冻附近温度时，凌晨 3 时左右开启喷灌，8 时太阳升起后停止，新梢受冻率为13.5%，而不进行喷灌的对照高达77.3%。

（3）覆盖防冻。采用无纺布、地膜或遮阳网直接覆盖茶树蓬面，对防治晚霜冻害有一定的效果。一方面，它只有一定的增温作用；另一方面，覆盖物可防止芽梢直接结霜，从而达到降低霜冻危害的目的。但直接覆盖时树冠表面芽梢仍会受冻，所以比蓬面高出10～20 cm的架棚覆盖效果更好。试验表明，不同温度条件下，覆盖茶树蓬面防治晚霜冻害的效果虽然有明显区别，但与不覆盖相比有显著差别。无纺布的效果优于其他材料，先盖遮阳网再盖地膜或多层遮阳网的效果也优于单层遮阳网或单层地膜。如果用稻草和作物秸秆等材料覆盖，防霜效果更好。

（4）大棚茶园。大棚茶园由于温室效应，能显著提高棚内茶园温度，最低气温可比棚外高2～4℃，有效避免或减轻了倒春寒的危害。大棚温度高，具有明显提早春茶萌发的作用，但由于呼吸消耗大，养分积累少，大棚茶叶产量低、品质差，经济效益不明显，这也是20世纪90年代为提早春茶开采而建设较多大棚茶园，而目前大棚茶园少见的重要原因。但从防治倒春寒的角度，在茶芽采摘前10 d盖膜，既可促进茶芽生长，提高早期名优茶产量，也不影响茶叶品质，此期间如遇倒春寒，又能有效预防，一举两得。

3）灾后恢复生产技术

晚霜冻害发生后，即使采取了一些技术措施，但要完全避免霜冻危害仍十分困难。因此，当冻害发生后及时采取补救措施，对于尽快恢复生产、减少损失非常必要。常规的恢复生产技术包括整枝修剪、增施速效肥和加强留养等。

（1）整枝修剪。对冻害严重、茶树蓬面芽梢完全受冻，甚至表层枝条都冻死的茶树必须进行整枝修剪，以防止枯死部位扩大，同时能刺激剪口下定芽或不定芽的萌发生长。但要注意两点：一是整枝修剪宜轻不宜重，只把枝条上彻底冻死的部分剪除，如叶片和腑芽受冻，但枝条略有冻伤或未受伤的应少剪，甚至不剪；二是修剪时间掌握在春季气温回升且基本稳定后尽快进行，不要剪得过早，以防止修剪的枝条再次受冻。对于不须修剪的茶树，表层受冻的新梢最好能剪除，这样有利于下层新梢的萌发生长。另外，对于容易发生冻害的茶园，如须平整茶树蓬面，不要在秋茶结束后进行，最好在春茶萌动前进行，以减轻冻害发生的程度。

（2）增施速效肥。冻害发生后，应及时开沟排水，中耕锄草，疏松土壤，提高土壤通气性，以利于根系生长和养分吸收。同时，在气温回升后，及时施用速效肥，补充养分，减轻冻害对茶叶产量和品质的影响。每亩施氮、磷、钾总量45%的高浓度复合肥30～40 kg，浅耕沟施；当未受冻腑芽萌动生长后，喷施速效叶面营养液，如新壮态、喷施宝或2%尿素等叶面肥数次，提高茶树对养分的吸收能力。

（3）加强留养。对于经过整枝修剪、高度符合要求的茶树，夏秋茶应多留少采，以尽快恢复茶树树势；对于未修剪或修剪高度不达预期的茶树，春茶结束后可适当进行修剪，剪后要加强新叶留养。

另外，相关部门最好能采取一些管理措施，以减轻茶农遭受倒春寒造成的损失。例如，气象部门建立气象预警机制，准确预报倒春寒等气象信息，让茶农知道寒潮的严重程度，有利于茶农积极采取预防措施，降低冻害导致的损失。政府其他部门建立灾害补偿机制，如设立灾害补偿专项资金。专业保险公司设立气象灾害保险，让茶农利益切实得到保障。

2. 茶园应对高温干旱的综合调控技术

1）茶园应对高温干旱的预防技术

高温干旱等极端天气发生得越发频繁，考虑茶园高温干旱的发生受诸多因素的影响，在茶园规划过程中，为提高茶树防控高温干旱灾害的能力，必须考虑茶园高温干旱预防技术措施。

（1）茶园立地条件的选择。茶园环境直接影响其高温干旱灾害发生的程度。新建茶园规划首先要考虑适宜茶树生长的立地条件。一般处在阴坡的茶树比阳坡受高温干旱危害的程度要轻；平地要比洼地好；尽量不要将地下水位较高的水稻田改造成茶园，应该选择土层深厚、结构良好、质地疏松、肥力与有效持水力较好的土壤发展茶园。对于由水稻田改种的茶园，一定要在种茶前打破犁底层，排尽地下水。对于湿害茶园的改造，要根据湿害类型采取不同的截水和排水方法消除水患，同时要进行树冠改造和辅助其他改良措施才能奏效。

（2）优良抗性品种的选择。由于茶树的形态特征和生理特性与其对高温干旱的抗性息息相关。因此应该选择叶片栅栏组织和角质层较厚的茶树品种。同时，要注意有性系和无性系的合理配置，规避高温干旱灾害风险。

在建园时土层 80 cm 内如有不透水层，宜在开垦时予以破坏，对有硬盘层、黏盘层的地段，应当深耕破塥，以保持 1 m 土层内无积水。①开明沟排水。从茶园积水部位的最低处，挖掉 1 行茶树，开 1 条排水沟，把积水从茶园最低处排出园外。②开暗沟排水。暗沟沟道用石块、砖块或水泥块砌成桥洞形，排水沟截面积不小于 25 cm×30 cm，主沟还应更大，要设在难透水层以下，距地面松土层厚度超过 50 cm。两沟相隔 1.3 m 左右，在土壤黏重、降雨量多的地区两沟距离可稍近一些。砌好沟道，对沟道上方左右的难透水层要进行破塥深耕，近沟处深些，两沟中间浅些，以形成向沟道倾斜的沥水面。另外，在雨季到来之前，对于在建园之初未破除硬盘层的茶园，栽种后若发现有不透水层也应及时在行间深翻破塥，打破不透水层。

（3）优化茶园小气候。在高温干旱的气候环境下，茶树种植的密度过高将导致茶园中蒸腾作用旺盛，耗水量过大，不能满足水分需求，引起茶树群体和个体对水分的竞争。因此，新建茶园要合理密植。同时，茶园中应适当种植行道树或遮阴树，以减轻太阳辐射，有效降温。树种应选择病虫害发生较少、同时具有一定经济价值和观赏价值的乔木，如樱花、香樟、桂花、杜英和无患子等。

（4）强化茶园灌溉设施。灌溉是茶园中最为有效的抵抗高温干旱的管理措施。一般认为，当温度达到 35℃或日平均气温达到 30℃左右，持续一周以上，或者茶园土壤含水量小于田间持水量的 70%时，要及时进行灌溉。一般茶园的灌溉方式有漫灌、喷灌和滴灌 3 种。

2）茶园应对高温干旱的应急防控技术

在做好预防的基础上，当高温干旱天气持续时，在茶园种植管理中应采取下列应急防控技术，以提高茶园防控高温干旱灾害的能力。

（1）适时合理灌溉。对于有灌溉条件的茶园，可在上午 9 时之前或下午 4 时之后进行浇水。对茶园进行灌溉浇水时，避免出水量过大，形成表面径流，浪费水资源，且易造成土壤板结。

（2）茶园科学遮阴。在高温干旱发生时，首先要创造条件降低茶树叶片的温度。对茶树进行科学遮阴，能够有效降低茶树蓬面的温度，减缓高温干旱对茶树的危害。根据阳光的强度，在茶树上方架设相应密度的遮阳网，遮阳网与茶蓬要保持 40～50 cm 的距离，能有效阻挡日晒，降低蓬面温度，防止叶片灼伤。切勿将遮阳网直接覆盖于茶树蓬面上，否则会加重高温危害。尤其是对已完成茶树采摘或修剪、尚未发芽或刚刚发芽的茶园，更应切实做好遮阴措施。对幼龄茶园而言，可选择遮阴越夏。

（3）茶树行间合理覆盖或间作。在茶树行间用草或秸秆进行覆盖，可以有效降低地表温度，减少土壤水分蒸发，是一种有效的抗旱技术。高温干旱发生前，可就地取材，采用稻草、杂草、谷壳、木屑、竹屑、食用菌棒废料等对茶园地面进行覆盖，覆盖厚度约 10 cm。此外，间作绿肥也能有效遮阴、降低地面温度，还可以改善茶园小气候，进而有效防止茶树遭受高温干旱的危害。覆盖和间作等措施操作相对简便，而且成本低。

（4）茶树高温干旱抗性调控新技术。近年来研究发现，外源喷施油菜素内酯和甲基水杨酸等植物激素能够在一定程度上维持高温干旱条件下茶树叶片细胞光合系统的稳定，提高叶片的抗氧化能力，缓解氧化胁迫，最终提高茶树对高温干旱的耐受性。因此，当持续高温干旱发生时，在上午 9 时之前或下午 4 时之后，使用 0.1 μmol/L 的油菜素内酯或 1 mmol/L 的甲基水杨酸对茶树叶片进行外源喷施，可以显著提高茶树对高温干旱的耐受性。该措施对幼龄茶园尤为重要。

（5）尽量减少茶园作业。茶园的杂草对茶苗有遮阴作用，高温干旱较严重时，应注意避免耕作除草，更要注意避免修剪和施肥等茶园管理作业，以防止高温干旱的危害加重。

3）茶园高温干旱解除后的恢复生产技术

当高温干旱天气持续，对茶园已造成一定危害时，高温干旱解除后应采取下列技术措施，及早恢复茶园正常生产。

（1）适时合理修剪。在已经遭受高温干旱危害的茶园，对于仅成熟叶片表现为焦斑，但顶部枝条仍能生长的茶树，不需要修剪，应保持树势，让茶树自行发芽，恢复生长。但对于高温干旱危害特别严重，茶树蓬面出现大量枯死枝条的茶园，则须及时修剪，剪去枯死的枝条，同时也要注意修剪程度，一般宜轻不宜重。

（2）及时科学施肥。对于受害严重的茶园，当高温干旱解除，雨后土壤潮湿时，应及时科学施肥。建议将茶园秋、冬季的基肥提前施用，一般每亩施用菜籽饼 150～200 kg 或者商品有机肥 300～500 kg，同时配合施用 20～30 kg 复合肥，在茶树行间开沟深施，沟深 20 cm，施后覆土。

（3）注意留养秋茶。对于需要采摘夏秋茶的茶园，高温干旱灾害发生后，要多留少采，并提早封园，使茶树尽早恢复树势，减少对来年春茶产量的影响。

（4）及时补种茶苗。对于幼龄茶园，如果出现茶苗死亡的情况，应在当年秋冬季及时补种茶苗。对于个别高温干旱严重导致茶苗大量死亡的茶园，应及时深翻土壤，加培客土，根除茶园土壤中的障碍因子后再重新种植新茶苗。对于不适宜茶树生长的区块，建议改作他用。

3. 茶园应对涝害的综合调控技术

1）茶园应对涝害的预防技术

茶树涝害的症状发展快、显现慢，当从茶园表观上发现严重的涝害症状时，对茶树的损害几乎无法挽回。因此，事先预防、及早发现、及时排除涝害极为重要。尤其值得注意的是，茶园要尽量避免遭受涝害。防御涝害的根本途径是改良土壤、排除渍水。

（1）茶园立地条件的选择。为了满足茶树根系生长发育的要求，茶园地下水位以维持在 0.8～1.5 m 为好。当遭遇洪水或涝渍时，幼龄茶园地下水位下降到 90 cm 以下的时间不超过 48 h，成龄茶园不超过 72 h，对茶树是安全的，说明这时的土壤排水状况良好，这也成为茶园排水有效性的参考标准。

（2）优良抗性品种的选择。茶树根系的形态特征和生理特性与其对涝害的抗性息息相关。因此，应该选择根系粗壮发达，吸收根密植，并且根系再生能力强的茶树品种。此外，由于有性系茶树有主根，根系深入土壤较深，因此，在涝害频发的茶园要注意有性系和无性系的合理配置，规避洪涝灾害风险。

2）茶树涝害发生后的补救措施

涝害补救要根据不同类型涝害茶园，采取不同的排水措施。对于因隔离层造成的涝害，要进行土壤深翻，打破隔离层；对于其他涝害，摸清土壤水流的来去，选择在合适的位置开排水沟，排除积水。在排除积水的基础上可对受涝害的茶树进行树冠改造和根系复壮。

（1）修梯筑坎，开沟排水，恢复园相。抓紧修复水毁茶园，包括茶树良种育苗基地、新建幼龄茶园和投产茶园的坝坎、沟渠、道路等农业基础设施，及时清理崩塌的茶园梯壁、道路，疏通排水沟渠，防止次生灾害发生。恢复茶行茶树，达到梯坎恢复、保土保肥、园貌整齐、树势良好的效果。特别要注意的是，对于遭到塌方与泥石流破坏的茶园，必须在巡查确认地质状况稳定后再进行清理与修复工作。对于平地、平畈茶园重点是及时在茶园四周开挖围沟，在茶园中间开挖中沟或厢沟排水，保持排水畅通，降低地下水位在 1 m 以下，尽快降低土壤湿度和环境湿度，严防茶树长时间浸泡引起死根烂根。对于水打沙压的茶园，要及时挖除茶园堆积的泥土泥沙。受水淹的投产茶园要尽快组织劳力排除明水，茶园排水后要对受涝害的土壤进行深翻，去除因积水而产生的有害物质。

（2）集中劳力，浅耕松土。对遭受涝害的茶园，待园地表土基本干燥时，要及时进行浅耕松土，恢复土壤的通透性，促发新根，恢复生长。对受涝特别严重的茶园，在排水和截水后，将根茎和粗根部分的泥土扒开进行晾根 1～2 d，清除已溃烂的树根，以免溃烂进一步蔓延。

（3）扶树理枝，适度修剪，清除断枝。灾后尽快扶正倒伏树体，对外露的根系应及时做好培土覆盖，及时剪除带泥沙的拖地枝和断枝等无用枝叶。在雨停水退后，抢时间清除茶树上的污泥杂物。根据危害程度不同进行不同程度的修剪，掌握宁轻勿重原则，以剪口比损伤部位深 1～2 cm 为宜，尽量保持采摘面。对水淹时间过长、伤根严重、叶片出现明显萎蔫症状的茶树，在排水、清沟排渍、表土干燥后，进行重修剪或深修剪，以减少茶树枝叶水分蒸发和植株养分消耗，防止整株死亡。对其他受灾的采摘茶园及时进行轻修剪，培养丰产树冠，促使新芽整齐萌发。

（4）追施肥料，恢复树势。遭受洪灾的茶树根系有不同程度损伤，营养物质吸收受到一定影响，要及时进行茶园根外喷肥，促进秋芽萌发快长，利于秋茶多产。土壤施肥以追施速效肥为好，每亩施茶叶专用肥或复合肥 50～100 kg。待树势恢复后，再施腐熟的人畜粪尿、饼肥或尿素，促发新根。

（5）清园消毒，防治病虫害。灾后这段时期正处于茶树病虫害发生高峰期，因此要密切注意茶园病虫危害情况，加强病虫害测报预警，重点应用绿色防控技术进行防治。尤其对茶尺蠖要加强测报，谨防局部暴发成灾。

（6）换种改植。对建园基础差、湿害严重的茶园，应考虑换种改植，平整土地，重新科学规划，建立新园。对严重水毁的茶园，可根据具体情况退茶还林，留待冬、春季节栽树，进一步改善茶园生态环境。

5.4 茶业适应气候变化的研究现状及展望

气候变化是当前人类社会面临的共同挑战。自 1992 年的《联合国气候变化框架公约》、1997 年的《京都议定书》和 2009 年的世界气候大会，到 2016 年的《巴黎协定》，全球气候变化及其应对策略日益成为世界关注的热点。当前，应对气候变化的研究主要包括适应与减缓两个方面。然而，IPCC 的预测结果表明，在各种评估的排放情景下，即使是最乐观的减缓气候变化情景，地表温度都将持续上升。因此，开展适应气候变化的相关研究将更加紧迫。

5.4.1 茶业适应气候变化的研究现状

茶业适应气候变化，是指在茶叶生产和茶产业发展过程中，对实际或预测发生的气候变化及其影响通过适当的技术措施进行调节，以实现趋利避害的目标。包涵了自然科学、社会科学，以及人文科学，涉及植物学、生态学、经济学和管理学等多个学科领域。茶产业具有强大的生态效益、经济效益及社会效益，其适应性问题也理应受到研究者的重视。

我国一直非常重视农林业对气候变化的适应。自 2007 年以来，我国农林业及其他相关部门已经建立了比较全面的行动框架以适应气候变化的加剧，如《中国应对气候变化国家方案》《适应气候变化国家战略研究》《第三次气候变化国家评估报告》《林业适应气候变化行动方案（2016～2020）》等。

茶树为多年生经济作物，茶园生态系统是一个相对稳定的人工生态系统。因此茶园生态系统适应气候变化的能力强于粮食作物等其他生态系统。稳定的茶园生态系统除了自身具有较强的适应能力外，还可以通过发挥其涵养水源、保育土壤、保护生物多样性等生态功能，增强环境的稳定性，改善整体环境对气候变化的适应能力。因此，维持一个稳定的茶园生态系统，是茶业适应气候变化的基本方法。

目前关于茶园生态系统适应气候变化的研究并不多。谢晨等（2010）系统总结了气候变化对林业的影响，以及林业对气候的适应性应对策略，对茶园生态系统适应和应对气候变化具有重要的借鉴意义。研究认为，增强茶园生物多样性、提高生态系统生产力、增加社会经济效益、保持水土等将成为生态系统服务功能适应性管理的主要内容。

气候变化背景下，通过茶产业和涉茶企业的协同发展，以及生产要素的协同配置，建立技术创新联盟机制、信息共享与沟通机制、风险分担与利益分配机制，可以充分发挥茶业适应气候变化的能力。同时，为了适应气候变化，可建立可持续的茶园生态体系。茶园生态体系是指依据生态学、生态经济学、系统原理及可持续发展理论建立起来的、由各种茶园生态系统中涉及的各个要素组成的完整体系，具有相应的投入、补偿和管理运行机制。茶园生态体系的建立有利于提高茶产业适应气候变化的能力。

在茶叶生产活动中应系统考虑适应气候变化，需要对传统的茶产业经营观念加以完善。这一过程将增加额外的时间及资金投入，并改变当地居民的传统观念，使他们认识到适应气候变化对茶产业发展的重要性。如何在改善当地居民生计的同时，激励他们积极参与茶业适应气候变化能力的建设，需要对更多数据及案例进行分析研究。

5.4.2　茶业适应气候变化的研究展望

气候变化是一个动态过程，相关研究需要较长时间才能得出科学的结论。此外，除气候变化外，影响茶园生态系统的因素还有茶树自身演替规律、人类行为等。这些因素对茶园生态系统的共同影响增加了研究的难度，需要结合最新的气候变化研究成果，更深入地研究气候变化对茶产业的影响。

目前，关于气候变化背景下茶园生态系统管理技术的研究较多，不过在采用有效管理技术手段的同时，还要综合考虑各种手段间的相互影响、协同效益，乃至对社会、经济的间接影响。因此，制定气候变化对策应该系统考虑气候风险、适应和减缓措施带来的风险及协同效益。

此外，茶业适应气候变化的研究由于其复杂性、系统性和综合性，也面临很多理论、技术方法和集成分析的调整，未来还需要综合多学科、多方法、多模型进行集成研究，重点在以下几个方面进行深入研究。①研究气候（温度、降水、极端气候等）变化、品种、社会经济要素等对茶园生态系统和生产环节的影响及其影响机理。虽然目前已开展了许多相关研究，但多是分析气候变化因素对茶园生态系统和生产环节的影响，缺少综合各类因素的影响机理及影响份额研究。定量解析气候变化与品种、社会经济等因素对茶叶生产环节的影响及其贡献份额，可为茶业应对气候变化的适应调控途径和技术优化模式提供有力支撑。②针对不同茶叶生产区制定茶园生态系统和生产环节适应气候变化的应对体系。我国幅员辽阔，气候类型多样，对气候变化的敏感程度、响应和适应能力有所不同。目前主要集中于对单个区域或从全国尺度进行研究，但尚未形成完整的适应体系，因此需要针对不同区域的特点从种植模式、茶树品种、农业技术、田间管理等方面综合制定适应体系，确保茶叶生产可持续发展。③建立综合评价体系。茶业在适应气候变化的过程中将对生态环境带来一定影响，如气候变化对江北地区的茶叶生产具有积极作用，生长期积温增高，生育期延长，面积增加，但在茶园扩张中侵占了一定的耕地，对茶区整体生态环境造成了破坏。因此应该研究如何合理地建立综合评价体系，对茶业适应气候变化过程进行多方面综合评估，避免在发展茶产业过程中对生态环境造成破坏，实现气候变化背景下农业生产系统的可持续发展。

随着全球升温趋势的持续加剧，全球气候变化问题成为世界关注的焦点。“十三五”以来，我国加大了应对气候变化的工作力度，各地落实了降低二氧化碳排放强度任务，在 2015 年巴黎气候变化大会上宣告 2030 年二氧化碳排放达到峰值的减排目标。在国家层面上，应对气候变化已成为我国产业结构调整升级、经济发展方式转变、生态文明建设的重要举措；在国际层面上，我国认真履行并积极倡导国际气候公约，为全球应对气候变化事业提供中国方案，正在成为全球应对气候变化的重要参与者、贡献者和引领者。因此，在未来相当长的时期，茶业应对气候变化都将成为全国各地区的一项优先开展、全力推进的重点工作。

第6章

茶树生态与加工品质

茶树分布广泛，东亚、东南亚、南亚、西亚、欧洲、东非和南美等地区均有茶树种植。茶树物质代谢与自然生态条件息息相关，复杂多变的生态条件（如地形、海拔、温度、光照、土壤特性等）往往造就茶树新梢的生态特征及生化成分的显著差异性。茶树的适制性与以上因素息息相关，直接或间接影响了茶叶的加工品质（Preedy，2012）。本章节就茶鲜叶的生化成分，茶树生长需要光照、温度、地形、海拔、土壤特性，以及茶叶生态加工等方面展开论述。

6.1 鲜叶生化成分与适制性

大量的研究报道表明，茶鲜叶中的生化成分与茶类的适制性及加工品质密切相关（陈椽，1979；商业部茶叶畜产局，1989；陆锦时 等，1994），其中茶多酚、氨基酸的含量及它们的比值（酚氨比）是茶树鲜叶的重要生化成分，在一定程度上决定了茶类的适制性。如酚氨比小于8时，适制绿茶；酚氨比为8～15时，茶树鲜叶适合红绿茶兼制；当酚氨比大于15时，适制红茶（张泽岑，1991）。此外，蛋白质、生物碱、糖类及芳香物质也是茶树重要的生化成分，同样与茶叶的加工适制性密切相关，对茶叶品质有着重要影响（安徽农学院，1961；陈宗懋和杨亚军，2011；施兆鹏和黄建安，2010）。

6.1.1 多酚类物质与茶叶品质的关系

茶鲜叶中的多酚类物质主要有儿茶素类（黄烷醇类）、黄酮醇及其苷类、花色素及异黄酮类、酚酸类等，总含量一般占鲜叶干重的18%～36%，它们参与茶树的生长发育、新陈代谢，对茶叶的风味品质形成起着重要作用（陈岱卉 等，2008；陈为钧和万圣勤，1994；Hodgson and Croft，2010；戴伟东 等，2017）。早期研究表明，茶多酚的含量与红碎茶及绿茶的品质呈正相关，与感官审评得分的相关系数高达0.91及0.88（刘仲华和黄建安，1998；Bhuyan et al., 2009）。茶多酚的含量在不同品种的茶树鲜叶中差别显著，适制的茶类也各不相同，红茶品种的新梢中茶多酚含量往往高于绿茶品种。因此，茶多酚的含量往往被认为是判定茶叶加工适制性的重要指标之一（唐明熙，1983）。儿茶素类化合物是茶叶中多酚类物质的主体成分，其含量占多酚类总量的 70%～80%，占鲜叶总量的 12%～24%，是茶树次级物质代谢的重要成分，也是构成茶汤滋味的重要组成。至今在茶鲜叶中发现的单体儿茶素达 20 余种，其中大量存在的主要是以下 4 种：*L*-表没食子儿茶素没食子酸酯（*L*-epigallocatechin gallate，*L*-EGCG）、*L*-表儿茶素没食子酸酯（*L*-epicatechin gallate，*L*-ECG）、*L*-表没食子儿茶素（*L*-epigallocatechin，*L*-EGC）及 *L*-表儿茶素（*L*-epicatechin，*L*-EC）。前两者称为酯型儿茶素，在滋味上收敛性强，具有较强的苦涩味；后两者为非酯型儿茶素，收敛性弱，略涩，回味爽口。长期的茶叶加工实践经验及生化分析结果表明，在儿茶素含量高的茶树品种中，非酯型儿茶素占比高的鲜叶适制红茶；在儿茶素含量低的茶树品种中，酯型儿茶素占比高的鲜叶适制绿茶。当然，由于茶树的生态环境差别迥异，显著影响茶叶的生化成分，且茶叶中品质成分复杂多样，单一种类的化合物对茶叶品质的影响也较有限，所以研究者们得出的研究结果也不尽一致（Wang et al., 2000；Chiu and Lin，2005）。

茶多酚含量与绿茶品质的关系已有广泛的研究报道。大量研究结果表明，茶多酚对绿茶品质的影响具有双重效应，在一定含量范围内对绿茶品质有积极的作用，但由于它是绿茶苦涩味的主要物质，当超出一定限度后，也会对品质造成负面影响（Ngure et al., 2009）。研究者们对不同绿茶适制品种中的茶多酚含量与成品茶品质得分的数据进行拟合后，发现茶多酚对绿茶品质的作用不仅取决于它的绝对含量，而且还取决于它在可溶性物质中所占比例，即使茶多酚的含量绝对值较高，但受其他可溶性物质含量的影响，也会对绿茶品质产生不同的影响。作为茶多酚主体的儿茶素，它对绿茶品质的影响与茶多酚基本相似，也为二次曲线关系。也有研究者根据绿茶品质与儿茶素各组分含量间的相互关系，提出了儿茶素品质指数，即 *L*-EGCG+*L*-ECG 总和与 *L*-EGC 的比值。普遍认为，酯型儿茶素在一定范围内与茶叶品质呈正相关，而 *L*-EGC 的含量与茶叶品质呈负相关。该指数对评价绿茶品质有一定的指导作用，可以作为绿茶品质早期鉴定的生化指标之一（杨亚军，1990a）。

研究表明，茶树鲜叶的茶多酚含量与红茶品质呈显著正相关，且大叶种鲜叶中儿茶素含量往往高于中小叶种（Eguchi et al., 2013）。制作红茶的鲜叶原料中必须具有较高含量的茶多酚，才能在制茶过程中产生较多的茶黄素（茶黄素是红茶茶汤浓度和汤色特征的重要物质）（宛晓春，2006）。此外，紫芽茶中茶多酚的含量一般比常规绿芽茶树品种要高，具有良好的红茶适制性。儿茶素对红茶品质影响的研究也有较多报道，研究结果因所选择茶树品种的不同而不尽一致。普遍认为鲜叶中儿茶素总量与红茶品质呈显著正相关，其中 *L*-EGCG、*L*-ECG 及 *L*-EGC 是选育红茶良种的重要生化指标，它们可以促进茶黄素的生成，从而提高红茶品

质，且有研究者进一步认为鲜叶中高水平*L*-EGCG及低水平*L*-EC，高水平酯型儿茶素总量、三羟基儿茶素含量及三羟基儿茶素与双羟基儿茶素之比具有预测红茶品质的应用潜力。也有研究者得出不同结论，认为*L*-EC含量与红茶品质呈正相关，可作为筛选优质红茶无性系的指标，而*L*-EGC含量与红茶品质呈现微弱负相关。此外，大叶种红茶品种也呈现出不同的现象。研究表明，斯里兰卡无性系品种茶树鲜叶中多酚含量与成品茶品质间不存在统计学相关性，而且*L*-EC与*L*-EGCG之比，*L*-EC与*L*-ECG之比、*L*-EGCG与*L*-ECG之比也同样与成品茶的品质没有直接的相关性（Wright et al., 2000；Kitagawa et al., 1998）。

茶多酚的含量与乌龙茶的品质呈极显著正相关，在各种茶类适制性化学指标中，多酚类含量及组成适中，应作为优先考虑的因素，以确保多酚化合物经适度氧化后残留的部分与其氧化生成的色素之间相互协调，使成茶汤色黄而不红、滋味爽而不苦（涩）。研究者们总结，适制乌龙茶的鲜叶中茶多酚的含量应在25%左右，儿茶素总含量应大于160 mg/g，酯型儿茶素与简单儿茶素之比为15～20（陈春林和梁晓岚，1996；Opie et al., 1990）。

适制白茶的品种主要分布在福建，主要有福鼎大白茶、福鼎大毫茶、政和大白茶、福建水仙种、福云7号、大面白、菜茶等。研究者们发现茶多酚及儿茶素（尤其是*L*-EGCG）含量在上述品种间表现出较大的差异，茶多酚含量为17.14%～31.58%，*L*-EGC含量为16.30～38.21 mg/g，*L*-表没食子儿茶素（*L*-gallocatechin，*L*-GC）含量为6.05～23.50 mg/g，*L*-EGCG含量为44.90～135.05 mg/g，*L*-ECG含量为13.47～39.20 mg/g，儿茶素总量为122.57～195.23 mg/g。其中福云7号儿茶素含量较高，尤其*L*-EGCG含量几乎是其他品种的2倍之多，易发生过度氧化反应，在加工时鲜叶易红变（刘东娜　等，2018）。

黑茶因产地和类型不同，对鲜叶原料有不同要求，但多数要求原料为具有一定成熟度的新梢，共同点是外形粗大，叶老梗长。由于茶多酚、儿茶素含量高低与鲜叶原料品质密切相关，总含量一般呈现嫩高老低的变化趋势，在儿茶素组成比例上，老叶中非酯型儿茶素的含量较嫩叶高，酯型儿茶素则呈现相反趋势。因此，黑茶鲜叶原料具有多酚、儿茶素总量低，而非酯型儿茶素比例高的特点，该化学特征为形成黑茶醇而不涩的滋味特征创造了良好的条件（Zhou et al., 2005；杨阳　等，2015；Zhu et al., 2020；Lv et al., 2017）。

6.1.2　蛋白质、氨基酸与茶叶品质的关系

在制茶过程中，鲜叶中的蛋白质绝大部分会因为加热作用而凝固变性，但也有约1%的蛋白质溶解进入茶汤，对茶汤滋味起到促进作用，还有增稠茶汤的效果，所以蛋白质含量高的茶鲜叶往往是制备高品质茶的先决条件。蛋白质含量高的茶树鲜叶，代谢过程中的中间产物和代谢产物的含量都相对较高，形成的呈香及呈

味化合物较多，因而对茶叶优良风味品质的形成起到积极的促进作用（顾谦 等，2002）。

茶叶中的氨基酸，不仅是组成蛋白质的基本单位，也是活性肽、酶和其他一些生物活性分子的重要组成成分。茶叶中氨基酸的组成、含量，以及它们的降解产物和转化产物也会直接影响茶叶品质，与茶叶的香气、滋味形成有着密切的联系。茶氨酸具有鲜爽滋味和焦糖香气，味觉阈值是 0.06%；谷氨酸及天冬氨酸具有强烈鲜爽味，阈值分别为 0.15%和 0.16%；精氨酸具有鲜甜滋味，在食品中常作为风味增强剂使用。苯丙氨酸、色氨酸和酪氨酸都具有芳香环、带有香气，且谷氨酸、丙氨酸、苯丙氨酸、亮氨酸、蛋氨酸等游离氨基酸可在制茶过程中通过美拉德（Maillard）反应生成醛、吡咯、硫醚等香气物质。因此，这些氨基酸被认为是茶叶香气和滋味的基础物质。

研究表明，适制不同茶类的茶树品种，其新梢中氨基酸含量差异明显。绿茶品种中的氨基酸总量、平均含量及定量值显著高于其他适制品种，普遍比红茶品种高 6%～13%。其中精氨酸的含量差距最大，绿茶品种比红茶品种高 28.68%，定量值相差 37.04 mg/100 g；丝氨酸含量差距最小，绿茶品种比红茶品种高 2.67%，定量值相差 2.39 mg/100 g。氨基酸与绿茶品质的关系已有了较为统一的认知，无论是以成品茶为研究对象，还是以鲜叶为研究对象，都一致肯定了它们之间呈显著正相关。茶鲜叶中的氨基酸含量与绿茶品质之间存在着线性关系，并且鲜叶中氨基酸含量的差异更能直接地反映品种的特性，可以作为绿茶品种选育的一个指标，其中茶树新梢中高含量的茶氨酸和精氨酸被认为是绿茶品种的特征（陈文怀，1984；唐明熙，1983）。

氨基酸作为一类鲜味物质同样对红茶品质具有积极作用，研究表明成品茶中的氨基酸含量与红茶品质呈高度正相关，具有较好的线性关系。然而，鲜叶中氨基酸的含量与红茶品质的关系具有一定的波动性，呈二次曲线关系，在一定的范围内，氨基酸含量的增加对红茶品质有利，其品质逆转阈值为 1.25%～2%，超过此范围，品质便开始下降。这可能是由于鲜叶中的氨基酸含量往往与茶多酚含量呈负相关。当氨基酸含量过高时，相应的茶多酚含量便会偏低，不利于红茶品质的形成。有研究报道表明，适制红茶的品种鲜叶中氨基酸含量为 1.88%～2.20%（杨亚军，1990b）。

由于加工乌龙茶的鲜叶原料普遍偏大且粗老，而鲜叶中的氨基酸含量与茶叶的粗老度成反比，所以相对其他化学物质而言，适制乌龙茶鲜叶中的氨基酸含量与其成茶品质间并无明显的相关性。一般而言，适制乌龙茶的品种鲜叶中氨基酸含量应大于 2%，含量适中为宜（杨伟丽 等，1993；林郑和 等，2004）。

白茶的品质因采用茶树品种不同或鲜叶等级不同而差异较大，各品种白茶间的氨基酸总量及各氨基酸含量差异显著。例如，浙江省生产的白茶中，福鼎大毫茶的氨基酸总量（以茶汤计，352.37 μg/mL）及茶氨酸含量（125.14 μg/mL）与春雨 1 号的氨基酸总量（331.60 μg/mL）及茶氨酸含量（108.79 μg/mL）最高，而浙农 113 的氨基酸总量（以茶汤计，122.22 μg/mL）及茶氨酸含量（24.60 μg/mL）最低（龚淑英 等，2016）。

虽然黑茶的鲜叶原料相对较粗老，但黑茶鲜叶原料中夹带有较多的茶梗，一般嫩梗中的氨基酸含量远高于芽叶，尤其是茶氨酸，嫩梗中的含量比芽叶中高 1～3 倍，所以黑茶鲜叶原料氨基酸的总体水平并不低。这些氨基酸在黑茶制作过程中与糖等化合物发生反应，可降低茶叶苦涩味，并有助于黑茶独特香气的形成，对黑茶风味品质的形成有重要作用。因此，黑茶的鲜叶原料中氨基酸的含量不能过低，有研究表明，茶树新梢中不同成熟度的氨基酸含量为 1 948～5 728 mg/100 g（顾谦 等，2002）。

由于茶多酚与氨基酸在茶树代谢中往往呈现此消彼长的变化规律，在生产实际中常使用酚氨比来作为茶树品种适制性的生化指标。茶多酚和氨基酸在茶叶滋味中讲究协调，茶多酚不能过多，氨基酸也不能过少。一般来说，酚氨比低，鲜爽度高；酚氨比高，鲜爽度低。适制绿茶或白茶的品种中氨基酸含量往往较高，而茶多酚含量相对较低，酚氨比较小（<8）；适制红茶的品种则呈相反趋势，酚氨比较大（>15）；红绿兼制品种介于两者之间，酚氨比为 8～15。若使用酚氨比大的茶树品种制备绿茶，往往滋味苦涩，而用酚氨比小的茶树品种加工成红茶，则滋味淡薄，不能体现相应茶类的滋味特点。进一步的研究表明，在茶多酚、氨基酸含量都较高的基础上，酚氨比越低，绿茶品质越优，如安吉白茶品种的鲜叶中氨基酸含量为 6.19%～6.26%，茶多酚含量为 10.7%，仅为普通茶的一半，酚氨比小，制成的绿茶品质优异；而酚氨比为 20～35 的红茶品质最好，酚氨比为 10～20 品质尚可。因此，可以把酚氨比 20～35 作为红茶品种的最优指标，酚氨比 10～20 作为红绿兼用品种的最优指标。然而，茶叶的滋味品质是各种风味物质（如茶多酚、咖啡碱、氨基酸、可溶性糖、可溶性果胶）相互协调和配合的综合体现，各种物质融于茶汤的多少和存在的形式不同，会使滋味发生不同的变化，因此也不能单靠酚氨比来说明茶叶品质的优劣。

6.1.3　生物碱与茶叶品质的关系

生物碱是指一类来源于生物界的含氮有机化合物，大多数具有复杂的环状结构和特殊的生理作用。在茶树体内，生物碱主要以嘌呤形式出现，分为咖啡碱、可可碱和茶叶碱等。茶叶中生物碱的主体是咖啡碱，是一类与茶叶品质关系密切的物质。咖啡碱在茶树芽叶中与某些酚类物质结合生成酸性咖啡碱复合物，也可与有机酸类结合生成有机酸咖啡碱盐。这些物质，除了少部分在制茶过程中经酶和热力的作用被分解外，大部分在茶汤中分离成各种风味物质。它们可以与酚类及其氧化产物结合，阻止酚类与蛋白质结合，抑制蛋白质凝固，因而有利于茶汤滋味的形成（阮宇成，1997）。

咖啡碱虽然是一种苦味物质，但它的络合物却是一种鲜爽物质。咖啡碱可与茶多酚、氨基酸等形成络合物，具有改善茶汤滋味的作用。由此可见，咖啡碱对绿茶品质的形成是双面的，既有积极作用，也有消极影响。研究结果表明，咖啡碱含量与绿茶品质评分之间为二次曲线关系，品质逆转阈值为3.8%～4.5%。当小于这一区间时，咖啡碱与茶多酚、氨基酸等形成的络合物起着主导作用，随着其含量的增加，绿茶品质也随之上升；但当超过这一区间后，随着其含量的继续增加，非络合态的咖啡碱也逐渐增多，苦味显露，茶叶品质也随之下降。

咖啡碱与红茶品质特征之一的"冷后浑"具有密切的联系，它在红茶茶汤中，能与茶黄素及茶红素缔合，形成较大分子物质，这种物质的形成，可使茶汤鲜爽度加强，而且也降低了咖啡碱本身给茶汤带来的苦味，从而具有提高茶汤鲜爽度的作用。温度降低时，这种物质能成为乳状沉淀，成茶中的咖啡碱含量与红茶品质呈正相关，而且它在制茶过程中的变化不显著。因此，鲜叶中咖啡碱的含量必然也与红茶品质存在一定的关系（刘婷婷和齐桂年，2015）。鲜叶中的咖啡碱含量与红茶品质呈现渐近曲线的关系，当咖啡碱含量在4.5%以下时，随着其含量的增加，品质提高的速度较快，此后品质提高的速度变慢。另有研究表明，咖啡碱含量与EGC、ECG、EC和儿茶素（C）含量分别具有较高相关性，咖啡碱含量可以作为第一主成分因子，较好地反映茶树品种鲜叶形成茶黄素类，以及红碎茶品质的潜力（梁月荣和刘祖生，1994；Kerio et al., 2012）。然而，也有的研究结果显示鲜叶中咖啡碱含量同红茶品质的好坏之间未发现统计学上的相关性。

在乌龙茶中，岩茶与铁观音茶所含化学成分也不相同，咖啡碱等含量均以岩茶高于铁观音茶，故岩韵体现浓重之感；铁观音茶游离氨基酸含量高于岩茶，故音韵体现醇爽而悠长，由此可知，乌龙茶滋味要达到浓厚爽口需要一定含量的咖啡碱存在。总体来说，乌龙茶中的咖啡碱含量与香气、滋味、汤色和叶底的综合评分均呈显著负相关。为保证乌龙茶的品质，在采摘时也要注意乌龙茶的采摘标准，确保适宜的成熟度，不可采摘过于老的原料。采摘偏老原料，鲜叶中的咖啡碱、氨基酸等含量会较低，乌龙茶的品质较差；采摘偏嫩原料，鲜叶中咖啡碱、多酚类等含量偏高，会使茶的苦味加重（李家光，1986；张天福，1994）。

白茶的咖啡碱总量为4.62%～6.51%，显著高于其他5种茶，是形成白茶滋味鲜爽特征的重要原因之一。各品种白茶间的咖啡碱含量差异显著，其中浙江省不同茶树品种中，春雨 2 号生物碱总量（以茶汤计，486.19 μg/mL）与福鼎大毫茶中的生物碱总量（以茶汤计，472.25 μg/mL）最高。来自四川省的 7 个不同茶树品种的生化分析结果表明，福云 4 号咖啡碱总量（5.53%）最高，政和大白茶与福安大白茶分别为4.82%和4.68%，均显著高于福鼎大白茶（3.13%）及其他品种。

此外，白茶的咖啡碱含量随原料的嫩度降低而减少，且不同等级白茶的主要化学成分中咖啡碱含量随白茶等级的降低而有下降的趋势（李明月，2015）。

研究表明，不同品种鲜叶中咖啡碱含量与黑茶感官审评得分相关，尤其是夏、秋季鲜叶中的咖啡碱含量与感官审评得分呈显著正相关，可作为黑茶适制品种筛选的主要参考指标之一（顾谦 等，2002）。

6.1.4　糖类与茶叶品质的关系

糖类是植物光合作用的初级产物。糖类物质在茶鲜叶及成品茶中主要有 3 种存在形态。第 1 种是游离态，是可溶性的，如葡萄糖、蔗糖；第 2 种是结合态的，必须经过某些水解酶作用，可水解为可溶性糖，如黄酮醇类和花青素结合葡萄糖和鼠李糖（Ishida et al., 2009）；第 3 种是不溶性糖，如纤维素、淀粉、木素、不溶性果胶等。可溶性及结合态糖是茶汤滋味和香气的来源之一，它们是茶汤甜味的主要成分，对茶的苦味和涩味有一定的掩盖和协调作用，这部分糖含量越高，茶叶滋味越甘醇而不苦涩。可溶性糖物质在茶叶加工过程中还能转变为香气物质，对茶叶品质形成起到重要作用。不溶性糖在茶叶中主要是构成细胞壁物质，起到支撑茶叶叶片形状的作用，它们的含量多少决定了茶叶的老嫩程度，嫩叶中不溶性糖含量低于老叶，不溶性糖含量过高将会对茶叶成型及其内质带来不良影响。

可溶性糖是一种甜味物质，其含量与绿茶的香气品质也有着密切关系，理论上应该对绿茶总体品质有积极作用，但从研究结果来看，鲜叶中可溶性糖的含量却往往与绿茶感官审评得分呈线性负相关，之所以会出现这种负相关，推测可能是由于可溶性糖含量与氨基酸含量之间存在着极显著的负相关关系，且还原糖总量高又是茶叶老化的标志，所以，随绿茶品质的下降，还原糖总量是增加的。粗纤维的主要成分 α-粗纤维被认为是决定茶叶老嫩度的重要指标，不溶性糖中的粗纤维含量与绿茶品质呈显著负相关，相关系数高达-0.998。

相比绿茶品质与可溶性糖含量的显著线性关系，红茶品质与可溶性糖含量并未呈现出明显的关系。研究报道的结论也不尽一致，研究表明，可溶性糖含量与红茶感官品质的影响在品种间不一样，有正效应，也有负效应（林馥茗和孙威江，2012）。

适制乌龙茶品种的鲜叶中，除多酚类、氨基酸、生物碱外，总糖量同样显著影响乌龙茶风味品质。总糖类在较为成熟的鲜叶中含量丰富，能起到增进滋味浓醇、耐泡及香气浓郁持久的重要作用。研究表明，同一品种不同级别乌龙茶的水溶性糖含量呈现出随级别下降而减少的分布趋势。因此，适制乌龙茶的鲜叶中总糖量应较为丰富，方可形成香高味浓、饮后回甘的良好风味品质（林心炯 等，1991）。

白茶（白毫银针、白牡丹）原料幼嫩，本身含糖量不高，但在制作过程中，由于酶促作用，淀粉水解转化成双糖，并进一步转化为单糖，糖苷类物质的酶促水解也生成糖，这些都是白茶中糖的来源。这些糖于萎凋前期作为呼吸基质而消耗，在后期则参与香气的形成而减少。只有当糖的增加大于消耗时才有所累积，它对白茶的清醇微甜滋味起着重要的作用（顾谦 等，2002）。

黑茶甜醇滋味特征的形成与鲜叶原料中高含量糖类密不可分。除水溶果胶外，成熟叶中几乎所有糖类含量均比幼嫩芽叶高，这是幼嫩芽叶所不能替代的。因此，高含糖量是黑茶鲜叶原料的重要生化特性，但含糖量高的成熟鲜叶，由于叶、梗木质化程度高，纤维素和半纤维素含量多，也会影响黑茶优良品质的形成，在加工过程中应采用高温焖杀，使叶片软化，同时要趁热揉捻，有利于叶片卷折成条，增加细胞破碎率（顾谦 等，2002）。

6.1.5 芳香物质与茶叶品质的关系

鲜叶中的芳香物质是形成茶叶香气的物质基础，由于茶树品种不同，其鲜叶中的芳香物质含量及组成也不同，即使采用相同的加工方法，所制得的成品茶中香气物质的种类、浓度及比例也差异显著，从而导致其香气品质具有巨大差异，因此，不同茶树品种具有各自的适制性（黄旦益 等，2016）。尤其是决定茶叶香气的单萜烯醇类化合物受茶树品种的影响很大，为此，1981 年日本学者竹尾忠一提出“萜烯指数”的概念，表达式为

$$\text{萜烯指数（terpene index，TI）}=\frac{\text{芳樟醇}+\text{芳樟醇氧化物}}{\text{香叶醇}+\text{芳樟醇}+\text{芳樟醇氧化物}}$$

该指数可以作为茶树品种的化学分类指标，不受加工工艺、施肥状况及产地的影响，在统一采摘标准条件下，具有品系内相对稳定和品种间有差异的特点，可用于茶树品种适制性、种质资源的传播途径和茶叶香气特征等方面的研究（竹尾忠一，1985）。研究表明，茶树鲜叶中，萜烯指数高则香气馥郁宜人，反之则香气高锐，如印度阿萨姆茶树品种萜烯指数接近 1，而中国茶树品种萜烯指数接近零（叶乃兴，2010）。

萜烯类化合物中的挥发性单萜（C10）与倍半萜（C15）是茶叶香气的重要成分，在鲜叶中大量存在。在春季茶鲜叶中，萜烯类化合物占挥发油（也称精油）的 51.26%。单萜及倍半萜大都带有浓郁的甜香、花香和木香，是各类茶的重要香气成分，对红茶、乌龙茶特有香气品质的形成尤为重要。单萜中的香叶醇（玫瑰花香）、芳樟醇（铃兰香、木香），以及倍半萜中的橙花叔醇（花木香）等花香物质，在很大程度上决定了茶叶的香气品质。其中芳樟醇及其 4 种氧化物（Ⅰ、Ⅱ、Ⅲ和Ⅳ）的含量约占茶鲜叶挥发油总量的 17%，是茶叶香气的重要组分。类胡萝卜素裂解后形成的紫罗兰酮，具有甜而浓重的花香，对茶叶香气品质也有重要影

响（张正竹 等，2000；王力 等，2010）。

对 31 个适制绿茶与红绿茶兼宜品种的茶树鲜叶中挥发性成分进行分析的结果表明，芳香物质以脂肪酸类和醛类化合物为主要类别。适制绿茶品种中醇类物质相对含量较红绿茶兼宜品种高，红绿茶兼宜品种中脂肪酸类相对含量较适制绿茶品种高，脂类物质相对含量的差异更明显。棕榈酸、植醇、α-甲基-α-[4-甲基-3-戊烯基]环氧乙烷基甲醇、芳樟醇、香叶醇、已醛、亚油酸、(*E*)-2-已烯醛、β-紫罗酮相对含量较其他芳香物质高，是各品种香气组分的基础（贺群 等，2017）。

由于生长环境、品种自身属性等因素，不同茶树品种间挥发性香气化合物有很大的差异。例如，对于日本绿茶品种来说，狭山香 Sayamakaori 比薮北 Yabukita 含有较多的橙花叔醇、顺式-茉莉酮和吲哚，但是其芳樟醇含量却更少。用阿萨姆变种和它的后代（如“Shizu-Inzatsu 131”“Sofu”“富士香 Fujikaori”等）的茶树鲜叶加工日本绿茶的时候会产生一种独特的挥发性化合物——邻氨基苯甲酸甲酯。用阿萨姆变种茶树鲜叶加工的红茶比用阿萨姆变种与中国变种的杂交品种制成的红茶具有比例更高的芳樟醇及其氧化物和水杨酸甲酯，但在香叶醇和 2-苯基乙醇的比例上却更低。

此外，也有研究表明，茶鲜叶中手性挥发性成分的对映异构体比例（enantiomeric ratio，ER）值与品种的适制性有着密切联系（Kobayashi and Kubota，1994），采用顶空固相微萃取（headspace solid-phase microextraction，HS-SPME）结合手性气相色谱-质谱联用（gas chromatography-mass spectrometer，GC-MS）技术，分析了来自中国 5 个主要产茶省的 21 个不同品种的茶鲜叶（表 6-1），查明了各茶树品种中手性挥发性萜类化合物的对映异构体分布情况（Mu et al., 2018）。实验结果表明，大部分挥发性成分的 1～2 个对映异构体可在不同品种的茶鲜叶中被检测到，但其 ER 值在不同产地及不同适制品种间存在显著性差异。不同茶树品种中挥发性萜类化合物的 ER 值分布如图 6-1 所示，柠檬烯的两个对映异构体在所有品种中都能检测到，ER 值为（11:89）～（55:45）[图 6-1（a）]，其中 *R*-柠檬烯是大多数品种的主要构型，尤其是福建省的一些品种，如肉桂、政和大白等。芳樟醇氧化物 B 的 ER 值为（24:76）～（72:28），其中（2*S*,5*R*）-芳樟醇氧化物 B 是大部分品种的主导构型。相反的，（2*R*,5*S*）-芳樟醇氧化物 B 仅在适制乌龙茶的茶树品种鸿雁 12 号、肉桂、金观音及八仙单枞中被检测到[图 6-1（b）]。在 21 个茶树品种中，*S*-芳樟醇是大多数茶树品种中的主导构型，尤其是适制绿茶和白茶的福鼎大白、龙井 43、福鼎大毫和福安大白等（高达 99%），且以上品种均为绿茶适制品种；值得注意的是，云抗 10 号，英红 1 号和英红 9 号中 *R*-芳樟醇比例明显较高（高达 89%），它们均为大叶种并且适制红茶［图 6-1（c）］。除福云 6 号、中茶 108 和中茶 302 品种外，大部分茶树品种鲜叶中都可以检测到 α-松油醇，且大多数品种中 *R*-α-松油醇的含量都达到 99%以上；而 *S*-α-松油醇被发现是一些适制红茶的大叶品种的主要构型，包括云抗 10 号和英红 9 号［图 6-1（d）］。福建省和广东省的大部分品种中两种 α-紫罗兰酮的 ER 值几乎相等；除此之外，浙江省的茶树品种与福云 6 号、祁门槠叶种、云抗 10 号等品种均只存在单一的 *R* 构型，上述品种均为绿茶或红茶适制品种［图 6-1（e）］。在大多数茶树品种中，*E*-橙花叔醇仅存在单一的 *S* 构型，其具有甜味和花香的特征，可能是乌龙茶花香的来源之一；而 *R*-*E*-橙花叔醇在一些品种中也可以检测到具有较高的比例，如英红 1 号、英红 9 号、福云 6 号、福鼎大毫及祁门槠叶种等红茶适制品种。值得注意的是，在英红 1 号中只存在微量的 *S*-*E*-橙花叔醇，这与其他品种呈现相反的分布［图 6-1（f）］。

表 6-1　21 个茶树品种的产地及适制茶类

序号	产地	品种	适制茶类
1	安徽省	祁门槠叶种（KMZYZ）	红绿兼制
2	浙江省	龙井群体种（LJS）	红绿兼制
3	浙江省	中茶 108（ZC 108）	绿茶
4	浙江省	中茶 302（ZC 302）	绿茶
5	浙江省	龙井 43（LJ 43）	绿茶
6	福建省	福云 6 号（FY 6）	红绿兼制
7	福建省	黄旦（HD）	乌龙茶
8	福建省	水仙（SX）	乌龙茶
9	福建省	铁观音（TGY）	乌龙茶
10	福建省	福安大白（FADB）	白茶、绿茶、红茶
11	福建省	福鼎大白（FDDB）	白茶、绿茶、红茶
12	福建省	福鼎大毫（FDDH）	白茶、绿茶、红茶
13	福建省	政和大白（ZHDB）	白茶、绿茶、红茶
14	福建省	肉桂（RG）	乌龙茶
15	福建省	金观音（JGY）	乌龙茶
16	广东省	英红 1 号（YH 1）	红茶
17	广东省	英红 9 号（YH 9）	红茶
18	广东省	鸿雁 12 号（HY 12）	红茶、乌龙茶
19	广东省	八仙单枞（BXDC）	乌龙茶
20	广东省	岭头单枞（LTDC）	乌龙茶
21	云南省	云抗 10 号（YK 10）	红茶

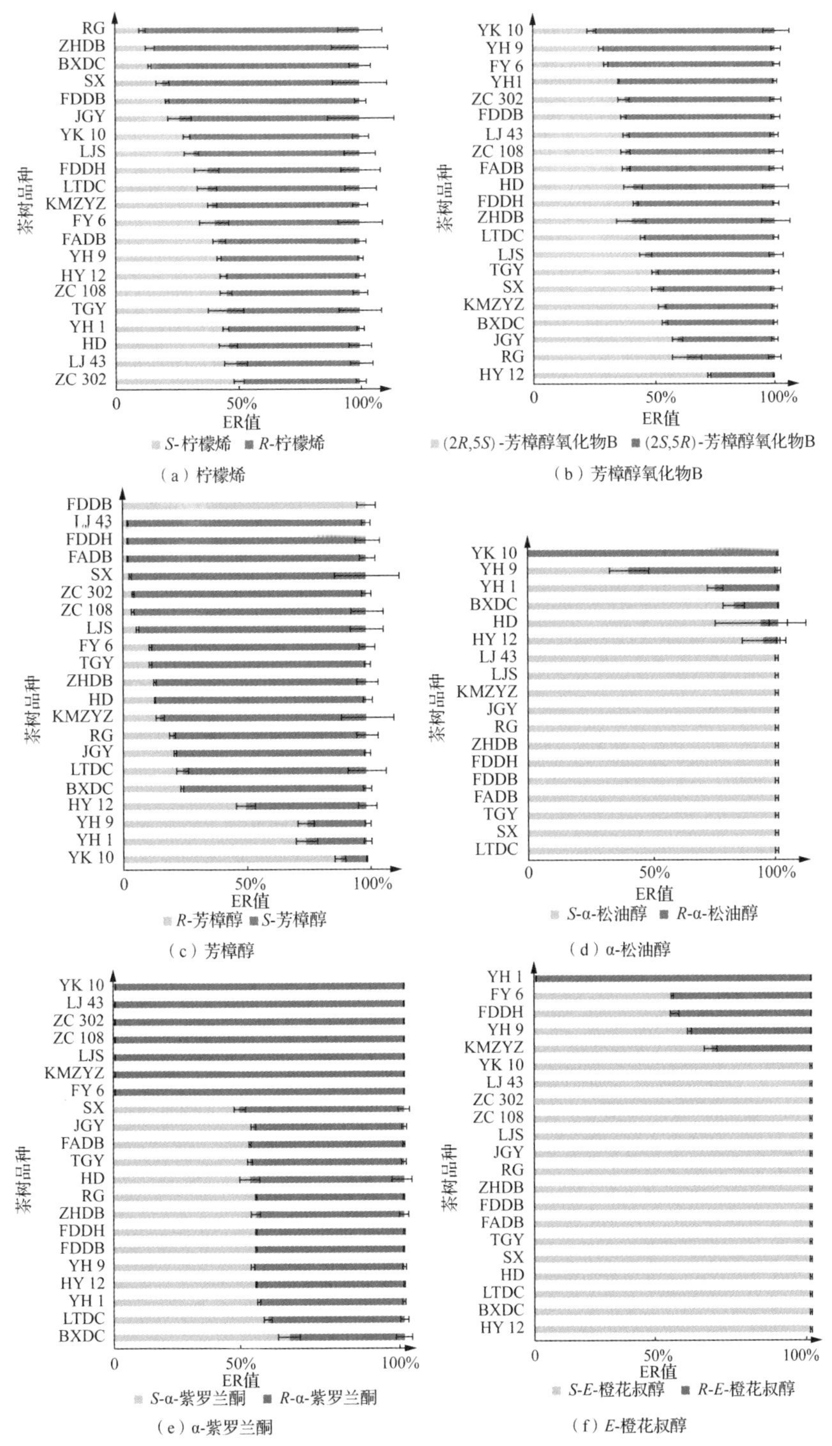

图6-1　不同茶树品种中挥发性萜类化合物的ER值分布

从上述分析结果可知，不同茶树品种间挥发性成分的对映异构体分布差异极大，进一步对挥发性萜类化合物的 ER 值与 21 个代表性茶树品种鲜叶间的相关性分析结果表明，英红 9 号与云抗 10 号的相关系数在 0.8 以上（$P<0.05$），两者的共同特点是均为大叶种且为红茶适制品种。鸿雁 12 号、八仙单枞及岭头单枞与多个品种间呈现极显著的相关性（$P<0.01$），其中大部分为乌龙茶适制品种（如福建水仙、铁观音、肉桂等），说明适制乌龙茶的茶树品种在挥发性成分的对映异构体分布上具有一定的相似性。白茶适制品种中，福鼎大白及福安大白间的相关系数为 0.999 8，说明这两个品种具有极为显著的相关性，而其他白茶品种也呈现明显的两两相关的现象。祁门槠叶种与多个绿茶适制品种（如龙井 43、龙井群体种及中茶 108 等）的相关系数在 0.90 以上，呈现极显著的相关性（$P<0.01$）。浙江省的龙井系列品种的相关系数也在 0.90 以上，其中中茶 108 与龙井 43 的相关系数为 0.999 8，呈现极显著的相关性，这可能与中茶 108 的母本为龙井 43 有关。因此，挥发性萜类化合物的对映异构体分布特征在茶树品种适制性判别上具有较好的应用潜力。

目前从茶树鲜叶中已经检出近百种芳香化合物，但其含量很少，仅占鲜叶干物质的 0.02%～0.05%。茶鲜叶中的主要芳香化合物及其相对含量如表 6-2 所示。

表 6-2　茶鲜叶中的主要芳香化合物及其相对含量

编号	化合物名称	化学结构式	最初发表年代	相对含量参考范围/%
1	1-戊烯 3-醇	OH	1966	0.6～5.2（乌龙茶品种）
2	顺-2-戊烯 1-醇	HO	1965	0.8～3.0（乌龙茶品种）
3	顺-3-己烯-1-醇	OH	1966	0.4～4.3（乌龙茶品种）
4	己醇	HO	1935	0.7～13（乌龙茶品种）
5	苯甲醇	OH	1935	1.7～9.3（乌龙茶品种）
6	α-苯乙醇	OH	1935	0.8～12.3（乌龙茶品种）
7	芳樟醇	HO	1936	2.0～4.9（乌龙茶品种）
8	香叶醇	HO	1936	1.4～19.9（乌龙茶品种）
9	顺呋喃型芳樟醇氧化物	HO O	1964	1.3～9.0（乌龙茶品种）

续表

编号	化合物名称	化学结构式	最初发表年代	相对含量参考范围/%
10	反呋喃型芳樟醇氧化物	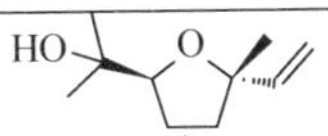	1964	0.9～7.6（乌龙茶品种）
11	顺吡喃型芳樟醇氧化物	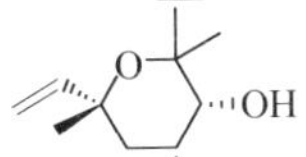	1966	0.9～13.0（乌龙茶品种）
12	反吡喃型芳樟醇氧化物	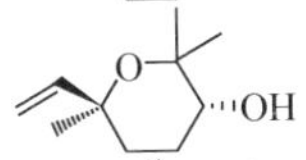	1964	0.3～2.0（乌龙茶品种）
13	反-2-己烯醛（青叶醛）	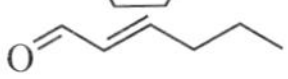	1934	0.6～3.5（乌龙茶品种）
14	苯甲醛	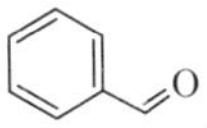	1935	1.2～4.5（乌龙茶品种）
15	反-3,5-辛二烯-2-酮	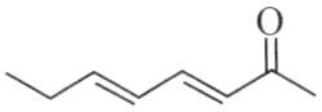	1967	0.2～1.2（乌龙茶品种）
16	顺茉莉酮	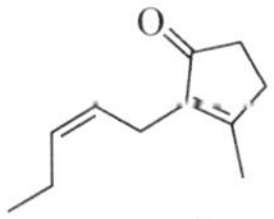	1965	0.9～3.9（乌龙茶品种）
17	己酸	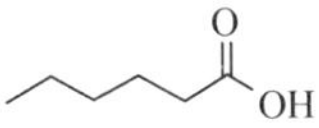	1934	0.09～1.1（乌龙茶品种）
18	吲哚	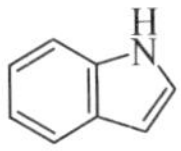	1957	0.0～4.2（乌龙茶品种）
19	正戊醇		1985	0.7～13（乌龙茶品种）
20	（反,反）-2,4-庚二烯醛	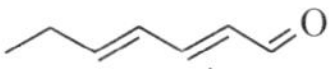	1985	0.5～3.8（乌龙茶品种）
21	α-萜品醇	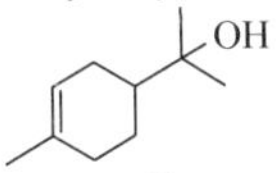	1985	痕量～2.2（乌龙茶品种）
22	水杨酸甲酯	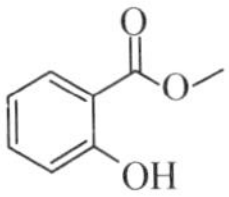	1985	0.4～2.8（乌龙茶种）
23	橙花叔醇	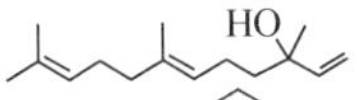	1985	0～3.5（乌龙茶品种）
24	茉莉内酯	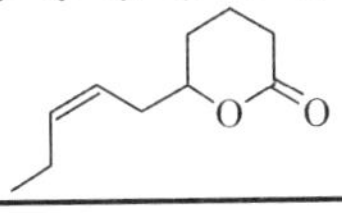	1985	0～3.1（乌龙茶品种）

茶鲜叶的芳香物质中低沸点（<200℃）成分占据了很大的比例，如具有强烈青草气的青叶醇（沸点 156～157℃）含量占鲜叶芳香物质含量的 60%，在制茶过程中绝大部分挥发或转化，在成品茶中含量低微；而一些高沸点（>200℃）的、具有良好香气的芳香物质在制茶过程中被保留或增加，从而参与了茶叶香气品质的形成。如具有苹果香的苯甲醇、具有玫瑰花香的苯乙醇、具有馥郁花香的芳樟醇，这些芳香物质对成品茶香气品质起着至关重要的作用（宛晓春，2006）。

茶鲜叶芳香物质的种类相对较少，茶叶香气形成主要还在于制茶过程。如绿茶在加工过程中经高温杀青钝化酶的活性，使鲜叶原料化学成分在热作用下变化，以及干燥过程的美拉德反应，形成吡嗪、噻唑等具烘炒香、咖啡香、坚果香的杂环类化合物（表 6-3）。红茶香气多来自发酵中酶促氧化及其他一系列化学变化，以醛、酮、酸等化合物为主，从而形成红茶特有的甜花香（Yang et al., 2013；Ho et al., 2015）。

表 6-3　茶叶中的挥发性杂环化合物

化合物	化学结构	香气特征	代表性化合物
呋喃		甜香、辛辣、肉桂香	呋喃甲醇、2-乙酰基呋喃、2-戊基呋喃、2-乙基呋喃
吡咯	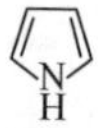	甜醚香、微烟	2-甲酰吡咯、2-乙酰吡咯、1-乙基-2-甲酰吡咯、吲哚
噻吩		硫味	噻吩
噁唑		稀释后有甜香	恶唑
噻唑		烘炒香、咖啡香	苯并噻唑、2,5-二甲基噻唑
吡啶		酸腐味、胺味	吡啶、2-甲基吡啶
吡嗪		烘烤香、坚果香	吡嗪、2-甲基吡嗪、2,5-二甲基吡嗪、2-乙基-3,5-二甲基吡嗪

总体来说，鲜叶中的芳香物质对茶叶品质的影响十分显著，对茶叶不同香型的形成起到直接作用。然而，在适制性判别方面，茶叶香气物质繁多复杂且含量普遍较低，所以对茶树的适制性影响不如茶多酚、氨基酸等非挥发性（滋味）物质那么明显，但茶鲜叶中的某些化合物的特定分布（如前文所述的手性挥发性成分的对映异构体分布）可能作为茶叶加工适制性的判定指标之一，这有待于在今后的研究中进一步验证。

6.2　光照、温度与茶叶加工品质

茶树体内的物质代谢与茶树所处的环境因素息息相关，代谢产物（如糖类、氨基酸、多酚类、生物碱类等）之间的动态变化与平衡不断地随着光照、温度等因素发生变化与调整，最终影响了茶树叶片中成分的积累与茶叶的加工品质。

6.2.1　光照、温度与鲜叶生化成分

茶树是一种喜温的常绿植物，在年生长周期中受日照长短、强度、光质等光照因素影响，茶树叶片中的叶绿素、类胡萝卜素和花青素等色素类物质的含量不断发生变化，表现出叶片色泽随季节而发生变化。不同的色素吸收光谱不同，茶树叶片对可见光中的红橙光吸收最多，其次是蓝紫光。在茶叶生产上，选择和控

制合适的光照长短、强度、光质等因素（如采取茶树遮阴等方法），有利于提高茶叶的品质。茶树对光的利用率不高，在达到光饱和点以前，光合强度与光照强度呈正相关，茶树在荫蔽的条件下发芽数少，分枝稀疏，产量低。但光照过强，超过光饱和点，则茶芽生长瘦小，产量也不高。在夏、秋季节时，茶树达到光饱和点时的光照强度只有自然光的 20%～50%，此时的强光、高温、低湿条件对茶芽生长不利，使茶叶品质下降。

温度是植物体内进行生化反应的必需条件，茶树对生长温度有一定的要求，其生长速度在 0～35℃基本符合范托夫定律，即温度每提高 10℃，生长速度就增加 1 倍，温度过高或过低均不利于茶树生长（宛晓春，2006）。

1. 光照、温度对茶树多酚代谢的影响

茶叶中的有机物可大致分为两大类：一类为含氮化合物（如氨基酸、蛋白质、咖啡碱等）；一类为不含氮化合物，统称为碳水化合物及其代谢产物（如多酚类物质、淀粉、纤维素等）。茶鲜叶中含碳水化合物及其代谢产物约为 11%，含氮化合物约为 5%，因此茶树的碳氮比（C/N）为 2～3。

多酚类物质，尤其是儿茶素类物质，是茶叶的主要成分，也是茶树碳代谢的主要参与者。光照在黄烷十五碳类化合物的生物合成和累积过程中起着双重作用。一是光照为次级代谢的进行提供必要的先质（如糖）；二是光照对温度效应起调控作用，直接影响茶树体内生物酶的活性，特别是对酯型儿茶素生物合成重要酶系的活性影响显著。光照有利于茶树体内苯丙氨酸氨裂合酶活性的提高，从而有利于儿茶素的合成；遮光能加速儿茶素的降解，影响儿茶素在茶树体内的累积。因此，光照对儿茶素（尤其是酯型儿茶素）在茶树体内的合成与代谢均具有明显的影响，直接影响儿茶素的总量和儿茶素的组成比例（Wang et al., 2012）。当光照强度较大和光照时间较长时，茶鲜叶中的儿茶素含量显著增加，其中酯型儿茶素的增加尤为明显（表 6-4）。此外，日照时间和温度等因素还可能影响茶树叶片内的叶绿素含量，进一步引起各儿茶素单体含量的改变（Wei et al., 2011a，2011b）。

表 6-4　光照的季节变化对茶树一芽三叶中儿茶素相对含量的影响　（单位：%）

光照情况	简单儿茶素		酯型儿茶素		总量
	儿茶素（C）	没食子儿茶素（GC）	表儿茶素没食子酸酯（ECG）	表没食子儿茶素没食子酸酯（EGCG）	
春季光照	0.97	2.01	3.73	6.72	13.43
夏季光照	0.95	2.74	2.59	8.38	14.66
秋季光照	1.20	3.76	3.43	7.13	15.52

温度对多酚类物质含量同样具有显著影响。研究表明，温度较高时有利于茶树叶片中多酚类物质的积累，例如，环境温度为 20℃时，茶树叶片内多酚类物质

含量为 7%，22℃时多酚类物质含量为 9.6%，随温度升高多酚类物质含量显著提高。此外，还发现随着日平均温度升高，茶树叶片中的表没食子儿茶素、表儿茶素、表儿茶素没食子酸酯、表没食子儿茶素没食子酸酯含量逐渐升高，而儿茶素含量逐渐降低（Wang et al., 2011a，2011b）。

2. 光照、温度对茶树氨基酸与蛋白质代谢的影响

在自然光照下，光照强度、日照量和光谱成分的差异，均可引起茶树体内化学成分组成的差别。一般情况下，光照强度高和日照量大，有利于碳素代谢，且可不同程度地抑制含氮化合物的合成，红橙光有利于二氧化碳的同化和糖类物质的合成，而蓝紫光能促进蛋白质的合成。光照对氨基酸的合成代谢也具有显著的影响，尤其对茶氨酸的影响最为明显（表 6-5）（宛晓春，2006）。茶氨酸是茶树根部生物合成的产物，随着地上部分生长，茶氨酸输送到正在生长的叶片组织，为正在进行的细胞分裂提供氮素营养。在弱光下，茶氨酸合成的前体物质——谷氨酸大量积累，酶促作用加速茶氨酸的合成；在强光下，一定浓度的茶氨酸易受光分解，其碳骨架积极参与多酚类物质或其他相关物质的合成与代谢，有利于含碳化合物的累积。除茶氨酸之外，其他氨基酸也表现出类似趋势。研究表明一定程度地降低光照强度和日照量，如采用遮光处理，可显著提高茶叶中各种氨基酸含量。此外，不同光质对茶树氨基酸的含量和组成也具有较大影响（表 6-6）（宛晓春，2006）。

表 6-5 光照对茶树一芽三叶中氨基酸绝对含量的影响 （单位：μg/g）

光照情况	季节	赖氨酸	组氨酸	精氨酸	天冬氨酸	苏氨酸	丝氨酸	茶氨酸	谷氨酸	丙氨酸	甘氨酸	缬氨酸	总量
自然光区 1	春茶	58	54	1 230	1 518	354	1 542	11 406	2 464	142	186	204	19 158
遮光处理 1		124	124	4 632	2 518	500	2 252	19 564	2 774	62	340	382	33 272
自然光区 2		88	84	2 282	1 746	356	1 926	19 108	2 414	56	272	242	28 574
遮光处理 2		148	158	3 458	2 560	498	2 050	21 658	2 884	54	376	458	34 302
自然光区 1	秋茶	78	88	356	834	112	618	3 100	1 230	30	134	168	6 748
遮光处理 1		74	74	618	1 308	210	796	4 850	1 526	38	262	304	10 060
自然光区 2		62	36	198	812	108	502	2 640	1 100	26	142	160	5 786
遮光处理 2		58	58	418	1 180	1 720	686	4 050	1 308	32	226	232	9 968

表 6-6　不同光质对茶树一芽三叶中氨基酸含量的影响　（单位：μg/g）

覆盖色所供光源	白色自然光	黄色除去紫外光	紫色除去黄绿光	蓝色除去橙红光
精氨酸	4.25	20.06	—	17.24
天冬氨酸	60.31	89.61	60.04	76.20
丝氨酸	27.04	43.92	23.03	35.32
茶氨酸	313.20	460.21	223.36	341.80
谷氨酸	97.10	146.31	98.65	123.90
其他氨基酸	44.04	73.68	39.98	55.26
总量	545.94	833.79	445.06	649.72

温度对氨基酸，尤其是茶氨酸的含量同样具有重要影响。研究发现，亚高温（sub high temperature，SHT）（35℃）会引起茶树叶片内茶氨酸含量下降，如对茶苗在 35℃条件下处理 5 d，发现叶片内的茶氨酸含量相比于初始值在 1 d、2 d、3 d、4 d、5 d 时分别下降 8.40%、19.52%、23.52%、31.54%、29.99%（图 6-2）（Li et al., 2018）。

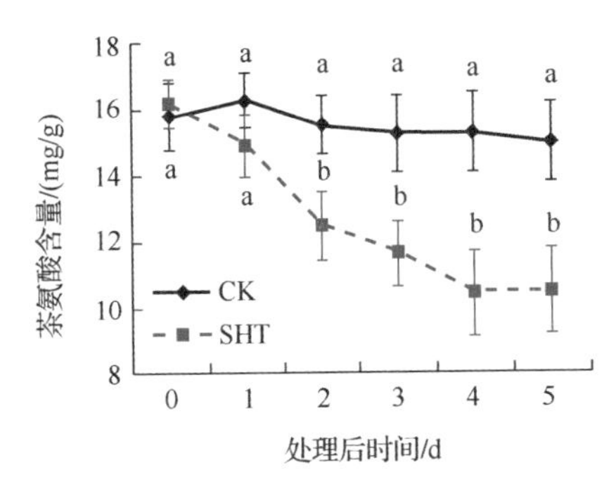

图 6-2　亚高温处理对茶树叶片内茶氨酸含量的影响

3. 光照、温度对茶树糖代谢的影响

一般情况下，茶树受太阳光的照射越强，碳素同化量越高；水肥条件供应充分时，茶树的碳素同化量随日照量增加而增加。在茶树生长适温范围内，温度升高可提高茶树体内酶系的催化效果，提高有机物运输速率，增加呼吸作用强度，从而提高机体的同化强度，促进生长（表 6-7）。茶树的糖代谢进行得最旺盛、累积干物质量最多的时间是在高温的 7～8 月，这时也正是光合作用强度达到最高峰的季节。

表 6-7　温度对茶树一芽二、三叶中含糖量的影响

项目	3 月 30 日～5 月 8 日	6 月 7 日～6 月 20 日
平均气温/℃	18.95	23.70
测定日期	4 月 3 日	6 月 15 日
单糖/%	0.33	0.96

续表

项目	3月30日～5月8日	6月7日～6月20日
双糖/%	2.09	1.52
淀粉/%	5.17	7.09
总糖量/%	7.59	9.57

此外，研究表明茶树体内碳素同化量高时，除了表现为体内的糖合成增加之外，也会表现为高浓度多酚类化合物的累积。这是因为糖代谢是其他物质代谢的基础，糖的累积为呼吸作用提供了足够的基质，也为次级代谢产物多酚类物质的形成提供大量的先质。

4. 光照、温度对茶树芳香物质代谢的影响

光照是茶叶香气形成的诱导因子之一。之前已有学者在矮牵牛、草莓和罗勒等植物中发现并验证了光照波长可以调控挥发性成分的产生。研究发现，用蓝光（470 nm）和红光（660 nm）照射茶树鲜叶 14 d，发现蓝光和红光均能显著增加大多数内源性挥发物含量，包括挥发性脂肪酸衍生物（如正己醇、顺-3-己烯醇）、挥发性苯丙素类/苯环型物质（如苯甲醇和苯乙醇）和挥发性萜类成分（如芳樟醇、香叶醇）。此外，蓝光和红光能显著上调脂氧合酶（参与挥发性脂肪酸衍生物形成）、苯丙氨酸氨裂合酶（参与挥发性苯丙素类/苯环型物质的形成）和萜类合成酶（参与挥发性萜类形成）的表达水平，重塑茶叶香气，对创造多样性茶叶产品具有重要意义（俞少娟 等，2016）。

温度对茶鲜叶中的香气成分组成和含量水平也有显著影响。如在温度较低时，具有清香的戊烯醇、己烯醇形成较多。茶叶中的氨基酸含量对茶叶香气的形成也具有重要作用。在一定的温度范围内，温度较低时，有利于蛋白质、氨基酸等含氮化合物的合成；温度过高时，氨基酸分解速度加快，积累量减少，优质的香气成分降低。对不同季节的槠叶种和福鼎大白茶茶鲜叶的醇系香气成分进行分析，发现游离态和键合态醇类香气物质总量在两品种中都具有明显的季节性差异，游离态香气物质总量表现为春季>夏季>秋季，键合态香气物质总量表现为春季>秋季>夏季。从各单一成分来看，香叶醇及高沸点成分的季节性差异较为明显，而橙花醇的季节性变化不明显（方世辉 等，2002）。

5. 遮阴对茶树鲜叶生化成分的影响

夏、秋季茶园光照强、温度高，采取遮阴措施，有利于降低茶园温度，增加茶园湿度、土壤水分含量和新梢含水量，从而减轻高温对茶树光合同化作用的抑制和对叶片的灼伤，保障茶树安全越夏和正常生长。一般来说，遮阴后，茶树叶片变薄、节间变长、持嫩性增强、整齐度提高，叶绿素 a、b 含量增加，叶绿素

a/b 变小，叶色变深，叶片净光合速率、蒸腾速率提高。茶多酚及儿茶素含量降低、氨基酸含量增加，酚氨比降低，可溶性糖含量增加，精油总量和香气种类增加（表 6-8）（陆厚祥，1988；程明和田华，1998）。可见，遮阴是一项简单易行的农艺措施，有利于提高茶叶品质。在生产实践中，遮阴应根据茶园所处地理位置、立地条件、光照强度、品种耐阴性、树势、新梢发育情况等选择适宜的遮阴度和遮阴时间，以不显著影响茶树生长为宜。遮阴期间还须加强肥培管理，注意病虫害防治，及时采摘和清除杂草。

表 6-8　遮阴对夏茶主要化学成分含量的影响

茶叶品种	处理	茶多酚/%	儿茶素总量/（mg/g）	水溶性色素/（mg/g）	脂溶性色素/（mg/g）	氨基酸/%	咖啡碱/%
大红袍	遮阴	25.68	162.17	7.155 7	1.437	1.68	4.919
	对照	31.32	221.30	9.992 1	1.073	1.63	4.297
毛蟹	遮阴	22.74	189.60	7.593 2	1.273	1.50	4.639
	对照	23.10	205.71	8.863 8	0.995	1.45	4.143
梅占	遮阴	27.49	186.01	6.429 7	1.240	2.05	4.505
	对照	28.85	208.33	8.542 4	1.084	1.90	4.361
政和大白	遮阴	29.00	196.70	7.574 7	1.153	1.72	4.925
	对照	29.15	233.36	8.349 1	0.925	1.68	4.371

此外，不同颜色的薄膜覆盖对茶鲜叶生化成分也有明显影响。研究表明，用红、黄、蓝、黑、透明薄膜覆盖茶树，对茶鲜叶中花青素含量具有显著影响，黄色薄膜下花青素含量最高，无色透明薄膜次之，具体为黄色>透明>蓝色>红色>黑色。应用不同颜色的薄膜对茶树进行覆盖，起到了遮阴补光的效果，不仅能有效缓解光抑制现象，还能通过调节光质与光照强度，促进茶树生长发育，提升茶叶品质（张泽岑和王能彬，2022）。

6.2.2　光照、温度与绿茶加工品质

绿茶的品质特征为色泽翠绿，香气清高持久、纯正，汤色黄绿明亮，滋味鲜醇爽口。氨基酸和茶多酚（尤其是酯型儿茶素）是构成绿茶滋味品质的主要生化因子；形成绿茶香气的主导物质是芳香物质，对绿茶香气的形成起辅助作用的成分是具有一定滋味的糖类与氨基酸；与绿茶汤色密切相关的是黄酮类物质和叶绿素等成分。这些品质成分受光照和温度的影响较大，鲜叶的内含成分中，若蛋白质和氨基酸含量高、茶多酚含量适中，制得的绿茶品质优良。

光照对茶树的生长发育、产量及茶叶品质的影响都是显著的。光照分直射光和漫射光，漫射光多，不利于茶多酚形成，但有利于含氮化合物的形成，特别是有利于叶绿素、氨和芳香物质含量的提高，从而可以提高绿茶品质。光照强度影

响光合作用，从而影响有机物质（如氨基酸）的合成与积累。过弱与过强的光照对茶鲜叶中氨基酸的组成及总量的积累都不利，因而不利于绿茶品质的形成。在一定条件下，光合作用强度随光照强度的增加而上升；当达到光饱和点时，光照强度增加，不仅光合作用不再上升，反而会使茶树生长受抑制，绿茶品质降低。因此，夏季光照太强，不利于绿茶品质的提高，合理控制光照显得尤为重要。光照虽然不能人为地直接控制，但可以通过合理间作、种遮阴树、人工遮阴、运用修剪技术等措施间接地减弱茶园内的光照，更有利于形成茶叶的品质成分。此外，高山出好茶的一个重要原因就是光照的影响。高山一般多雾，可见光中的红黄光加强，导致茶叶中的氨基酸、叶绿素等成分增加；加上高山中光照时间短，光照强度降低，漫射光多，更有利于含氮化合物的形成，特别是叶绿素、氨基酸和其他含氮化合物含量的提高。

温度对绿茶品质的影响主要表现为茶叶内含成分的季节性变化，其中茶多酚与氨基酸的季节性变化最明显（Ghabru and Sud，2017）。夏季绿茶中茶多酚含量明显比春季绿茶高，因此夏茶滋味苦涩，口感不佳。夏季气温高，加上氮的供给小于春茶，致使夏季绿茶氨基酸含量下降，鲜味不佳，品质下降。春茶中黄酮类物质比夏、秋茶高，因而春茶具有明亮的良好汤色。温度影响茶叶品质的另一表现为日温差变化。日温差变化直接影响光合作用制造物质、呼吸作用消耗物质。一般来说，日温差大，光合产物积累多、消耗少，制作的绿茶品质好。温度对茶树体内物质代谢的影响不仅是对多酚类物质和氨基酸有影响，对其他物质的影响也相当明显。例如，戊烯醇、己烯醇在气温较低时形成较多，所以这些清香成分在春茶中的含量要高于夏茶，使春季绿茶比夏季绿茶具有更好的清鲜香气和醇爽滋味。

Dai 等（2015）采用代谢组学方法对 9 个茶树品种的春季（4 月，平均温度 16.9℃，光照时长 116.1 h）、夏季（7 月，平均温度 28. 2℃，光照时长 199.3 h）、秋季（9 月，平均温度 25.0℃，光照时长 115.3 h）绿茶的化学成分和滋味品质进行了系统研究，结果表明，不同生长季节光照和温度等方面的差异主要影响了茶叶的黄酮/黄酮醇生物合成，乙醛酸和二羧酸代谢，丙氨酸、天冬氨酸和谷氨酸代谢，苯丙氨酸、酪氨酸和色氨酸生物合成，苯丙烷类生物合成等代谢通路。对于主要的茶多酚类成分，相比于春茶，儿茶素单体含量在夏、秋茶中升高，聚酯型儿茶素和芹菜素-*C*-糖苷含量在春、夏、秋茶中逐步升高，原花青素和槲皮素-*O*-糖苷含量在夏茶中最高，而山柰酚-*O*-糖苷含量在夏茶中最低。对于绿茶滋味品质，相比于春茶，夏茶和秋茶的苦味和涩味均显著升高，其中夏茶最高，鲜味显著降低（采用滋味等效量化评价方法审评，图 6-3）（Liu et al., 2016）。

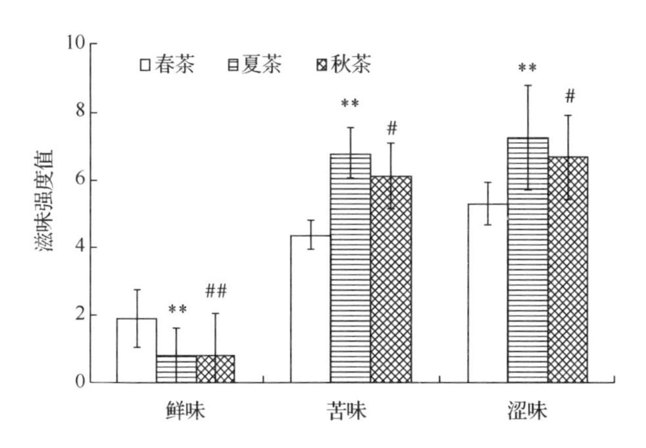

图 6-3　不同季节（春、夏、秋）对绿茶鲜味、苦味和涩味滋味强度的影响

注：*表示 P<0.05，**表示 P<0.01；#表示 P<0.05；##表示 P<0.01。

除了不同季节外，同一月份内不同时间制作的绿茶品质也具有较大差异。有研究比较了 4 月 1 日、4 月 15 日和 4 月 28 日采摘制作的绿茶品质，发现随着光照强度增加和温度升高，绿茶的内含成分和风味品质均逐渐发生变化，如嫩叶中茶氨酸含量在 4 月 1 日、4 月 15 日和 4 月 28 日时分别为 8.21 mg/g、5.94 mg/g 和 4.59 mg/g，含量显著降低（表 6-9）；绿茶的感官品质（如滋味、香气、外形、汤色、叶底国标法审评得分）也基本上随之逐渐降低（表 6-10）（Liu et al., 2016）。

表 6-9　春季不同时间采摘制作的绿茶中主要成分差异　　（单位：mg/g）

化合物	茶样采样日期		
	4 月 1 日	4 月 15 日	4 月 28 日
	嫩梢（一芽二叶）		
总氮含量	57.60±0.70a	52.20±0.20c	56.20±1.00b
总碳含量	478.00±1.00	478.00±2.00	480.00±3.00
茶氨酸	8.21±1.15a	5.94±0.69b	4.59±0.60b
谷氨酰胺	0.63±0.08a	0.29±0.07c	0.48±0.06b
谷氨酸	2.01±0.01a	1.21±0.01b	1.03±0.01c
天冬氨酸	2.28±0.52a	1.28±0.36c	1.76±0.64b
甘氨酸	0.08±0.04c	0.10±0.02b	0.13±0.04a
丙氨酸	0.47±0.22a	0.24±0.09b	0.16±0.09b
苏氨酸	0.17±0.02b	0.12±0.04c	0.29±0.03a
	成熟叶片		
总氮含量	31.90±1.50a	30.60±1.10a	27.10±0.30b
总碳含量	451.00±3.00	459.00±7.00	445.00±8.00

注：不同字母表示在组间具有显著性差异（P<0.05）。

表 6-10　春季不同时间采摘制作的绿茶感官品质差异

感官评价	不同茶样制作日期对应分值		
	4 月 1 日	4 月 15 日	4 月 28 日
外形	90.5±1.7a	89.1±1.9a	86.6±1.7b
汤色	91.3±1.5a	87.1±2.6b	87.4±2.2b
香气	89.9±2.2a	87.5±2.5ab	86.8±2.3b
滋味	89.5±1.6a	86.6±1.5b	85.2±1.2b
叶底	90.0±1.2a	88.0±0.9b	87.8±0.8b
总分	90.1±0.7a	87.7±0.8b	86.4±1.0b

注：不同字母表示在组间具有显著性差异（$P<0.05$）。

6.2.3　光照、温度与红茶、乌龙茶加工品质

红茶属于全发酵茶，在加工过程中利用酶促氧化作用，使茶叶中的多酚类物质等内含物氧化、聚合、缩合生成茶黄素、茶红素等有色物质，形成红茶红汤红叶、甜香味醇的品质特征。红茶品质与茶树的生长环境有着直接的联系。例如，世界最著名的三大高香红茶（中国祁门红茶、印度大吉岭红茶、斯里兰卡高地茶）具有相似的地理特征：①具有以泥盆系花岗岩、石英岩、变质岩为主体的母质发育成的良好土壤；②多雨雾；③都产于河谷两岸的湿地及近水侧的山坡上；④大部分优质茶的生产地母岩都有高钾、低钙、低锰及硅含量高的趋势；⑤干湿交替的气候；⑥海拔合适（吴国宏　等，2010；林馥茗和孙威江，2012）。

研究发现，因光照和温度差异，不同季节所采摘鲜叶（采自陕西省南郑区）制得的工夫红茶，其感官品质和主要生化成分均具有较大差异。春季工夫红茶感官品质最好（审评得分 92.0 分），秋季居中（审评得分 89.4 分），夏秋最次（审评得分 86.3 分）（付静，2017）；春季红茶的茶多酚和游离氨基酸含量均最高，茶褐素含量最低，夏季和秋季红茶各项指标较为接近，其中夏茶的茶黄素和茶红素均高于秋季和春季（表 6-11）。不同季节鲜叶制得的红茶在香气感官品质和挥发性成分方面也具有较大差异。采用固相微萃取结合气相色谱-质谱联用技术对采自春、夏、秋 3 个季节的四川工夫红茶香气成分进行分析，春茶中共检测到 81 种香气化合物，夏茶中共检测到 46 种香气化合物，秋茶中共检测到 79 种香气化合物，且香气组分类型及比例也具有较大差异（图 6-4）；在主体香气成分方面，春茶为香叶醇、芳樟醇、水杨酸甲酯等 18 种，夏茶为苯乙醇、芳樟醇氧化物Ⅱ、芳樟醇氧化物Ⅳ、3,7-二甲基-1,5,7-辛三烯-3-醇等 15 种，秋茶为香叶醇、芳樟醇、苯乙醇、3,7-二甲基-1,5,7-辛三烯-3-醇等 18 种；春茶和秋茶表现出花香，可能与香叶醇、芳樟醇、水杨酸甲酯等含量较高有关，而夏茶和秋茶表现出的橘糖香，可能与 3,7-二甲基-1,5,7-辛三烯-3-醇含量高有关（李丽霞　等，2016）。

表 6-11 不同季节工夫红茶主要生化成分含量 （单位：%）

季节	干物质含量	茶多酚	游离氨基酸总量	茶黄素	茶红素	茶褐素	茶红素/茶黄素
春季	97.44	22.49±0.02	2.91±0.01	0.31±0.01	3.08±0.04	7.29±0.06	9.94
夏季	95.37	18.77±0.07	2.28±0.01	0.53±0.02	6.10±0.04	7.97±0.02	11.51
秋季	97.00	15.46±0.04	2.08±0.02	0.39±0.02	4.53±0.01	8.54±0.04	11.62

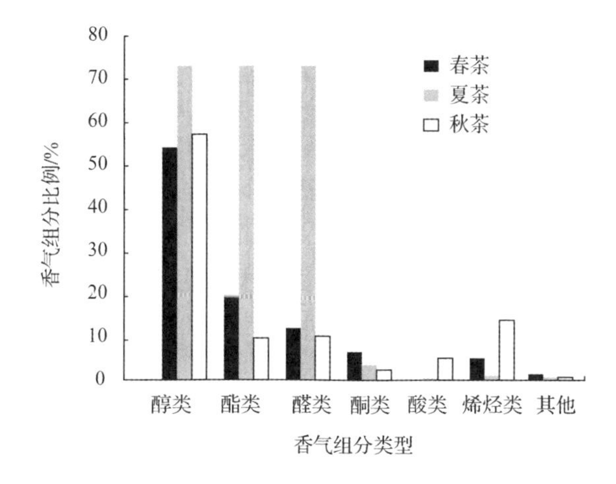

图 6-4 不同季节红茶香气组分类型及比例

我国传统乌龙茶区分布在 23～27°N，116～121°E 的福建、广东、台湾等地，这些茶区属高温、强日照、多雨的南亚热带季风气候。夏长冬暖，年日照 2 000 h 左右，年辐射 120 kcal/cm^2（1 kcal≈4.2 kJ）以上，有效积温（≥10℃）6 000～7 000℃，其地理北界是南亚与中亚气侯的分界线（李家光，1986）。研究发现，不同季节因光照和温度差异，所制得的安溪铁观音茶叶中的酚类物质含量差异显著，夏茶的茶多酚总量和酯型儿茶素含量明显高于春茶和秋茶，茶叶苦涩味较明显，茶叶品质较低；春茶和秋茶的黄酮醇含量明显更高，茶汤色泽较好（表 6-12）（张雪波，2014）。在香气成分方面，对春、夏、暑、秋的岭头单枞茶进行研究，发现岭头单枞秋茶、春茶芳香物质种类相对较少（分别为 41 种和 43 种），香精油总量占总挥发性成分的比例也比夏茶低；夏、暑茶芳香物质种类较多（分别为 45 种和 48 种），香精油总量占总挥发性成分的比例也比秋茶高。夏、暑茶芳樟醇氧化物、长叶烯、依兰油烯等含量较高，而香叶醛、吲哚、茉莉酮、橙花叔醇等花香型香气成分含量则比秋茶低得多。夏茶中芳樟醇及其氧化物占总挥发性成分的比例明显高于其他季节的茶叶，达到 69.77%，而春、暑、秋茶相应所占比例分别为 50.98%、51.75% 和 51.72%。感官审评得分表明，秋茶（10 月）、春茶（5 月）单枞香气品质得分比夏茶（6 月）、暑茶（8 月）高，即秋、春茶香气品质要比夏、暑茶好。

表 6-12 不同季节安溪铁观音儿茶素和黄酮醇含量

季节	黄酮醇/（mg/g）				儿茶素/%			多酚总量/%
	杨梅素	槲皮素	山柰酚	黄酮醇总量	简单儿茶素	酯型儿茶素	儿茶素总量	
春茶 1	1.82	3.68	3.36	8.86	3.64	5.96	9.60	14.95
春茶 2	1.85	3.47	3.75	9.07	3.67	5.31	8.98	15.09
春茶 3	1.91	3.51	3.47	8.89	3.58	5.86	9.44	15.32
春茶 4	1.92	3.39	3.87	9.18	3.62	5.46	9.08	14.94
春茶 5	1.83	3.47	3.42	8.72	3.66	5.67	9.33	15.46
夏茶 1	1.22	2.28	2.39	5.89	3.86	7.94	11.80	18.90
夏茶 2	1.13	2.26	2.25	5.64	3.83	7.37	11.20	19.62
夏茶 3	1.16	2.32	2.26	5.74	3.82	8.61	12.43	19.13
夏茶 4	1.14	2.24	2.33	5.71	3.79	8.32	12.11	18.20
夏茶 5	1.23	2.26	2.27	5.76	3.81	8.28	12.09	18.65
暑茶 1	1.23	2.22	2.36	5.81	3.36	6.13	9.49	14.44
暑茶 2	1.26	2.28	2.33	5.87	3.21	6.11	9.32	14.37
暑茶 3	1.11	2.31	2.24	5.66	3.28	6.47	9.75	13.94
暑茶 4	1.18	2.21	2.25	5.64	3.45	6.56	10.01	14.55
暑茶 5	1.21	2.22	2.32	5.75	3.19	6.77	9.96	14.76
秋茶 1	2.18	2.25	2.46	6.89	3.67	6.83	10.50	14.15
秋茶 2	2.22	2.35	2.75	7.32	3.79	6.99	10.78	13.97
秋茶 3	2.25	2.23	2.48	6.96	3.77	6.82	10.59	14.22
秋茶 4	2.36	2.37	2.68	7.41	3.69	6.79	10.48	14.35
秋茶 5	2.32	2.32	2.57	7.21	3.75	6.88	10.63	14.02

注：表中春茶、夏茶、暑茶、秋茶分别采摘自 5 月、6 月、8 月、10 月。

6.3 地形、海拔与茶叶加工品质

茶园的地形复杂，不同地形对茶叶品质影响很大。地形地势包括海拔、坡度坡向等，一般来说，山地茶园比平地茶园的茶叶品质要好；阳坡茶园比阴坡茶园的茶叶品质要好。由于地形地势的不同，茶园中不同的光、热、水、气、土、肥等小气候条件，对茶叶品质有显著影响。总的来说，地形和海拔是通过环境对茶树生长代谢及茶叶生化成分的影响，从而对成品茶品质产生影响（宛晓春，2006）。

6.3.1 地形、海拔与鲜叶生化成分

地形、海拔主要是由于其不同的气象条件，综合影响茶树生长发育和茶叶品质。在一定范围内，海拔越高，空气相对湿度越大，而且云雾弥漫，漫射光及短

波紫外光较为丰富，加上昼夜温差较大，白天积累的物质在晚间被呼吸消耗得较少。因此高海拔地区的茶树芽叶一般都比较肥壮，鲜叶生化成分含量丰富，成品茶滋味浓爽、香气馥郁（王存龙 等，2013）。

海拔对茶叶品质的影响主要是通过气温影响。一般情况下海拔每升高 100 m，年平均气温会降低 0.5℃，昼夜温差随海拔升高而增加。高海拔地区多雾、湿度大，有利于含氮物质的生物合成（程冬梅 等，2019）。由于多雾，茶树受到较多漫射光作用，光合强度增大，茶蓬基部长期阴湿，也有利于含氮化合物的合成与积累。表 6-13 中列举了江西、浙江、安徽、河南 4 省，不同海拔山区茶园中茶鲜叶的品质随着海拔升高存在明显的变化；同一山区茶园，海拔升高使多酚类物质含量降低，茶氨酸含量显著升高，鲜叶中挥发性成分也更为丰富。

表 6-13　海拔对茶树新梢主要化学成分的影响（张家春 等，2013；孙慕芳 等，2014；马力 等，2017；黄纪刚和韩文炎，2019）

<table>
<tr><th>省份</th><th>山区</th><th>海拔/m</th><th>多酚类物质/%</th><th>儿茶素/%</th><th>茶氨酸/%</th><th>挥发性成分</th></tr>
<tr><td rowspan="3">江西</td><td rowspan="3">庐山</td><td>300</td><td>32.73</td><td>19.07</td><td>0.729</td><td>—</td></tr>
<tr><td>740</td><td>31.03</td><td>18.81</td><td>1.696</td><td>—</td></tr>
<tr><td>1 170</td><td>25.97</td><td>15.40</td><td>—</td><td>—</td></tr>
<tr><td rowspan="3">浙江</td><td rowspan="3">华顶山</td><td>600</td><td>27.12</td><td>16.11</td><td>—</td><td>—</td></tr>
<tr><td>950</td><td>25.18</td><td>14.29</td><td>—</td><td>—</td></tr>
<tr><td>1 031</td><td>23.56</td><td>10.40</td><td>—</td><td>—</td></tr>
<tr><td rowspan="2">安徽</td><td rowspan="2">黄山</td><td>450</td><td>—</td><td>—</td><td>0.982</td><td>—</td></tr>
<tr><td>640</td><td>—</td><td>—</td><td>1.632</td><td>—</td></tr>
<tr><td rowspan="2">河南</td><td>白龙潭</td><td>670</td><td>—</td><td>—</td><td>—</td><td>橙花叔醇、香叶醇、芳樟醇、顺-氧化芳樟醇、反-氧化芳樟醇、顺-橙花醇、α-萜品醇 7 种，含量为 2.75%</td></tr>
<tr><td>震雷山</td><td>200</td><td>—</td><td>—</td><td>—</td><td>反-香叶醇、芳樟醇、α-萜品醇 3 种，含量为 0.825%</td></tr>
</table>

海拔不同还会明显影响茶树生长发育。在重庆市不同海拔茶园中对安吉白茶生长状况进行了连续 4 年的定点观测，发现不同海拔茶树均能正常生长，但生长发育期随海拔升高而缩短，海拔 650 m 和 850 m 处茶树生长期分别比海拔 300 m 处缩短 22 d 和 66 d；海拔 650 m 处年均鲜叶产量最高，为 10.5 kg（表 6-14）。

表 6-14　海拔对茶树生长发育和鲜叶产量的影响（张龙云 等，2011）

地区	品种	不同海拔	海拔/m	生长期/d	鲜叶产量/kg
重庆	安吉白茶	低海拔	300	237	8.8

续表

地区	品种	不同海拔	海拔/m	生长期/d	鲜叶产量/kg
重庆	安吉白茶	—	650	215	10.5
		高海拔	850	171	9.4

6.3.2 地形、海拔与绿茶加工品质

我国大多数名优绿茶都是产自得天独厚的地理环境，如西湖龙井茶产于风景秀美的杭州西湖风景区，周边山势连绵，雨量充沛，气候温和，土壤肥沃，在云雾缭绕的环境下极有利于鲜叶天然品质的形成；洞庭碧螺春产于太湖之滨的洞庭东西二山，早晚云雾缭绕，冬暖夏凉，在茶园四周及茶行之中种植果树，使茶树能够更加旺盛生长。从表6-15可以看出，不同海拔茶园茶叶品质形成与茶园小气候之间密切相关，高山茶园特有茶叶品质形成的原因，可概括为气候温和、散射光多、昼夜温差大、土壤有机质丰富等优势茶园小气候。

表6-15 不同海拔茶园茶叶品质形成与茶园小气候之间的关系（崔娜娜，2018）

不同海拔茶园	茶园小气候	茶叶品质
高山茶园	日照时间相对较短，并且由于云雾的存在，直射光少而散射光多	有利于茶叶中咖啡碱和含氮芳香物质的合成和积累
	气温相对较低，高湿和多云雾的气候特征，土层深厚、土壤疏松，含有丰富的有机质，并且为适宜茶树生长的酸性土壤	有利于茶叶中氨基酸、咖啡碱、芳香物质等有效成分的含量提高，所产茶叶的嫩度更高，品质更好；能够刺激茶树中芳香类化合物及其前体物质的合成
丘陵茶园或平地茶园	酸性土壤，一般土层厚度为40～50 cm，土壤肥沃，春季温差较大，夏季高温多雨，秋季凉爽干燥，冬季霜雪寒冷，主要影响因子是气温和土壤温度	茶园茶叶平均产量高于高山茶园，茶树进行遮阴栽培后，不仅茶叶香精油总量、香气种类和含量有明显增加，而且香气前体物质的含量也明显增加

在海拔较高的山区，茶树鲜叶天然品质好，为形成绿茶优异品质提供了丰富的物质基础。纬度也是影响绿茶品质的重要因素之一。名优绿茶的茶树大多生长在纬度较高的长江流域，如浙江、江苏、安徽等茶区，年平均气温较低，茶多酚化合物合成和积累较少，氨基酸等含氮化合物较多，适合名优绿茶的品质形成。要加工出高品质的绿茶，适宜的绿茶加工工艺及相关技术必不可少，传统绿茶加工流程主要包括摊放→杀青→揉捻→干燥。由于海拔不同，鲜叶品质不尽相同，加工工艺也需要因地制宜。

1. 摊放

高海拔茶区或山地生态茶区的茶树鲜叶一般原料嫩、品质较平地要好，采摘后应尽快摊放在光洁的竹匾或竹席上，置于阴凉处，以利于摊放后的芽叶含水量

及柔软程度趋于一致。摊放厚度一般为 3～5 cm。鉴于摊放过程中水分蒸发和化学变化的需要，摊放时间一般为 3～8 h，直到鲜叶色泽由鲜活翠绿转变为暗绿，叶质发软，芽叶舒展，发出清香，叶含水量以 68%～70%为宜。

2. 杀青

高海拔茶区或山地生态茶区的茶树鲜叶一般原料嫩度好、水分含量高、酶活性强，因此要高温杀青，用迅速升温的方法破坏酶活性，遵循高温杀青、先高后低的原则。一般这类品质较好的原料嫩度高，意味着水分含量高、酶活性强、纤维素少、杀青程度应适当偏重，利于水分的挥发；老叶的嫩度相对较差，含水量低，应适当嫩杀，保持叶面湿润，有利于造型。

3. 揉捻

对高海拔茶区或山地生态茶区的茶树鲜叶，要掌握“嫩叶轻揉，老叶重揉”“轻-重-轻”和“抖揉结合”，防止外形和内质达不到特定的要求。因为其各有不同，在加工过程中，需要茶叶加工人员根据叶片的实际情况随时变换手法，控制揉捻时间、压力等，以达到期望的品质。

4. 干燥

干燥工艺同常规绿茶加工。干燥方式主要有炒干、烘干、烘炒结合型 3 种。炒干有锅炒炒干、理条机干燥和滚筒炒干等，烘干可分为烘干机烘干和烘笼烘干。干燥过程一般温度先高后低，叶量先多后少。在干燥前期，茶叶含水量较多，在后期含水量很少，所以干燥前期在水热共同作用下的茶叶内含物质变化和后期干热情况下的变化不一样。

6.3.3　地形、海拔与红茶加工品质

红茶最基本的品质特征是红汤红叶，滋味甘醇，主要可以分为小种红茶、工夫红茶和红碎茶 3 种，品质特征各异。表 6-16 列举了 3 种典型高山红茶及其茶叶品质特征。

表 6-16　3 种典型高山红茶及其茶叶品质特征（周志 等，2019）

红茶种类	产地	高山红茶种类	茶叶品质
小种红茶	福建	正山小种	外形条索肥实，色泽乌润，汤色红浓，香气高长带松烟香，滋味醇厚，带有桂圆汤味
		金骏眉	条索紧细，色泽金黄、黑相间且色润；香气具复合型花果香（桂圆干香、蜜枣香、玫瑰香）；滋味醇厚甘甜、桂圆味浓厚；汤色金黄清澈；叶底匀整，呈古铜色

续表

红茶种类	产地	高山红茶种类	茶叶品质
工夫红茶	安徽	祁门工夫	外形条索细秀而稍弯曲，有锋苗，色泽乌润；内质香气特征最为明显，带有类似蜜糖香气，持久不散，在国际市场誉为“祁门香”，汤色红亮，滋味鲜醇带甜，叶底红匀明亮

高山红茶品质优异与适宜的加工工艺密不可分。红茶加工流程主要包括萎凋→揉捻→发酵→干燥。

1. 萎凋

一般来说，地势较高、海拔较高的山地茶园的茶树鲜叶持嫩性较好，按照一定标准采摘的鲜叶嫩度和匀度都较平原地带的茶园好一些，因此制作的茶叶品质更加优异。由于鲜叶原料不尽相同，为了克服不同海拔自然气候对萎凋的影响，需要依据制茶地界温度、湿度等条件的不同而应用人工萎凋设备，如萎凋机、萎凋槽等，它们都配有热风发生器，并能调节温度和风量，萎凋时风温控制在 35℃以下为宜，最好是 30～32℃。

2. 揉捻

揉捻质量首先取决于叶子的物理性能，包括柔软性、韧性、可塑性、黏性等。一般来说鲜叶经过萎凋失水，细胞膨胀，叶质脆硬，柔软性、韧性、可塑性能逐步变优，萎凋叶含水量降低至 50%左右时，叶子的物理性能最好。高海拔茶园的茶树鲜叶持嫩性好于平原或丘陵茶园，应适当根据叶质、叶量和揉捻机的不同调节压力作用的轻重、用力时间长短及早晚。

3. 发酵

发酵是制作红茶的关键步骤，实际生产中，发酵室温度一般要求控制在 20～30℃，相对湿度在 90%以上，发酵叶的摊叶厚度以 10～15 cm 为宜。海拔高低不同，促使加工的鲜叶原料也大不相同，具体发酵时间要根据叶子的老嫩、气温高低、颗粒大小、品种、叶细胞损伤率等因素而定，以保证茶黄素、茶红素维持在较高水平，尽可能减少茶褐素的发生。

4. 干燥

干燥工艺同常规红茶加工。干燥一般分毛火和足火两道工序，毛火温度为 110～120℃，足火温度为 80～90℃。

6.3.4 地形、海拔与乌龙茶加工品质

乌龙茶的品质特征是外形粗壮紧实、色泽青褐油润、天然花果香浓郁、滋味

醇厚甘爽、耐冲泡、叶底绿叶红镶边。乌龙茶独特的品质特征是特定的生态环境、茶树品种和采制技术综合作用的结果。以品质优秀的闽北乌龙茶为例，闽北乌龙茶诞生于福建武夷山脉，茶区在群山环绕之中，生长环境形成独特的微气候，全年气候温和，夏无酷暑，冬无严寒，雨量充足，春潮、夏湿、秋爽、冬润，溪流不断，云雾弥漫，为茶树的生长提供了适宜的光照和良好的水热条件，独特而优越的生态环境造就了武夷山岩茶的独特品质。该类茶香气馥郁持久，具幽兰之胜；滋味醇厚，鲜滑回甘，独具岩韵。乌龙茶初制流程基本一致，即鲜叶→萎凋→做青→炒青→揉捻→烘焙→毛茶。

1. 鲜叶

鲜叶原料是决定乌龙茶品质的物质基础。不同茶树品种的鲜叶及其生长特性存在差异，从而决定了乌龙茶具有香味各异的品质特征。除了茶树品种因素以外，种植环境，尤其是地形、海拔等对鲜叶品质影响极其显著。一般来说，海拔高的山地茶园鲜叶持嫩性好，加工乌龙茶宜选用成熟度高的鲜叶。举例来说，成熟度高的原料，其角质层外被有蜡质层，加工过程中可分解为芳香物质；类胡萝卜素含量增加，片层中出现一至多个淀粉粒，在加工过程中均可进一步转化为乌龙茶香气成分，促进乌龙茶的特殊风味品质形成。

2. 萎凋

乌龙茶萎凋包括晒青和晾青两个过程。其技术要点在于晒青温度。室外气温在20～35℃时宜进行晒青，过高容易红变；晒青时间一般为10～60 min，视光照强弱、气温高低、空气湿度大小、鲜叶含水量多少灵活掌握，一般来说，海拔较高的山区茶厂宜适当增加晒青时间，促使鲜叶中品质成分充分转化；晒青技术应根据鲜叶理化性状的不同而异；晒青操作要求晒青期间，翻拌或移动萎凋叶时应尽量不让叶子受损伤，以避免造成死青。

晾青是晒青的补充工序，将晒青适度的叶子移到室内或阴凉通风处的晾青架上，使茶青中各部位的水分重新分布，散发叶间热量，持续90～150 min。

除此之外，乌龙茶制作过程中还涉及做青、炒青、揉捻、烘焙、干燥等工序，同样需要在传统的工艺参数上，依据原料的不同，以实际加工环境、设备等为参照进行适当调整。

6.4　土壤特性与茶叶加工品质

土壤是茶树生长发育的基地，是提供水、肥、气、热的场所。茶树所需的养料和水分都是从土壤中取得的，所以土壤的质地、温度、水分和酸碱度对茶树生长发育极为重要。土壤质地疏松，通气和排水性能良好，可使根系发达，枝叶繁茂，利于茶树生长发育；土壤质地黏重，通气性能差，排水不良，根系发育受阻，会导致树冠生长发育不良。

茶树对土壤的要求一般是土层厚度达 1 m 以上，不含石灰或石灰含量低于0.5%，有机质含量为 1%～2%，具有良好结构，通气性、透水性或蓄水能力强，地下水位在 1 m 以下。陆羽在《茶经》中对茶树生长的适宜土壤条件也做了描述，“其地，上者生烂石，中者生砾壤，下者生黄土”，意思是指茶树种植环境以岩石充分风化土壤为最好，含有碎石子的砂质土壤次之，黄土最差。实践证明，选择种茶的园地，土壤深度一般不应浅于 60 cm，这样有利于茶树根系分布深而广，同时施肥以后肥料的吸收率高，损失较少；根深叶茂，有利于增强茶树抗逆性。

茶树对土壤的酸碱度特别敏感。一般来说，茶树是喜酸性土壤的植物，适宜的土壤 pH 为 4.5～6.5，pH 在此之间都可获得较好的茶叶品质。茶树之所以适应酸性土壤环境，与茶树根部汁液中含有较多的柠檬酸、苹果酸、草酸和琥珀酸等有关。这些有机酸所组成的汁液，对酸性的缓冲力比较大，而对碱性缓冲力较小。也就是说，茶树碰到酸性的生长环境，它的细胞汁液不会因酸的侵入而受到破坏，这是茶树喜欢酸性土壤的重要原因。从酸性土壤中所含微量元素的情况看，它最突出的特性是含有铝离子，酸性越强，铝离子越多。铝对于一般植物来说，不但不是一种必需的营养元素，而且还具有毒害作用。但对茶树来说情况完全不同，化学分析表明，健康生长的茶树体内铝含量高达 1%。

土壤有机质含量是重要的茶园土壤分级指标之一，土壤有机质对土壤中水、肥、气、热等因素起着重要的调节作用，其含量水平与土壤肥力密切相关，是茶树养分的重要来源。茶园土壤养分的分级标准如表 6-17 所示。

表 6-17 茶园土壤养分的分级标准

等级	有机质/（g/kg）	碱解氮/（mg/kg）	速效磷/（mg/kg）	速效钾/（mg/kg）
Ⅰ	>20.0	>100.0	>20.0	>100.0
Ⅱ	15.0～20.0	80.0～100.0	5.0～20.0	60.0～100.0
Ⅲ	<15.0	<80.0	<5.0	<60.0

6.4.1 土壤特性与鲜叶生化成分

土壤是茶树生长的基础，土壤肥力、土壤酶及矿质元素是影响茶树生长及茶树鲜叶品质的主要因素（范利超 等，2014）。

针对武夷山龟岩、御茶园、旗山3个地方茶园土壤和生长的茶树鲜叶调查结果表明，3个茶园之间茶树鲜叶中的游离氨基酸总量、茶氨酸含量，以及咖啡碱含量都存在显著性差异（表6-18）。由表6-19的结果中可以直观地看出3个茶园土壤特性之间的区别，其中御茶园土壤各项理化指标相对最佳，有机质含量最高。

表6-18　不同茶园土壤茶树叶片品质指标（周晋，2015；王海斌 等，2016；颜明娟 等，2019）

（单位：%）

茶园	茶多酚	游离氨基酸	咖啡碱	可溶性糖	水浸出物	儿茶素	茶氨酸
御茶园	24.55±0.37a	2.73±0.09b	2.26±0.05b	8.44±0.04a	46.71±0.77a	95.29±2.38a	16.84±0.17b
龟岩	21.50±0.29b	3.31±0.06a	2.03±0.03c	8.25±0.07b	44.07±1.09b	85.14±1.81b	17.85±0.46a
旗山	17.71±0.05c	1.75±0.01c	3.12±0.08a	8.03±0.07c	38.73±0.09c	73.03±1.04c	9.19±0.2c

注：同列数值后不同小写字母表示不同茶园差异显著，$P<0.05$。

表6-19　武夷山不同茶园土壤理化指标（王晟强 等，2013；姚清华 等，2018）

茶园	pH	总氮/（g/kg）	总磷/（g/kg）	总钾/（g/kg）	有效氮/（mg/kg）	有效磷/（mg/kg）	有效钾/（mg/kg）	有机质/（g/kg）
御茶园	4.57±0.01c	1.21±0.01c	0.86±0.01b	12.14±0.03a	134.23±0.55b	13.22±0.13b	135.73±1.17a	17.16±0.08a
龟岩	4.75±0.01b	1.25±0.02b	0.85±0.01b	10.30±0.04b	135.63±1.05b	13.83±0.03a	130.37±2.22b	13.28±0.06b
旗山	4.80±0.01a	1.30 0.02a	0.90±0.02a	10.11±0.03c	140.52±1.67a	12.56±0.01c	120.49±1.98c	9.21±0.05c

注：小写字母表示不同茶园差异显著，$P<0.05$。

6.4.2　土壤特性与绿茶加工品质

茶树鲜叶天然品质好，可为形成优异品质绿茶提供丰富的物质基础。生产名优绿茶的茶树大多种植在纬度较高的长江流域，如浙江、江苏、安徽等茶区，这些地区除了生态环境优越之外，种植茶树的茶园土壤往往较为肥沃，适合名优绿茶的品质形成。

我国宜茶土壤资源丰富，种类繁多，肥力不等。表6-20总结出我国9种不同类型茶园土壤的地域分布、土壤特性及茶叶品质。其中，棕壤型茶园土、黄棕壤型茶园土、红壤型茶园土多出产名优绿茶，其风味品质表现出高香、滋味鲜爽的特点。

表 6-20 茶园土壤类型与茶叶品质关系（王婷婷和金心怡，2014；董明辉 等，2015；李贞霞 等，2018）

土壤类型	地域分布	土壤特性	茶叶品质
棕壤型茶园土	主要分布于山东半岛、鲁中南及鲁东南沿海一带	剖面中出现 30～40 cm 厚的棕色心土层，土壤黏粒凝聚作用明显，铁铝虽有积累，但富铝化作用不强；土壤磷、钾含量丰富，有机质含量高，呈弱酸性，pH 为 5.0～6.5，于 20 世纪 60 年代在中国农业科学院茶叶研究所科技人员和山东广大群众努力下多年试种茶叶取得成功	该种土壤上所产的茶叶，叶厚、味浓、高香、耐冲泡，是绿茶中的上品
黄棕壤型茶园土	集中分布在紧靠长江两岸的江苏、安徽两省，以及陕西的汉中和甘肃的南部低山丘陵地区	黄棕壤土富含磷、钾，pH 适中，有机质含量高，土层深厚，是我国重要的宜茶土壤之一。这一地区往往雨水充沛，气温高，因此较早时候已被开发种茶，是我国茶叶生产重要的土壤资源	该种土壤上所产的茶叶，汤色清澈，香气高雅，滋味鲜爽、醇和、甘甜，属于绿茶中的上品。如江苏宜兴、苏州，湖北恩施、宜昌及安徽六安、宣城等地出产的名茶
红壤型茶园土	主要分布在长江以南广阔低山低丘及缓坡地区，包括江西、湖南、浙江、广东、广西、福建、台湾北部等地	土壤剖面有一层明显的橘红色心土层。山地红壤，质地疏松，透水性好，原生矿质元素含量丰富，加上植被好，气候和生态条件优越，最适茶树生长，茶叶品质优良，是江南茶区产名优茶的地方	“西湖龙井”产于该种土壤，其中以石英砂岩发育的白沙土上的“狮峰龙井”为上品，此外名茶“惠明茶”也产于该种土壤
黄壤型茶园土	主要分布于我国南方山区的热带及亚热带高山上，以四川、贵州为主	该种土壤富铝化作用较弱，游离的氧化铁在高湿条件下遭水化，呈多水氧化铁形态存在，因此在剖面呈现出一层黄色心土层。黄壤土为宜茶土，土层深厚，质地沙壤，土体疏松，透水性强，有机质含量高	该种土壤上所产的茶叶芽叶肥厚，质浓气香，色绿味甘
赤红壤型茶园土	主要分布在我国南亚热带雨林区	该种土壤铝大量富集，铁进一步氧化，酸性强，pH 为 4.0～5.5，磷、钾含量低，有机质分解快。一般来说，茶园施用磷、钾、镁及微量元素，对改善茶叶品质有显著效果	在该种土壤上种的茶树，主要用来生产红茶、乌龙茶及普洱茶，其中包括名茶“粤红”“滇红”“凤凰水仙”等
砖红壤型茶园土	主要分布在我国海南和广东的雷州半岛、云南的西双版纳、台湾的南部及广西部分地区	砖红壤是在热带高温高湿条件下形成的，铝富集化，酸性强，pH 为 4.0～5.5，钙、钾、镁含量低。砖红壤淋溶强度大，矿质元素高度不平衡，加强水土保持和平衡施肥管理具有必要性	是我国华南茶区主要宜茶土壤，也是生产红碎茶的重要基地；驰名中外的普洱茶主要出自该种土壤
酸性紫色土型茶园土	主要分布在四川盆地，湖南、江西丘陵，浙江西部及福建的蒲城、三明等	土体呈紫红色或棕紫色，pH 为 5.5～6.5，土壤肥沃，养分含量高，质地壤性	种植的茶树有大叶种也有中小叶种，生产红茶、绿茶、乌龙茶等。名茶“铁观音”在该种壤性的茶园土上品质最佳

续表

土壤类型	地域分布	土壤特性	茶叶品质
潮土型茶园土	除分布山地、丘陵以外，还分布在江南的一些河相、湖相的冲积平原上	这种宜茶土一般较肥沃，土层深厚，水分条件好，但盐基含量高，pH 高。潮土型茶园管理工作重点应关注排水措施	我国著名的武夷山乌龙茶，产于山上者为岩茶，水边者为洲茶（即为该种土壤上种植的茶叶），品质逊于岩茶。然而潮土型茶园一般离村近，管理精细，肥料多，通过改土，一般极易获得高产
高山草甸茶园土	一般分布在 800 m 以上的高山上	这种土壤是地貌、气候和植被三者特定条件下的综合产物，一般有机质在 10%上下，质地松软，土壤呈酸性，pH 为 5.0～6.0，矿物质养分含量丰富	高山茶园的鲜叶品质优良，成品茶香高味浓，多出名优茶

总的来说，出产优质绿茶的茶园土壤往往具有良好的理化特性，土层厚，土质疏松，富含有机质，有效磷、钾含量较高，土壤酸碱度适宜（pH 为 4.0～5.0）。茶树在这样的土壤环境条件中，新梢育芽能力强，有机物的合成和积累量多，出产的绿茶品质优异（陈默涵 等，2018）。表 6-21 列举了出产鸟王茶、都匀毛尖茶、碧螺春茶的土壤特性，总结了茶叶品质与土壤特性之间的相关性。

表 6-21　优质绿茶产地土壤中主要营养元素含量

产地	优质绿茶	土壤 pH	有机质/(mg/kg)	有效磷/(mg/kg)	碱解氮/(mg/kg)	速效钾/(mg/kg)	相关性
贵州	鸟王茶	4.70～5.27	21.43～51.25	5.78～28.02	29.38～116.20	85.79～113.80	土壤颗粒组成中的粗粉粒含量与茶叶中的氨基酸含量呈显著正相关。土壤容重与茶叶中的咖啡碱含量呈显著负相关。土壤碱解氮与茶叶中的茶多酚含量呈显著正相关。土壤 pH 与茶叶咖啡碱含量呈显著负相关。土壤有效磷与茶叶咖啡碱含量呈显著正相关
	都匀毛尖茶	—	—	177.58～353.92	—	—	总磷含量与土壤的类型、土壤所处海拔无明显关系
江苏	碧螺春茶	4.44	39.17	124.67	181.53	160.46	生产上可根据不同的土壤状况配套不同的茶-果间作类型，实施测土配方施肥技术，提高肥料利用率，改善生态环境

6.4.3　土壤特性与红茶加工品质

我国红茶种类较多，产地分布广，有我国特有的工夫红茶和小种红茶，也有与国外类似的红碎茶。我国 9 种不同的宜茶土壤中赤红壤型茶园土和砖红壤型茶园土特性符合名优红茶种植要求（表 6-20）。

我国名优红茶较多，表 6-22 中总结了祁门工夫、滇红工夫、宁红工夫、英德红茶、小种红茶的品质特征，同时列举了出产这些茶叶的茶园土壤特性。显而易见，除了好的生态环境，这些名优红茶出产地的茶树种植土壤往往土层深厚，有机质丰富，土壤肥沃。

表 6-22 代表性名优红茶品质特征与种植土壤特性

名优红茶	产地	茶叶品质	土壤特性	其他
祁门工夫	安徽省祁门县	条索紧秀，锋苗好，色泽乌黑泛灰光，内质香气浓郁高长，似蜜糖香，汤色红艳，滋味醇厚，回味隽永，叶底嫩软红亮	大多为岩土风化而成的黄土、红黄土、黑砂土、白砂土，理化性质优良，有机质丰富，周围自然环境优异	被誉为“世界三大高香红茶”之一
滇红工夫	云南省	芽叶肥壮，金毫显露，汤色红艳，香气高醇，滋味浓厚	高原和山地土壤肥沃，植被丰富，森林覆盖率高，具有得天独厚的茶树生长土壤及环境	以独特的品质特征成为我国红茶的一朵奇葩
宁红工夫	江西省修水县	高香持久，滋味醇厚甘甜，汤色红亮，叶底红匀	产区全境多高山，土质富含腐殖质，深厚肥沃	—
英德红茶	广东省英德市	条索肥壮紧结，色泽乌润，显金毫，香气浓郁，汤色红艳，滋味浓醇	土壤酸度适宜，pH 为 4.5～5.0，土层深厚肥沃，有机质丰富	—
小种红茶	福建省	条索肥实，色泽乌润，汤色红浓，香气高长带松烟香，滋味醇厚，带有桂圆汤味	种植茶区一般地势高，海拔为 1 000～1 500 m，山地土壤，土质肥沃，茶农常有培土习惯，种植的茶树鲜叶往往叶质肥厚嫩软	加入牛奶，茶香味不减

6.4.4 土壤特性与乌龙茶加工品质

乌龙茶属于半发酵茶，是我国特有的名茶茶类。由于揉捻方法的差异，产品外形有条形和半球形两种。各地土壤气候条件、茶树品种及加工工艺不同是导致乌龙茶风味品质差异的主要原因。表 6-23 介绍了以武夷岩茶为代表的闽北乌龙茶品质特征，以及茶园土壤特性。由表 6-23 可知，茶园土壤发育良好，土层深厚、疏松，肥力充足是生产名优乌龙茶的基础。

表 6-23　代表性名优乌龙茶品质特征与茶园土壤特性

名优乌龙茶	产茶地	茶叶品质	土壤特性	其他
武夷岩茶	福建省武夷山市	岩茶首重岩韵，香气馥郁具有幽兰之胜，锐则浓长，清则悠远，味浓醇厚，鲜滑回甘	茶园土壤发育良好，土层深厚、疏松，肥力充足，茶园气候温和，雨量充沛，日照较短，山峦起伏，日照短	岩茶具有不同的花色之分，“单枞”“名枞”“奇种”等

此前有学者在武夷主要茶区——桐木区、岩茶区和洲茶区随机选取了 68 个茶园，包括桐木区 12 个、岩茶区 32 个和洲茶区 24 个，进行茶园土壤与一芽三叶的茶青品质相关性研究。检测土壤 pH、有机质、碱解氮、有效磷和速效钾含量等土壤养分指标，同时利用高效液相色谱法（high performance liquid chromatography，HPLC）定量测定茶青中的茶氨酸、咖啡碱、芦丁、ECG、EGCG 和总儿茶素 6 种次级代谢产物含量以做品质成分分析。发现近年来，武夷茶区土壤酸化严重，部分茶园土壤有效磷含量增加显著。三大茶区中，岩茶区茶园土壤养分状况变化最为明显，其土壤 pH、有机质含量和碱解氮含量分别下降了 0.65%、45.29%和 49.39%；土壤有效磷含量却大幅度上升（超过 40 倍），说明该区域茶园存在过度施肥的现象。土壤养分状况显著影响茶叶品质成分，并且不同土壤养分指标对不同品质成分的影响有所不同。

土壤是茶树生长的自然基地，生长所需要的养分和水分都是从土壤中取得的，土壤的理化特性（土壤质地、土壤酸碱度、土壤肥力、土层厚度等）直接关系茶树的生长发育和茶叶品质。除此之外，施肥结构与管理模式、植茶年限和凋落物，以及不同茶园的生态环境等对茶树生长发育和茶叶品质产生影响的同时，对茶园土壤特性也会产生一定影响。

6.5　茶叶生态加工

所谓茶叶生态加工，就是从保护生态环境及绿色制造的角度开展茶叶加工生产。近年来，环境问题已成为全球性社会问题，为了保护生态环境，国际标准化组织（International Organization for Standardization，ISO）制定了 ISO 14000 系列标准，通过一套环境管理的框架文件来加强组织（公司、企业）的环境意识、管理能力和保障措施，从而达到改善环境质量的目的。21 世纪是生产工厂追求零排放（除制品外，无废液、废气和废弃物排出）的时代，这要求企业改善生产环境、节约能源和开展废物循环利用等。就茶叶加工而言，要完全做到零排放比较困难，现阶段应主要从加工厂环境、原辅材料选择、清洁化加工等方面来实施茶叶生态加工（胡耀华和罗金辉，2008）。

6.5.1 茶叶加工厂的环境要求

要实现茶叶生态加工，加工厂的环境要达到无公害要求。在农业行业标准《无公害食品 茶叶加工技术规程》（NY/T 5019—2001）中规定如下。①茶叶加工厂所处的环境空气质量不低于《环境空气质量标准 》（GB 3095—1996）中规定的三级标准要求，其环境空气污染物不允许超过的浓度限值如表 6-24 所示。②加工厂离垃圾场、畜牧场、医院、粪池 50 m 以上，离经常喷洒农药的农田 100 m 以上，离交通主干道 20 m 以上，远离排放“三废”的工业企业。要求水源清洁、充足、日照充分。③茶叶加工中直接用水、冲洗加工设备和厂房用水要达到《生活饮用水卫生标准》（GB 5749—2022）的要求。④加工厂的设计应遵从《中华人民共和国食品卫生法》第八条的要求。建筑应符合工业或民用建筑要求。⑤初制加工厂宜建在茶园中心或附近安全地带，兼顾交通、生活、通信的便利。⑥根据加工要求布局厂房和设备。加工区应与生活区和办公区隔离，无关人员不宜进入生产区。⑦加工厂环境应整洁、干净、无异味。道路应铺设硬质路面，排水系统通畅，厂区环境须绿化。⑧应有与加工产品、数量相适应的加工、包装厂房、场地，厂房面积不应少于设备占地面积的 8 倍，地面要硬实、平整、光洁，墙壁无污垢。

表 6-24 环境空气污染物的浓度限值

污染物项目	平均时间	浓度限值		单位
		一级标准	二级标准	
二氧化硫（SO_2）	年平均	20	60	μg/m^3
	24 h 平均	50	150	
	1 h 平均	150	500	
二氧化氮（NO_2）	年平均	40	40	
	24 h 平均	80	80	
	1 h 平均	200	200	
一氧化碳（CO）	24 h 平均	4	4	mg/m^3
	1 h 平均	10	10	
臭氧（O_3）	日最大 8 h 平均	100	160	μg/m^3
	1 h 平均	160	200	
颗粒物（粒径≤10 μm）	年平均	40	70	
	24 h 平均	50	150	
颗粒物（粒径≤2.5 μm）	年平均	15	35	
	24 h 平均	35	75	
总悬浮颗粒物（TSP）	年平均	80	200	
	24 h 平均	120	300	

续表

污染物项目	平均时间	浓度限值		单位
		一级标准	二级标准	
氮氧化物（NO_x）	年平均	50	50	μg/m³
	24 h 平均	100	100	
	1 h 平均	250	250	
铅（Pb）	年平均	0.5	0.5	
	季平均	1	—	
苯并[a]芘（BaP）	年平均	0.001	0.001	
	24 h 平均	0.002　5	0.002　5	

6.5.2　茶叶原辅材料的选择要求

茶叶加工生产的原辅材料相对比较简单，除少数茶叶（如珠茶、花茶等）需要添加辅料外，多数茶叶的生产原料就是纯天然的茶树鲜叶。因此，按照生态加工的要求，茶叶鲜叶原料首先应该是来自生态茶园；其次是加工过程中采用的辅助材料优先选用无毒无害材料和可再生资源。

6.5.3　茶叶清洁化加工的要求

清洁化加工是茶叶生态加工的核心。在茶叶加工阶段要贯彻清洁生产思想，采用绿色制造和绿色化学技术，进行全过程控制，减少废物排放。具体可从以下几个方面入手。

1. 尽可能选用清洁能源和再生能源

目前我国很多中小型茶厂仍采用煤作为主要燃料。燃煤不但热效率低而且污染大，产生的烟尘对环境和茶叶加工都会造成污染。因此，应改用电、天然气、石油液化气、生物柴油等清洁能源或生物质颗粒等再生能源。如在 20 世纪 70～80 年代，茶叶中铅的污染主要来自汽车尾气中排出的铅和茶厂中煤燃烧时放出的铅。21 世纪欧盟提出了控制茶叶中蒽醌污染物的严格要求，并制定了 0.02 mg/kg 的检测标准。经中国农业科学院茶叶研究所的研究，明确了茶叶中蒽醌污染的重要来源之一是茶厂中的煤和柴燃烧时释放出的蒽醌。因此，选用清洁能源是实现茶叶清洁化加工的重要保障，茶叶加工生产中的燃料改革已势在必行。

2. 茶叶加工机械应符合清洁化生产要求

茶叶加工机械质量的好坏不仅影响茶叶品质和生产效率，而且对茶叶产品的质量安全水平影响很大。目前生产上主要存在以下两种不符合清洁化生产要求的情况。一是使用早应淘汰的老旧设备。二是加工设备的关键部件不符合清洁化要求，如接触茶叶的加工机械零部件使用铅及铅锑合金、铅青铜、锰黄铜、铅黄铜、铸铝及铝合金等材料制造；红碎茶转子机等强烈摩擦的零部件采用铜质材料制造；输送带不符合食品级要求等。

3. 尽可能采用连续化自动化加工装备或生产线

茶叶加工采用连续化自动化加工装备或生产线，不仅能提高生产效率和能源的利用率，还可以减少人工操作对茶叶造成的污染。近年来我国茶叶加工机械装备发展迅速，先后研发成功自动化扁形茶炒制机、理条机、曲毫机等不同形状的名优茶加工机械，以及名优绿茶、大宗绿茶、工夫红茶、乌龙茶和黑茶的连续化自动化生产线，已能基本满足各种茶类连续化自动化加工的要求。

4. 尽可能采用节能减排新技术

目前茶叶加工过程能耗较大，同时排放出一些茶叶废弃物。如按照生态工业学的生态结构重组理论进行技术改造或创新，可使能源和废弃物作为资源重新加以利用，或者在企业内部或企业之间建立封闭的物质循环系统，以减少消耗性的排放，或者让产品与经济活动尽量非物质化以实现能源脱碳等，例如，利用滚筒杀青机产生的余热通入发酵房进行红茶发酵的热循环利用技术；利用太阳能的杀青、晒青、干燥技术；利用茶叶废弃物制备生物质颗粒燃料的技术等。采用这些新技术，不仅提高了物质和能源的利用率，减少茶叶加工过程对环境的影响，而且明显提高了经济效益和生态效益。

第 7 章 茶资源的生态循环利用

7.1 茶叶深加工与茶渣循环利用

7.1.1 我国茶叶资源利用概况

我国是全世界茶类资源最丰富的国家，有绿茶、红茶、乌龙茶、黑茶、白茶、黄茶六大茶类。我国茶树资源十分丰富，茶树品种适制性多元化，茶区生态环境多样，形成了茶类分布的生态区域特征。

茶树种质资源的生长环境、气候特征决定了茶树的形态特征和生物学特性，影响了茶树的品质特性和鲜叶适制性。例如，分布在福建省的茶树资源以灌木半开张型为主，芽叶茸毛少，色泽以紫绿色为主，叶片多为中大叶，叶质较硬，适制乌龙茶；分布在浙江省的茶树资源也以灌木半开张型为主，芽叶茸毛适中，芽叶多为黄绿色，叶片以中小叶形为主，适制绿茶；分布在云南省的茶树资源以乔木为主，树姿多为半开张或开张，芽叶茸毛多，芽叶色泽多为黄绿色，茶树叶片以大叶和特大叶为主，叶质柔软，适制红茶（俞春芳，2018）。尽管我国同一茶区或同一产茶省份因生态环境和品种资源的多样性可以同时生产多种茶类，但是，不同茶区均有其优势特色茶类。我国四大茶区中，西南茶区主产红茶、绿茶、普洱茶；华南茶区主产乌龙茶、红茶；江南茶区主产绿茶、红茶、黑茶；江北茶区主产绿茶（俞春芳，2018；李兰和江用文，2008）。

我国是世界第一大产茶国，2019 年茶园面积 300 多万 hm^2。六大茶类的产量分别为绿茶 177.28 万 t、黑茶 37.81 万 t、乌龙茶 27.12 万 t、红茶 30.72 万 t、白茶 4.96 万 t、黄茶 0.97 万 t（王庆，2019）。尽管我国拥有全球最大的茶叶总产量，但是进入 21 世纪以来，以名优茶生产为主导的中国许多茶区 50%以上的夏秋茶鲜叶没有被采摘加工成干茶，茶叶资源的利用比例不高。据国际茶叶委员会统计，2015～2017 年我国茶叶平均产量仅为 830 kg/hm^2，处于全球茶叶单产最低水平（表 7-1）。已经采摘加工的中低档茶叶，由于品质相对较低，产品价格不高，出现不同程度的滞销，茶叶资源的利用效益不高。尽管茶产业在我国农业领域中的整体经济效益相对较高，但是，从茶叶资源利用角度看，我国茶叶产业的经济效益还有较大的提升空间。因此，开展以茶叶深加工为突破口的茶叶资源高效循环综合利用是提高茶叶附加值、促进茶产业转型升级、拓展茶叶消费领域的重要途径。

表 7-1　全球主要产茶国 3 年平均单产统计（2015～2017 年）

国家	总面积/万 hm^2	总产量/万 t	平均单产/（kg/hm^2）
中国	291.77	242.10	830
印度	57.80	120.60	2 190
斯里兰卡	19.78	30.95	1 565
肯尼亚	22.02	43.74	1 986
土耳其	7.72	25.57	3 314
越南	13.40	17.50	1 306
印度尼西亚	11.62	13.45	1 158
阿根廷	4.09	8.27	2 020
日本	4.16	7.74	1 861
孟加拉国	5.83	7.71	1 323
乌干达	3.91	5.60	1 432
马拉维	1.86	4.27	2 297

资料来源：International Tea Committee。

7.1.2　茶叶深加工利用概况

茶叶深加工是指以茶叶生产过程中的茶鲜叶、茶叶、茶叶籽、修剪叶，以及由其加工而来的半成品、成品或副产品为原料，通过集成应用生物化学工程、食品工程、制剂工程等领域的先进技术及加工工艺，实现茶叶有效成分或功能组分的分离制备，并将其应用到人类健康、动物保健、植物保护、日用化工等领域的过程（刘仲华，2019a）。

我国茶叶深加工技术体系与产品体系基本成熟。按照技术需求可分为有效组分与功能成分分离纯化技术、功能成分结构修饰与改性技术、活性成分的功能与安全性评价技术、深加工终端产品研发技术、功能成分分析检测技术等；按照产品类别可分为有效组分、有效成分、深加工终端产品。有效组分主要包括速溶茶、茶浓缩汁、茶叶籽油、茶树花提取物等；有效成分主要包括茶多酚、儿茶素、茶氨酸、茶黄素、茶多糖、茶皂素、咖啡碱、花色苷等功能成分的标准化提取物；深加工终端产品包括以茶叶功能成分、速溶茶、浓缩茶汁、茶叶籽油、茶树花为原料开发的天然药物、保健食品、茶食品、食品添加剂、个人护理品、动物健康产品、植物保护剂、建材添加剂等（刘仲华，2019b）。我国茶叶深加工领域利用 25 万 t 的茶叶原料，创造了约 1 500 亿元的产业规模，取得了显著的经济效益和社会效益，且还存在巨大的拓展空间（图 7-1）。

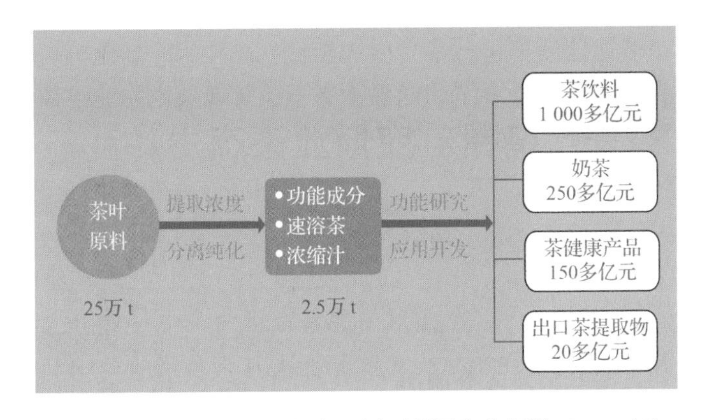

图 7-1　中国茶叶深加工与资源循环利用产业规模（2018 年）

数据来源：综合中国茶叶流通协会、中国饮料工业协会、中国医保商会植物提取物分会统计资料。

1. 速溶茶和浓缩茶汁的提取制备

速溶茶和浓缩茶汁的提取制备工艺主要由提取、过滤、浓缩、干燥等组成。此外，还包括水处理、茶原料拼配、转溶、香气回收利用等工序。我国现在提取制备的速溶茶和浓缩茶汁主要应用于茶饮料和健康食品（膳食补充剂）两大领域。茶饮料领域应用较多的是速溶红茶、速溶绿茶、速溶乌龙茶、速溶茉莉花茶及其浓缩汁；在健康食品领域应用较多的是速溶绿茶、速溶红茶、速溶黑茶（包括速溶普洱茶）、速溶白茶及其浓缩汁。

提取技术与装备是决定速溶茶提取效率和品质的重要因素。影响提取效果的主要因素有浸提溶剂、茶叶破碎度、浸提温度、浸提时间、料液比等，我国已经构建了以纯水为溶剂的速溶茶绿色高效提取技术。提取装备方面，连续逆流槽式提取成为目前最适用于规模化工业生产的提取方式，可有效确保提取效率和品质。为了提高速溶茶的提取收率、效率、品质，降低提取成本，酶解提取、微波提取、超声波提取、超临界二氧化碳提取等新技术得到了不断的研究与应用。

过滤是获得高透明度的浓缩茶汁和速溶茶的关键环节，直接影响产品的色泽和风味。超滤膜、纳滤膜、无机陶瓷膜等先进膜过滤技术已经全面应用于我国规模化的茶提取液过滤中。浓缩是速溶茶和浓缩汁加工中影响品质和效率的核心工序。浓缩技术从常规真空浓缩、冷冻浓缩向膜浓缩发展。膜浓缩（包括反渗透浓缩、超滤浓缩和纳滤浓缩）具有浓缩温度低，能有效保护热敏性物质，可提高产品的冷溶性，有效保留茶叶香气物质，降低重金属、农药残留、小分子有机酸、无机盐等富集效应等优势，现已成为茶叶深加工中应用最广泛的先进浓缩技术。应用机械式蒸汽再压缩（mechanical vapor recompression，MVR）技术的真空浓缩与膜浓缩结合是速溶茶规模化生产中较理想的低能耗浓缩技术组合。

速溶茶工业化生产中采用的干燥方法主要有喷雾干燥和真空冷冻干燥两种。

此外，还有真空低温连续干燥技术、微波真空干燥技术、高压电场干燥技术等。近年来，连续真空冷冻干燥方法和低温喷雾干燥等新技术为速溶茶风味品质提升奠定了更好的技术基础（刘仲华，2019b）。

2. 茶叶功能成分提取制备

茶作为全球规模最大的饮料植物，富含丰富的营养成分、次级代谢产物、风味物质。尤其是其丰富的次级代谢产物，既是茶叶的关键品质成分，也是其最重要的功能成分，如茶多酚、儿茶素、茶氨酸、茶黄素、茶多糖、茶皂素、花色苷等。随着国内外对茶叶功能成分健康价值研究的深入，这些成分已被越来越广泛地应用于天然药物、功能食品、功能饮料、个人护理品等领域，成为全球热门的天然产物。

1）茶多酚与儿茶素的提取制备

自 20 世纪 80 年代开始，茶多酚与儿茶素的提取分离技术就成为茶叶深加工研究的重点和热点。目前，我国构建了只采用纯水和酒精为提取与分离溶剂、膜分离与大孔树脂分离纯化相结合的茶多酚与儿茶素绿色高效提取分离纯化技术体系，满足了国际市场对茶叶提取物质量安全日益严苛的要求。超临界二氧化碳和亚临界提取技术、反渗透膜浓缩和低温负压蒸发技术减少了在浓缩过程中茶多酚氧化与儿茶素的热异构化；木质纤维树脂、壳聚糖树脂、竹叶纤维等新型分离介质成功应用于柱层析分离。吸附树脂分离、膜分离技术与酶工程组合，构建了绿色高效的儿茶素分离纯化技术体系，并研发出脱咖啡因高纯儿茶素、高酯化儿茶素、低苦涩味儿茶素等新产品。以往采用凝胶色谱、中低压制备色谱和高速逆流色谱技术分离制备儿茶素单体时分离产能过低，而模拟移动床色谱仪、大容量三柱串联型高速逆流色谱仪（由多根色谱柱或类似色谱柱的固定床层串联）的应用，实现了混合物的连续进样和分离，制备效率显著提高。EGCG、EGC、ECG 和 EC 等儿茶素单体的制备技术由千克级向吨级的工业化规模跨越（刘仲华，2019b）。

2）茶氨酸的提取制备

茶氨酸是茶叶中具有多种健康功能的天然活性物质，是国际健康食品领域最热门的天然产物之一。从儿茶素提取制备过程的水洗脱液或低浓度酒精洗脱液中，采用离子沉淀法、离子交换吸附法与膜分离法组合分离天然 *L*-茶氨酸的技术日趋成熟，为高茶氨酸茶树资源的高值化利用及茶叶功能成分综合高效提取制备提供了技术支撑（刘仲华，2019b）。

3）茶黄素的提取制备

红茶中茶黄素含量（0.5%～2%）不高，随着国内红茶消费热的兴起，以红茶为原料提取分离纯化茶黄素的成本缺乏市场竞争力和产业化的可操作性。因此，以儿茶素为原料通过酶促氧化制备茶黄素是一条经济高效可行的新技术途径，也是夏、秋茶资源高效循环利用的又一重要途径。该项突破使茶黄素成为继儿茶素和茶氨酸之后最具市场潜力的茶叶功能成分，并在国际健康食品领域全面应用。采用半制备 HPLC 或中压制备液相色谱技术，已较大规模分离纯化出 4 种茶黄素单体（茶黄素、茶黄素-3-单没食子酸酯、茶黄素-3'-单没食子酸酯和茶黄素-3,3'-双没食子酸酯），为茶黄素在天然药物和健康食品中的应用提供了技术支撑（刘仲华，2019b）。

4）茶多糖的提取制备

茶多糖是茶叶中重要的活性成分之一，是一类含有蛋白质的酸性多糖复合物，其主要功能有降血糖、降血脂、抗氧化、抗辐射和提高免疫等。粗老茶中茶多糖含量较高，故提取茶多糖是粗老茶资源综合利用的重要途径。最常见的制备方法是水提醇沉法，以及一些辅助提取方法（如微波、超声波、酶辅助浸提等）；常见的纯化技术有先用 Sevage 法除蛋白、双氧水法脱色、透析法除盐等，然后，用柱层析法、超滤法、季铵盐沉淀法等提纯（刘仲华，2019b）。

5）茶叶提取物在茶饮料中的应用

茶饮料是指以茶叶的萃取液、浓缩液、速溶茶粉为主要原料加工而成的饮料，具有茶叶的独特风味，含有天然茶多酚、咖啡碱等茶叶有效成分，是清凉解渴的多功能饮料。茶饮料种类繁多，主要分为纯茶饮料（茶汤饮料）、果汁果味茶饮料、奶味茶饮料、复合茶饮料等。纯茶饮料注重茶的原汁原味，代表着茶饮料的加工技术水平。目前，市场上红茶、绿茶、茉莉花茶、乌龙茶、黑茶（普洱茶、茯茶等）的纯茶饮料较多；而果汁果味茶饮料则是国内市场上比例最高的种类。利用各种具有保健作用的药食两用植物材料与茶叶复配制成的混合保健茶饮料正成为茶饮料新的发展趋势（中国茶叶学会，2019）。2018 年我国茶饮料规模创历史新高，达 1 366 亿元。随着茶饮料市场规模的快速崛起，茶饮料生产加工技术水平也得到了快速提升（刘仲华，2019b）。

6）茶叶功能成分的终端产品开发

茶多酚在 20 世纪 90 年代初被列入食品添加剂中的天然抗氧化剂。进入 21 世纪以来，随着 EGCG、茶氨酸、茶树花、茶叶籽油被我国列为新资源食品，为茶叶提取物在食品领域的大量应用突破了法规障碍。我国茶叶深加工技术研究开发逐步由过去只专注于提取分离纯化技术创新向同时开展茶叶活性成分的功能研究与终端产品研发转移，以茶叶与健康的最新研究成果为基础，开发以茶叶功能成分为原料的天然药物、健康食品、功能食品、休闲食品、功能饮料、个人护理品、动物健康产品及环境修复产品等，越来越多的具有天然、健康特点的茶叶深加工终端产品投入到人类健康、动物健康、植物健康和环境保护的大健康产业中，且产品呈现日益多样化、功能化、时尚化、方便化的趋势（刘仲华，2019b）。

添加一定比例的茶多酚或茶提取物的功能型休闲食品成为茶食品发展的热

点，如茶味糖果、茶味零食、茶味糕点、茶味蜜饯、茶味冷冻制品、茶面条和茶餐等茶休闲食品。

茶酒是以茶叶为主要原料，经直接浸提或生物发酵、过滤、陈酿、勾兑而成的一种具有养生作用的饮料酒。茶酒已逐渐成为近年来健康酒品开发的热点。我国酒业著名品牌开始关注茶酒的发展空间，并不断推出各种茶酒新产品。

在茶的药品与健康食品领域，以茶多酚、儿茶素为主要成分开发天然药物、保健食品或膳食补充剂，已经成为近 20 年来国内外茶叶深加工领域终端产品开发的热点和重点。20 世纪 90 年代，浙江大学以茶多酚为主要成分研发的具有醒神健脑、化浊降脂功效的“心脑健胶囊”药品，成为我国首例茶叶药物。德国 Medigene 公司、日本三井农林株式会社和湖南农业大学共同研发的儿茶素有 90%作为活性制药原料（active pharmaceutical ingredient，API），创制了治疗尖锐湿疣的天然药物 Veregen（源自中国医学科学院程书钧院士的发明专利），于 2006 年获得美国食品药品监督管理局（Food and Drug Administration，FDA）批准，成为 1962 年美国修改药品法以来的第一个纯植物药。以茶叶功能成分开发的保健食品涵盖了我国国家食品药品监督管理局（State Food and Drug Administration，SFDA）公布的 27 个保健食品功能中的绝大部分功能，市场规模比较大的是具有抗氧化、抗辐射、辅助减肥、辅助降血脂、辅助降血糖、保护化学性肝损伤、保护非酒精性脂肪肝、增强免疫等功能的保健食品。

在茶的个人护理品与生活用品领域，开发面市的产品有茶面膜、防晒霜、护肤霜、美白抗皱霜、沐浴露、口臭消除剂、除臭纸巾、牙膏、香皂、洗发水、洗手液、洗脚液等。在茶的个人护理品中，应用比较多的功能成分有茶多酚、儿茶素、茶氨酸、茶黄素、茶皂素等，应用比较多的茶类提取物有绿茶、红茶、黑茶和白茶。

在茶的动物健康产品领域，成功开发了功能饲料添加剂和茶兽药系列产品。如饲料中添加茶多酚用于降低鸡蛋中的胆固醇、提高瘦肉率，添加茶氨酸用于提高动物免疫力，添加茶皂素用于替代抗生素等，为健康养殖提供新的产品支撑。

7.1.3 茶渣的生态循环利用

随着茶叶深加工产业的快速发展，茶叶提取物的出口规模和在国内食品与饮料工业中的使用量急剧上升，因此，茶叶深加工会集中产生大量的茶渣。据估计，2018 年我国对 25 万 t 茶叶进行了深加工利用，每年产生的茶渣数量超过 10 万 t。茶渣是指茶叶在生产加工，以及深加工、销售、饮用过程中产生的固体有机废弃物，主要包括茶叶深加工过程中经浸泡提取后的废弃茶叶、销售过程产生的滞销粗老茶和加工过程中产生的副茶（约占成品茶总产量的 10%）。茶叶加工厂挑剩的茶末、茶梗，以及数量众多、口感不好、被淘汰的夏、秋茶也属于茶渣范畴。目前，茶渣主要被用作燃料，但经济价值较低，且直接焚烧产生的气体对环境产生污染；茶渣当中还含有很多未被利用的营养物质和有效成分，若将其直接丢弃，将会造成巨大的资源浪费。有报道指出，茶叶沏泡与速溶茶加工中所提取的咖啡碱、糖分、水溶性灰分、氨基酸和维生素等可溶性成分含量仅占茶叶干重的 30%～40%，茶渣里仍残留 1%～2%的茶多酚、0.1%～0.3%的咖啡碱、17%～19%的粗蛋白质、16%～18%的粗纤维等具有较高潜在利用价值的物质（龚舒蓓和林柃敏，2019；肖正广，2017）。由此可见，对茶渣进行循环利用，提高资源利用率，具有重要的经济价值和环境生态效益。据推算，目前，深加工企业产生的 10 多万吨茶渣大部分得到了不同形式的循环利用。但是非茶叶深加工的传统茶叶企业所产生的茶渣的利用率仅在 30%以下。目前，对茶渣生态循环利用主要包括以下几方面内容。

1. 茶渣有效成分提取制备

茶叶深加工过程中，水浸提工序带走的水溶性成分多、不溶性成分少，但纤维素、半纤维素、蛋白质等还留在茶渣里。对茶渣中的有效成分进行提取制备，可实现茶渣循环利用、显著提高茶资源附加值。

1）提取制备微晶纤维素

微晶纤维素（microcrystalline cellulose，MCC）是一种以 β-1,4-葡萄糖苷键结合的直链式多糖，由植物原料经稀酸水解成 α-纤维素后，经部分解聚后形成的结晶状纤维，是具有极限聚合度的可自由流动的白色或近白色粉末状固体物质。微晶纤维素无臭无味，不溶于水、稀酸、有机溶剂及油脂等，且流动性强，可在水中分散，并在弱碱溶液中部分溶胀，羧甲基化、乙酰化、酯化反应性能相对较高。茶渣的主要成分包括纤维素、半纤维素、木质素、茶蛋白质、茶多酚等，其中纤维素的含量占干重的 13%～19%。以茶渣为原料，可采用盐酸水解法制备茶渣微晶纤维素（黄华和黄惠华，2018）。酸解时间、酸解温度、盐酸浓度及料液比对微晶纤维素得率、聚合度和结晶度均有影响，运用 X-射线衍射和红外光谱对微晶纤维素产品进行表征的正交试验优化工艺参数的结果表明，最佳制备工艺参数为酸解温度 95℃、盐酸质量分数 8%、酸解时间 90 min、料液比 1∶16（g/mL）。在此条件下，茶渣微晶纤维素产品的得率为 54.34%，聚合度为 128，茶渣的微晶纤维素的结晶度达 67.77%，晶粒尺寸为 3.98 nm，晶型为纤维素 I 型。充分利用茶渣资源制备性能较好的微晶纤维素产品，可提高茶渣的附加价值，为茶渣综合开发利用提供了新的途径。

2）提取制备膳食纤维

膳食纤维具有维持人体健康的独特生理作用，其中的水不溶性膳食纤维（insoluble dietary fiber，IDF）不能被人体内源酶水解吸收，却在保持消化系统健康方面有着突出作用，并在预防慢性疾病方面越来越受到重视，已发展成为一种极为重要的功能性食品原料。水不溶性膳食纤维和水溶性膳食纤维（soluble dietary fiber，SDF）都是茶渣的主要成分。利用化学法提取茶渣中膳食纤维成分的最佳工艺参数为NaOH浓度1.00%、料液比1∶20、碱提温度50℃、酸处理时间1 h。在这个条件下，膳食纤维提取率达到38.56%。提取的膳食纤维具有良好的吸附特性，其中持水力为3.21 g/g，溶胀力为3.00 mL/g，对饱和脂肪酸和不饱和脂肪酸的吸附能力分别达到1.31 g/g和0.89 g/g（厉剑剑，2012）。采用碱提醇沉法可从茶渣中制备水溶性膳食纤维。制备水溶性膳食纤维的基本工艺流程为干燥的茶渣→脱脂→碱液（NaOH）处理→滤液浓缩→乙醇沉淀→离心过滤→取沉淀干燥→水溶性膳食纤维，得率在25%以上（沈锐 等，2017）。茶渣中提取的水不溶性膳食纤维可用H_2O_2脱色，其最佳脱色工艺参数为：H_2O_2浓度5.5%、pH=10、温度45℃，白度达30%以上，且产品的持水力及膨胀力均大幅增加；脱色后的茶渣水不溶性膳食纤维对不饱和脂肪酸、饱和脂肪酸的吸附能力，在酸性及中性条件下对胆固醇的吸附能力，对胆酸钠的吸附能力等理化特性均高于大多数膳食纤维产品（朱文婷 等，2018）。

3）提取制备茶叶蛋白质

茶叶蛋白质具有较高的吸油性和乳化稳定性，是一种富有营养和保健功能的物质。研究表明，在温度50℃、pH 9.0、底物质量浓度10%、酶添加量2%、水解时间4 h的条件下，茶叶蛋白质的水解度可达74%，多肽含量可达40%。应用双螺杆挤压技术对茶叶进行高压破壁，在常温条件下酶解茶渣中的蛋白质，可实现同步制备茶渣抗疲劳肽和茶精华素。利用该技术制备茶渣中丰富的水不溶性蛋白质，既可降低环境污染，又可提高茶资源的附加值。通过对氮溶解指数、乳化性、起泡性、吸水性和吸油性等功能指标的分析发现，茶渣蛋白质的乳化液在波长500 nm处的吸光度为0.30，搅拌1 min起泡性达到54%，吸水性为4.13 g/g，吸油性为4.86 g/g，说明茶渣蛋白质具有良好的吸水性、吸油性、乳化性、乳化稳定性、起泡性及起泡稳定性；这些特性测定值要高于大豆浓缩蛋白质参照品，因此茶渣蛋白质具有开发成为功能改良剂的潜在可能性（靳伟刚 等，2011；汪少芸 等，2018；张士康 等，2012）。

2. 茶渣的多元化应用

1）用作燃料

茶渣制备成生物质颗粒燃料是一种新型的茶渣处理途径，其大致的制作工艺是以茶渣和污泥为原料，经过压滤和烘干步骤后，将压干污泥和烘干茶渣混合，最后挤压成颗粒。这种处理途径可以将废茶渣全部消化，有效减缓大量茶渣堆积所造成的环境压力，具有经济、环保、可持续发展的特点。研究发现，以 28.4% 茶渣为主料的生物质颗粒燃料燃烧率高、结渣率低、烟尘少，对环境造成的污染比直接焚烧茶渣小。在开发茶渣生物质颗粒燃料过程中，需要设定和优化板框压滤机、滚筒烘干机、环模颗粒机的技术参数，以及茶渣和污泥的混合比例（钟亮 等，2017）。此外，还可采用微生物发酵方式来处理茶渣堆积的问题，以茶渣为发酵原料，通过厌氧消化产生沼气，形成清洁的沼气能源（白娜 等，2011）。

2）用作饲料

虽然茶渣是茶叶加工过程的废弃物，但是其生产成本低又含有多种营养成分，可开发茶渣使之成为一种新饲料原材料（黄藩 等，2018）。茶渣中的营养物质（如茶多酚、茶多糖）不仅可以为制作饲料节约成本，还能加快猪的生长，降低猪肉中的胆固醇和脂肪含量，提升猪肉质量和口感。含茶渣成分的甲鱼专用饲料，能够显著提高藕塘套养甲鱼的生长速度和产量；利用茶渣制备的鸭饲料适口性好，具有原料廉价易得、生产成本低、营养全面均衡、易于吸收、不含抗生素、安全性高，以及有效促进鸭增重和改善肉质的特点。还可以通过微生物发酵茶渣的形式来制备动物饲料。例如，以茶渣为主要原料，通过木霉和曲霉的共同发酵作用，使饲料中粗蛋白质含量达到 23%以上，符合仔猪配合饲料中的粗蛋白质含量指标（刘姝和涂国全，2001）。研究表明，肉鸡舍的氨气主要来源于肉鸡对饲料中蛋白质的吸收和排泄，在日粮中添加 2%复合吸附剂（茶渣：活性炭=1：5）能显著降低肉鸡舍的氨气浓度，改善鸡场环境，提高肉鸡的生产经济指标和生产性能（吴慧敏 等，2015）。值得注意的是，添加茶渣/茶末的食品或饲料容易有涩口而适口性差的问题，所以须注意添加的比例，或利用某些加工技术（如膨化）来降低涩味和改善口感，从而提高适口性。研究表明，将绿茶茶渣进行膨化处理后，茶多酚活性物质没食子酸含量增加 4.06 倍，游离氨基酸含量增加 2.3 倍。该技术不仅能改善产品的理化性质和风味，还能提高食物中的营养成分含量，改善口感，也促进动物对其吸收利用。

3）加工肥料

茶渣作为土壤肥料是茶渣循环利用起步最早、开展最全面的途径。茶渣经过腐熟后，再配以适量的有机肥和无机肥制成复合肥后施入农田，具有明显的增产效果。茶渣复合肥也可以施入茶园，增加茶园肥力，从而提高产量。

在改良土壤方面，废茶叶很容易释放土壤中以铵根离子（NH_4^+）形态存在的氮元素，所以利用微生物发酵后的茶渣生产成茶渣有机/无机复合肥，能有效延缓硝酸盐的产生，并防止硝酸盐在向地下周围渗透过程中有机氮的损失。研究发现，施用茶渣复合肥后，0～15 cm 及 15～30 cm 土层中的细菌、放线菌和真菌总数均高于市售茶园有机肥、菜饼和尿素处理，证明茶渣复合肥可以明显改良茶园土壤的生态特性（夏会龙，2003）。研究蚯蚓在茶渣复合物料中的生长繁殖情况，以及处理前后物料肥力属性的变化发现，蚯蚓生物处理技术可应用于废弃茶渣肥料化利用中，可加快物料降解速度，且废弃茶渣的可行复合比例为20%，蚯蚓处理技术可使氮、磷、钾等矿质养分有效性的提高幅度均超过14%（周波 等，2018）。茶渣废弃物分别添加锯末、油枯、石灰、木醋后进行发酵处理（共设8个处理），各发酵组中，添加油枯的平均发酵温度比添加锯末的高出3.1℃；添加石灰的pH为8.055和8.444，添加木醋的pH为6.274和7.611；添加油枯和木醋可提高茶渣堆肥的电导率。研究认为，初始发酵水分为60%，每3 d翻堆1次，油枯和木醋添加量为5%的配方组合，是茶渣有机肥的最佳发酵工艺参数（刘顺航 等，2016）。

茶渣废弃物含有丰富的纤维素、茶色素及咖啡碱等有用成分，故茶渣在食用菌培养原料领域具有广泛的应用潜力。利用茶渣取代传统的棉籽壳基质可以培养出高产量高品质的平菇，茶渣作为培养基质，能够栽培出高蛋白质和高氨基酸含量的平菇、杏鲍菇、白参菇、茶薪菇、凤尾菇、秀珍菇、灵芝、香菇、金针菇和双孢菇，而且随着茶渣添加比例的增加，这些食用菌中的蛋白质、氨基酸，以及矿物质含量也逐渐增加（杨豆豆 等，2014；曾泽彬 等，2014）。

4）开发纸产品

日本的茶饮料生产企业伊藤园公司，突破传统方式，开辟新型利用途径，开发了茶渣的再利用纸产品（名片、信封等）。这是一种新型原料产品，韧度较强、伸张力较好，且纸张质地体现了茶叶的原料特点。茶叶废弃物作为纤维原料制纸优化生产工艺为：漂烫原料后超声波处理30 min，再强酸高温（pH=1，90℃）处理1.5 h，洗涤过滤后强碱（pH=13，100℃）处理48 h，再经洗涤过滤漂白，加入0.5%海藻酸钠静置1 h，最后40℃定型烘干4 h。该工艺所制成的茶渣纤维具有书写功能，有较好的延展性，生产成本低（郭晓莹和王校常，2015）。茶渣粉与木浆原料混合制成纸浆，可以生产带有淡淡茶香、具有较好感官效果且符合书写用的商品纸（董俊杰 等，2017）。在造纸过程中大比例使用茶渣，可以节约木浆原料，有效降低造纸成本，缓解茶渣带来的环境清洁压力，延长茶产业链，在满足消费者猎奇时尚心理的同时，也迎合消费者对中国传统文化的需求。因此，开发茶渣类纸产品具有很大的经济价值和重要的生态环保意义。

5）开发吸附消臭产品

茶渣虽是一类农业废弃物，但其自身具有较好的污染物吸附性能，可用于废水中重金属、有机物、氟化物和氰化物等的脱除，其脱除作用以化学吸附为主。另因茶渣还具有较高碳含量，故可作为活性炭和生物炭的制备原料，茶渣碳质吸附材料具有较大的比表面积，具有比茶渣自身更好的污染物吸附性能，可用于废水中污染物的处理，也可用于烟气脱硫脱硝；利用茶渣制备的生物吸附材料可用

于污染物吸附，可以降低吸附剂的制备成本，也提供了一种废弃茶渣资源利用的途径，具有较好的应用前景。茶渣具有很强的吸附能力，可以有效减轻环境污染物扩散，具有巨大的社会意义和生态环境效益（李明静　等，2000；崔晓宁　等，2010；张军科　等，2009）。

日本伊藤园公司尝试在榻榻米内部的建筑板里添加茶渣，成功开发出具有消臭功效的榻榻米产品。对茶渣进行提取、酸解，制备茶渣微晶纤维素，再利用2,2,6,6-四甲基哌啶-1-氧自由基对其改性并引入羧基基团，可制备具有较强吸附性能的水凝胶，其可作为一种新型吸附剂应用到染料废水的处理中。通过硫酸去除茶渣中的可溶性色素等物质，得到去色素的茶渣，进一步球磨得到超微茶渣，再将其浸没于含有多种金属离子的碱性混合溶液中，随后高温干燥、洗涤烘干可制得除氟生物吸附剂。茶渣生物吸附剂具有制备过程简单、反应条件温和、易于工业化操作的优势（黄华，2018；蔡荟梅　等，2016）。

在日常生活中，茶渣强大的吸附功能也有着很好的应用空间。采用茶渣可以制备冰箱异味吸附剂、汽车异味吸附剂、装修涂料甲醛与异味吸附剂等。对茶梗进行膨化、酶解，对茶渣进行发酵，再将茶梗、茶渣、茶末复配可制备出不含化学合成成分，对足部皮肤无刺激，且具有抗菌、消炎、止痒等功效的天然健康养生足浴粉。选取较为干净的茶渣，经干燥灭菌后，再添以桑叶、薄荷叶或菊花花瓣等，制成枕芯，不仅可以吸附异味，还具有清热解毒、缓解精神疲劳、促进睡眠、降低血压等功效。茶叶中里含有大量多酚类物质，具有很强的杀菌作用。如果每晚将茶叶煮成浓汁来泡脚，长时间坚持下来，能在一定程度上根治脚气病（黄毅，2019）。

7.2　茶树花的生态循环利用

茶树的生长有营养生长和生殖生长两个类别，营养生长主要是指茶树枝叶和根系的分化和发育过程，生殖生长主要是指茶树花果的分化和发育过程，营养生长和生殖生长是属于互相竞争的两个过程。茶树是以采收叶片为主的经济作物，茶树开花结果属于茶树的生殖生长，会争夺茶树养分，致使茶叶产量下降、质量降低，茶树花被认为是茶叶生产中的废料，在茶叶生产过程中会使用开花抑制剂或者通过施肥调控等措施来抑制茶树花的生长。我国茶树花资源丰富，采摘茶树花有利于茶树营养生长，为下一轮的茶叶优质高产创造良好的条件，并可以解决茶叶生产季节性强，秋、冬季大量人力物力闲置的问题。大量研究表明，茶树花富含茶多糖、茶多酚、氨基酸类物质、茶皂素、维生素、过氧化物歧化酶、过氧化氢酶、微量元素、香气成分等多种与茶鲜叶类似的生化成分，还是一种优质蛋白质营养源。茶树花入选 2013 年国家卫生和计划生育委员会（简称卫计委）批准的新食品原料，可广泛应用于食品、医药及保健品等行业。充分利用茶树花资源对提高茶树附加值、促进茶产业发展具有重要的现实意义。据测算，我国茶园每年可产茶树花干花 100 万 t 左右。尽管我国茶树花开发利用研究经历了若干年，但是目前加工循环利用的量仅 2 000 多吨，形成了 2 亿多元的产业规模。可见，我国茶树花的循环利用可望形成千亿元的产业规模。

7.2.1 茶树花的生物产量与生化成分

1. 茶树花的生物产量

茶树花是茶树的生殖器官之一。茶树花属完全花、两性，由短花梗、花托、花萼、花瓣、雄蕊和雌蕊组成；着生于茶树新梢叶腋间，单生或数朵丛生，花朵直径为 1.5～2.5 cm，通常由 5～9 片花瓣组成；花瓣一般白色，少数呈淡黄色或粉红色。茶树花芽一般于每年 5 月开始分化，花期在 9～12 月，其中 10～11 月为盛花期，花期长达 100～110 d，南部茶区可延续至翌年 2～3 月，茶树花的寿命一般为 2 d，开放后 2 d 没有受精便自动脱落。不同品种、不同区域、不同管理水平的茶园茶树花产量差异较大，茶树花干花的理论产量为 100～150 kg/667 m^2（叶乃兴 等，2008）。

2. 茶树花的生化成分

茶树花含有与茶叶类似的主要生化成分。研究发现，不同品种茶树花的生化成分含量呈现多样性，水浸出物含量为 53.78%±4.57%，茶多酚含量为 10.78%±2.25%，游离氨基酸含量为 2.60%±0.51%，咖啡碱含量为 1.42%±0.22%，可溶性糖含量为 3.80%±1.07%（叶乃兴 等，2005；李利欢 等，2018）。通过茶树花与茶鲜叶主要生化成分含量的比较，发现茶树花具有较高的水浸出物含量和含水率，可溶性糖含量高于茶鲜叶，游离氨基酸含量与茶鲜叶相当，茶多酚含量明显低于茶鲜叶（表 7-2）（叶乃兴 等，2005）。

表 7-2　茶树花与茶鲜叶的内含物质比较（叶乃兴 等，2005）（单位：%）

项目	含水率	茶多酚含量	水浸出物含量	可溶性糖含量	游离氨基酸含量
茶树花	80～87	7.8～14.4	46～59	2.4～5.7	1.5～3.3
茶鲜叶	75～78	18.0～35.0	30～47	0.8～4.0	1.0～4.0

1）茶树花中的茶多酚

不同品种的茶树花鲜花多酚含量有一定的差异，占干物质量的 5%～8%，低于茶叶中的多酚含量（黄阿根 等，2007）。茶树花中含有 EGC、C、EGCG、EC、ECG、EGCG3"Me、ECG3'Me，其中，两种甲基化儿茶素（EGCG3"Me 和 ECG3'Me）在花托、萼片和花梗中含量达 1.86 mg/g（徐人杰 等，2012）。

2）茶树花中的蛋白质和氨基酸

茶树花总蛋白质含量为15%左右，主要成分为清蛋白、球蛋白、醇溶蛋白、谷蛋白4种，其中水溶性清蛋白含量达蛋白质总量的50%以上（侯玲 等，2016）。茶树花中含有16种游离氨基酸，其中15种为蛋白质氨基酸和1种非蛋白质氨基酸（茶氨酸）。茶树花中茶氨酸的含量（4.93 mg/g）高于茶叶中的茶氨酚含量（1.62～4.12 mg/g）（徐人杰 等，2012）。

3）茶树花中的多糖

茶树花总糖含量占干物质量的 20%～35%，多糖含量占干物质量的 1.5%～2.5%。茶树花的总糖含量远高于茶叶，多糖含量与茶叶相当。茶树花含有与茶叶基本相同的多糖组分，由岩藻糖、鼠李糖、阿拉伯糖、木糖、半乳糖、葡萄糖、甘露糖、果糖、核糖、半乳糖醛酸、葡糖醛酸聚合而成，其中以半乳糖、木糖、阿拉伯糖、半乳糖醛酸为主，占摩尔百分比的75% 以上，尤其是半乳糖和木糖分别占 34.43%和 22.78%。采用气相色谱分析茶树花多糖的单糖组分，发现其主要包含7种单糖，鼠李糖∶阿拉伯糖∶岩藻糖∶木糖∶甘露糖∶葡萄糖∶半乳糖（摩尔比）为10.17∶49.52∶2.58∶1.49∶2.68∶11.54∶22.04（张星海 等，2015）。

4）茶树花中的香气物质

新鲜初展茶树花香气成分主要为芳香醇类、萜烯醇类、脂肪醇类和芳香酮类化合物，这几类物质含量占精油总含量的 80%～95%。其中含量较高的香气成分根据对其香型的贡献分为两类。一类是2-戊醇、2-庚醇、青叶醇、3-戊醇、1-戊烯-3-醇、2-己醇等给茶树花带来青气的化合物；另一类是苯乙酮、芳樟醇、α-苯乙醇、2-苯乙醇、香叶醇、水杨酸甲酯等给茶树花带来清甜花香或果香的化合物，其中苯乙酮、α-苯乙醇、2-戊醇、2-苯乙醇、芳樟醇为茶树花的主要香气成分。采用HS-SPME-GC-MS结合保留指数（retention index，RI）的方式对12个品种茶树花的挥发性物质进行定性定量分析表明，茶树花的挥发性物质与茶叶相似，主要有烯烃、醛类、醇类、酸类、烷烃、酮类及酯类7类，但相对含量有明显区别，酮类、醇类和酸类含量占挥发性物质总含量的 70%～80%。其中苯乙酮、芳樟醇含量占挥发性物质总含量的 30%～60%，苯乙酮具有清甜香气，与茶树花的清甜味非常相似。茶树花与茶叶感官上香气不同的主要原因可能是苯乙酮含量的不同造成（顾亚萍，2008；王娟 等，2015）。

5）黄酮类化合物

花粉中黄酮类化合物一般以苷的形式存在，含量广泛而丰富，能有效保护花粉生殖核的 DNA 免遭辐射损伤等。茶树花粉中黄酮类化合物以黄酮醇类为主，其组分主要有黄酮醇、异鼠李素、原花青素、二氢山柰酚、杨梅黄酮、木犀黄素、槲皮酮、山柰酚、柚（苷）配基和芹菜（苷）配基等。茶树花粉中含有大量的黄酮类化合物，其含量高于其他花粉（李英华 等，2005；陈小萍 等，2007）。

6）皂苷类化合物

采用 UPLC-Q-TOF/MS（超高效液相色谱-四极杆-飞行时间质谱联用）技术分析，从茶树花中分离鉴定了 21 种皂苷类物质，分别是 Theasaponin A_6、Floraassamsaponin III、Chakasaponin III、Theasaponin A_5、Teaseedsaponin F、Teasaponin A_2、Chakasaponin IV、Floratheasaponin D、Chakasaponin I、Floratheasaponin A、Floratheasaponin H、Floratheasaponin H、Foliatheasapoinin I/III、Teaseedsaponin D、Chakasaponin II、Floratheasaponin J、Floratheasaponin C、Floratheasaponin B、Chakasaponin V、Floratheasaponin E 或其同分异构体等，还有一种新的皂苷化合物。不同茶树品种的茶树花皂苷类物质组成中，Floratheasaponin 类与 Chakasaponin 类皂苷物质的比例是不一致的。茶树花中各部位的皂苷类物质含量有所差异，主要存在花瓣、雄蕊、雌蕊中（沈娴，2017）。

除上述成分外，茶树花中还含有咖啡碱、维生素、酶、微量元素等多种成分（苏松坤 等，2011；王贤波 等，2012）。以晒干的茶树花粉为原料进行分析发现，蛋白质含量为 29.18%，脂肪含量为 2.34%，维生素 A、D、B_1、B_2、C、E、K 的含量分别为 0.79 mg/100 g、0.02 mg/100 g、0.09 mg/100 g、2.74 mg/100 g、1.20 mg/100 g、6.60 mg/100 g 和 0.30 mg/100 g；茶树花粉中过氧化物歧化酶和过氧化氢酶活性较高，分别为 203.80 U/g 和 321.90 U/g。

7）茶树花各部位的生化成分含量差异

茶树花花瓣、花蕊、花托等不同部分的生化成分存在差异。研究结果表明，花冠（含雄蕊群和雌蕊群）部分及花托（含萼片和花梗）部分的可溶性糖含量分别为 250.945 mg/g 和 112.65 mg/g；花托（含萼片和花梗）部分的儿茶素含量（46.90 mg/g）高于花冠（含雄蕊群和雌蕊群）部分（30.88 mg/g）；花托（含萼片和花梗）部分游离氨基酸的种类较少，但其含量（16.47 mg/g）显著高于花冠（含雄蕊群和雌蕊群）部分（10.59 mg/g）（徐人杰 等，2012）。茶树花花瓣和花蕊所含的化学成分也不一致，花蕊中的茶多酚和总糖含量稍高；且一朵茶树花中花瓣和花蕊的质量比为 1∶（1.25～1.67），花蕊较花瓣质量更重，因此，从绝对含量来说，茶树花中的茶多酚和多糖在花蕊中的含量更丰富（黄阿根 等，2007）。茶树花不同部位的主要生化成分比较（表 7-3）分析表明，花瓣的黄酮类化合物、总糖和水浸出物含量较高，花蕊的游离氨基酸含量较高，花托的茶多酚含量较高。

表 7-3　茶树花不同部位的主要生化成分比较（杨普香 等，2009）　（单位：%）

部位	茶多酚	游离氨基酸	黄酮类化合物	总糖	水浸出物
花瓣	6.62	0.95	1.01	57.66	67.32
花蕊	9.05	3.57	0.65	34.04	59.81
花托	16.70	0.83	0.23	13.59	39.21

此外，茶树花从幼蕊期、露白期到开放期，含水量不断上升，茶多酚和咖啡

碱含量呈显著下降趋势，水溶性总糖和水浸出物含量呈显著上升趋势，氨基酸、儿茶素总量等未出现显著差异。由于露白期的茶树花未成熟，各生化成分含量相对较低，完全开放期的茶树花各生化成分含量相对较高，因此，在开发茶树花资源时，最好选择完全开放期的茶树花。

7.2.2 茶树花的有效成分利用

茶树花及其提取物具有清除自由基、抗氧化、降血糖、减肥降脂、抑菌等多种生物活性，作为食品新资源被越来越多地应用在功能食品或保健食品中（刁梦瑶 等，2017）。

1. 茶树花多糖的提取制备

茶树花多糖提取的基本过程是：以水为溶剂浸提经脱除皂素后的茶树花，乙醇沉淀，真空干燥。脱除皂素的最佳条件为 10 倍体积的 60%乙醇处理；茶树花多糖的最佳提取条件为 90℃ 1.3 h，液固比 10∶1。茶树花多糖的纯化采用 Sevage 法除蛋白质，用 DEAE-纤维素进行脱色和初分离，Sephacryl 分级纯化。活性炭吸附法也可以得到较高的脱色率和多糖保留量。Sevage 法除蛋白质后的茶树花粗多糖经 DEAE 初分离，可以得到纯度为 87%的茶树花多糖 1（tea flower polysaccharides 1，TFPS1）和茶树花多糖 2（TFPS2），TFPS2 经 Sephacryl 分离可得到多糖组分 T1，其峰位分子量为 79 615。T1 是水溶性、微溶于热水、非淀粉、非酚类物质，不含还原糖、蛋白质、核酸、多肽的白色网状多糖，其单糖中甘露糖∶核糖∶鼠李糖∶半乳糖醛酸∶葡萄糖∶半乳糖∶阿拉伯糖为 2.09∶0.70∶8.56∶2.65∶10.07∶39.94∶35.98。

原子力显微镜的图像显示，茶树花多糖链分子间互相缠绕；茶树花粗多糖（TFP）及组分 TFPS1 和 TFPS2 在水溶液中表现为剪切变稀，在相同的剪切速率下，茶树花多糖溶液黏度为 TFP>TFPS1>TFPS2。茶树花多糖在水溶液中呈现球状构象，且分枝较多。pH、温度、离子强度等因素的改变均影响其立体构象，多糖的空间结构和溶液性质明显影响多糖的生物活性（顾亚萍，2008；韩铨，2011）。

2. 茶树花精油的提取利用

茶树花富含精油芳香成分，常温干燥的茶树花中富含酯类成分，更为芳香；120℃过热蒸汽干燥的茶树花中醇类含量高，带有茶香气；100℃烘箱干燥的茶树花中烷烃类含量最高，无突出香型。当用石油醚浸提茶树花精油时，液固比越高，浸膏得率越高；回流 1 h 时，浸膏得率最高；浸提次数越多，浸膏得率越高。在实验室提取时拟用石油醚∶茶树花为 15∶1，1 h 提取，回流 3 次；大生产中建议使用索氏抽提法原理的提取器，或通过缩短浸提时间、增加浸提次数来提高浸膏得率（顾亚萍，2008）。

采用亚临界水提取茶树花精油可明显增加卷烟香气量和提高香气品质，各香韵间的协调性较好，余味舒适，综合效果相对较好。用β-环糊精将茶树花精油制成粉末状的茶树花香精，使其在气味上减少刺激性，并达到缓释和保护作用。茶树花精油已经在卷烟中应用，在卷烟生产中加入一定量的茶树花精油可提升卷烟的香气量、香气品质和改善余味等（王娟 等，2015；白晓莉 等，2013）。

3. 茶树花黄酮类化合物的提取利用

茶树花黄酮类化合物采用乙醇提取的最佳工艺条件为95%的乙醇，料液比1∶15，80℃，批次提取90 min；超声波振荡提取的最佳工艺条件为95%的乙醇，料液比1∶30，45℃，批次提取80 min。乙醇提取条件下，茶树花的总黄酮类化合物得率为7%左右。所得茶树花黄酮类化合物粗品可采用AB-8大孔吸附树脂进一步纯化，最佳分离纯化条件为：当AB-8树脂柱的体积为15 mm×120 mm时，上样液的浓度为1.8 mg/mL，吸附1 h，洗脱剂（乙醇）的浓度为75%，洗脱流速为1.5 mL/min。UPLC-MS分析发现，茶树花的黄酮苷约有12种，主要以三糖基黄酮苷的形式存在，尽管不同茶树品种的黄酮苷组成有差异，但是所有的茶树花黄酮苷元含量都是山柰酚苷>槲皮素苷>杨梅素苷（陈小萍 等，2007；李金，2019）。

4. 茶树花皂苷的提取利用

茶树花皂苷的最佳提取工艺为80℃ 100 min，料液比22∶1。提取时间、提取温度和料液比对茶树花皂苷得率均有显著影响。提取时间和提取温度有很好的交互作用，提取温度和料液比也有一定的交互作用，而提取时间与液料比交互作用不明显，这一现象也证明了提取温度对茶树花皂苷得率的影响最为显著，料液比次之，提取时间对茶树花皂苷得率的影响相对最小（沈娴，2017）。

7.2.3 茶树花的多元化利用

茶树花内含有多种对人体有益的物质，具有广泛的利用价值。茶树花的综合利用除有效成分提取开发外，还可以加工茶树花茶、配制茶树花饮料、配制茶树花酒、开发茶树花粉产品等（刁梦瑶 等，2017）。

1. 加工茶树花茶

茶树花直接被加工成茶是其利用的主要途径之一。茶树花茶花朵外形完整，色泽鲜黄，汤色金黄明亮，香气清香带甜，滋味清醇。茶树花茶加工的工艺路线为采摘→自然萎凋→蒸汽蒸花→脱水烘干→包装（凌彩金和庞式，2003）。

不同萎凋时间、杀青方式、干燥方式的茶树花茶加工工艺研究表明，以当天采摘，当天加工，自然萎凋2 h，蒸汽杀青（150℃，40 s），脱水（40 s），烘干（90℃，2 h）的工艺较优，可获得色香味形俱佳、内含物含量也较高的茶品。经适宜的时间萎凋，可使茶树花鲜花内含物有一定程度的转化，有利于提高成茶品质的花香气、使滋味鲜醇、甘爽、回甜。干燥温度和萎凋时间是影响茶树花加工品质的相关因素，在自然萎凋6 h、微波杀青后90℃干燥2 h的条件下，茶树花干花品质最佳。不同干燥方式对茶树花的生化成分保留和感官品质有较大的影响。真空冷冻干燥比热风干燥的茶树花保留更多的茶多酚、儿茶素、黄酮类化合物和咖啡碱，且茶树花干花更好地保存了茶树花的外形、香气和色泽。烘干的茶树花外形相对自然，色泽加深，甜香较高；微波干燥的茶树花干花外形皱缩、色泽偏暗，甜香较高，带火功香。

茶树花有利于改善红茶的品质。将鲜叶红碎茶与茶树花红碎茶以适宜比例拼配，能提高或改善成茶品质并能降低加工成本。用茶树花窨制红茶，成品茶树花蜜香浓爽持久，能明显改善红茶香气，且茶花比为1∶5时，采用囤窨的方法窨制的茶树花红茶外形紧细、油润、无花渣，汤色红亮，滋味醇爽，香气高爽（伍锡岳 等，1996；梁名志 等，2002）。

2. 配制茶树花饮料

随着茶树花有效成分与健康属性研究的不断深入，茶树花被用于开发不同风格的茶饮料。2007年日本已经开发出茶树花饮料，并且被批准作为保健饮品进行销售。茶树鲜花饮料的澄清技术在饮料加工中十分重要。采用超滤工艺对茶树花汁进行澄清和除菌，因其不经热灭菌，能够较大程度地保留茶树花中的功能性成分，制备的茶树鲜花饮料茶香气较为清爽。茶树花的浸提液或提取粉配制的茶树花冰茶，具有茶树花的香气，清凉爽口，有清香味。茶树花提取液应用于酸奶中可开发兼具茶树花与酸奶二者营养保健功能的茶树花酸奶。用微波辅助法浸提茶树花汁，并添加三氯蔗糖、维生素C等添加剂调配出的茶树花饮料，成品风味柔和、酸甜可口，具茶树花香，鲜亮透明，品质稳定（赵旭 等，2008；邬龄盛和王振康，2005；于健 等，2008；史劲松 等，2006）。

3. 酿制茶树花酒

茶树花酒目前有泡制型茶树花酒和酿造型茶树花酒两种，其生产工艺完全不同，得到的茶树花酒的理化成分与感官评价也有不同（杨清平和胡楠，2014；喻云春 等，2009；姚敏 等，2014；邬龄盛 等，2005；庞式 等，2011；鄯颖霞 等，2013；白蕊 等，2014）。泡制型茶树花酒的制作过程是：将基酒、茶树花、蔗糖以一定比例进行泡制，放入17～24℃的环境下浸泡3～4个月过滤、分装即得到茶树花酒。当采用茶树花蕾、鲜花、干花、花粉分别泡制茶树花酒时，其茶树花酒的生化成分与感官品质有较大差异。通常，用茶树花鲜花及干花制得的茶树花酒品质最优。不同基酒泡制茶树花酒时，低度白酒制得的茶树花酒品质较好。茶树花中有效成分（如氨基酸、功能性蛋白质、多肽、多糖等）在浸泡过程中充分地溶入了茶树花酒中，大幅提高了酒的营养价值。

酿造型茶树花酒是以茶树花为主要原料制成培养基，经接菌发酵、抑菌、过滤、勾兑、陈酿、降度、杀菌等工序酿制而成。酿造型茶树花酒色泽呈橙色，清亮无沉淀，综合了酒的醇香与茶花的清香及功能因子，酒精度低，口感较温和，风味独特。茶树花酒酿造的基本工艺参数为：茶树花配比为6%，酵母繁殖旺盛时加入茶树花、冷浸提 7 d 以上时产品品质较高。茶树花在用冷水浸提且酒不加热的处理条件下能有效防止产品出现浑浊现象。将茶树花加入苹果汁中进行 2 次发酵，所制得的茶树花苹果酒色泽金黄，澄清透明无沉淀，茶花香、酒香和果香三者融合在一起，口感柔和，酒体醇和。茶树花添加在制曲原料中与之混合制成含有茶树花的大曲，用于固态白酒的酿造，所酿茶树花酒的香气普遍高于传统大曲。

4. *开发茶树花粉产品*

茶树花粉是一种高蛋白、低脂肪的优质花粉，过氧化物歧化酶和过氧化氢酶活性较高，含有多种维生素和微量元素，氨基酸含量高于普通花粉种类，必需氨基酸配比均接近或超出 FAO/WHO 颁发的标准模式值，是一种优良的蛋白质营养源。茶树花粉中茶多糖、烟酸及锰、锌、铬等微量元素含量也较高，是不可多得的天然保健食品，除可以直接作为食品添加剂，用以开发饮料及保健食品以外，还可作为化妆品添加剂，因为茶树花粉具有保护皮肤、抗衰老、养颜等作用。目前，国内外市场上开发的茶树花粉产品有花粉蜜、蜂宝素、花粉胶囊等（苏松坤 等，2011；李长青，2006；马跃青和张正竹，2010）。

7.3　茶叶籽的生态循环利用

茶叶籽是山茶科山茶属茶的果实和种子，为茶叶生产的副产物。长期以来，人们对茶叶的种植、加工及茶叶产品的开发等关注较多，但对茶叶籽的开发利用不太重视。几十年来，由于良种化茶园带来的经济效益比群体品种茶园高得多，同时无性系扦插繁殖技术的成熟，使原来作为繁殖材料的茶叶籽不再被需要而大部分自然脱落在茶园土壤中腐烂，使茶叶籽资源几乎完全浪费。茶叶籽可以榨油，早在我国明代医药学家李时珍所著的《本草纲目》中就有记载。近年来，随着茶叶籽开发利用技术的日益成熟，茶叶籽油精炼工艺的优化，茶叶籽油苦涩乌黑、口感戟喉等技术难题的解决，使茶叶籽油正逐步走进市场。茶叶籽油是一种高级的木本植物油，不饱和脂肪酸含量高达 80%以上，可与山茶油、橄榄油媲美，能够满足人们对健康食用油的需求，且含有较高的天然抗氧化成分维生素 E 和植物甾醇，稳定性好，不易酸败变质。在国家日益关注食用油安全和人们健康意识日益增强的背景下，茶叶籽油的开发蕴藏着巨大的市场潜力，具有重要的社会意义。卫生部 2009 年第 18 号公告中正式批准茶叶籽油为新资源食品。从茶叶籽的化学组成来看，茶叶籽除开发高端食用油以外，榨油后的茶叶籽粕是制取茶皂素的理想原料，脱毒后的茶叶籽粕是一种优质饲料和有机肥料，茶叶籽壳则可用来生产糠醛、栲胶、木糖醇、活性炭等工业原料。因此，茶叶籽的生态循环利用已成为茶叶产业新的发展热点。目前，通过榨取茶叶籽油、提制茶皂素、开发个人护理品等途径，每年可加工利用茶叶籽 1 万 t 左右，形成了近 10 亿元左右的产业规模。可见，我国茶叶籽的循环利用可望打造 1 500 亿元以上的产业规模。

7.3.1　茶叶籽中的油脂与茶皂素

茶树是叶用经济作物，采收营养生长的茶树鲜叶是茶叶产业的第一目标。目前，茶树开花结果的生殖生长几乎是处于纯自然状态。茶叶果为蒴果，果外被蒲包裹。果多为 1～3 室，也有 4 室的，每室 1～2 粒种子，即茶叶籽。茶叶籽直径为 12～15 mm，每室 1 粒的呈球形，2 粒的呈半球形。茶叶果成熟后，果皮裂开，茶叶籽脱落。茶叶籽果中被蒲包裹着的籽粒就是茶叶籽，与普通油茶叶籽不同的是，茶叶籽的蒲较薄，往往是单籽粒，外形为椭圆球型，而油茶叶籽一般为多籽粒，呈不规则形状。茶叶籽外壳呈黑褐色，少有光泽，约占总重的 30%。茶树结籽主要是在种子繁殖茶园及群体品种茶园，不同的茶树品种结籽率差异较大。据统计，我国现有茶园 300 多万 hm^2，若茶叶籽平均产量按 500 kg/hm^2 计算，我国每年潜在茶叶籽资源约 150 万 t，茶叶籽资源十分丰富（马跃青和张正竹，2010）。值得一提的是，我国有一些结果率较高的叶果两用茶树品种，茶叶籽（青果）的产量超过 1 000 kg/667 m^2，这种茶树资源的茶叶籽开发潜力大（黄兵兵，2015）。

1. 茶叶籽油及脂肪酸组成

茶叶籽全籽含油，油分主要集中在籽仁中，壳中含油甚少。除水分外，茶叶籽仁主要由油分、淀粉、皂素和蛋白质组成。一般而言，茶叶籽的整籽含油率为 18%～30%，含茶皂素 10%～14%，此外还有丰富的淀粉、蛋白质和可溶性糖，同时含有茶多酚、维生素 E 等成分。例如，对某茶树品种茶叶籽仁的组成分析显示，含油量为 31.62%、含淀粉 25.10%、含茶皂素 13.13%、含蛋白质 10.29%（马跃青和张正竹，2010）。茶叶籽仁的组成随茶叶品种和生长条件的不同而有所不同。茶叶籽壳则主要由纤维素、半纤维素和木质素等组成。

茶树品种种仁含油率为 23%～26%，不同茶树品种茶叶籽油的含油量和脂肪酸组成存在一定的差异。茶叶籽油中主要含有油酸、亚油酸、异油酸、棕榈酸、硬脂酸、亚麻酸 6 种脂肪酸，其中不饱和脂肪酸含量达到 80%左右，主要为油酸，其次为亚油酸；饱和脂肪酸平均含量为 20%左右，主要为棕榈酸，其次为硬脂酸（黄兵兵，2015）（表 7-4）。

表 7-4　28 个茶树品种茶叶籽油的主要脂肪酸组分分析　　（单位：%）

脂肪酸组成名称	最低值	最高值	平均值
油酸	46.33	55.48	50.61
亚油酸	23.17	29.40	26.15
异油酸	1.09	2.85	1.75
棕榈酸	14.11	16.99	16.13
硬脂酸	2.50	4.06	3.26
亚麻酸	0.17	0.77	0.27
不饱和脂肪酸总量	70.76	88.50	78.78

茶叶籽油的脂肪酸组成测定结果表明（黄兵兵，2015；郭华 等，2008），茶叶籽油是一种以单不饱和脂肪酸（monounsaturated fatty acid，MUFA）油酸为主要成分、油酸与亚油酸比例约 2∶1 的植物油脂，性质类似于油茶叶籽油，是一种潜在的保健食用油脂。研究表明（表 7-5），5 种油的饱和脂肪酸、单不饱和脂肪酸、多不饱和脂肪酸含量之比，茶叶籽油为 1∶3.19∶1.27，油茶叶籽油为 1.3∶11∶1，花生油为 1∶2.26∶1.75，菜籽油为 1∶4.7∶2.42，芝麻油为 1∶2.21∶2.74。中国营养学会推荐的中国居民食用油脂肪酸组成为饱和脂肪酸、单不饱和脂肪酸、多不饱和脂肪酸之比为 1∶1∶1。茶叶籽油和油茶叶籽油同属山茶科的木本植物油，油茶叶籽油素有“东方橄榄油”“长寿油”等美誉，但从脂肪酸组成分析，茶叶籽油脂肪酸组成的比例却更为合理（郭华 等，2008）。

表 7-5　茶叶籽油、油茶叶籽油、花生油、菜籽油和芝麻油的主要脂肪酸组成
（徐奕鼎 等，2011；郭华 等，2008）　　（单位：%）

品种	棕榈酸	硬脂酸	油酸	亚油酸	亚麻酸	饱和脂肪酸	单不饱和脂肪酸	多不饱和脂肪酸
茶叶籽油	15.406	2.658	57.648	22.778	0.223	18.064	57.648	23.001
油茶叶籽油	7.952	1.730	82.253	7.275	0.211	9.682	82.253	7.487
花生油	11.920	4.298	41.950	34.540	0.089	19.857	44.876	34.654
菜籽油	8.733	2.452	43.630	23.630	4.994	11.987	56.399	29.041
芝麻油	10.850	4.925	35.52	43.960	0.288	16.216	35.816	44.381

世界不同国家或地区，由于种植的茶树品种不同、栽培环境不同，其茶叶籽油的脂肪酸组成有一定的差异。中国和土耳其茶叶籽油的油脂含量较高，土耳其的油酸含量最高（马跃青和张正竹，2010）（表 7-6）。

表 7-6　全球不同产地的茶叶籽油中脂肪酸组成分析　（单位：%）

产地	棕榈酸	硬脂酸	花生酸	油酸	亚油酸	亚麻酸	油脂含量
中国	17.2	3.8	0.1	51.2	22.8	0.3	33.7
伊朗	16.5	3.3	0.5	57.0	22.2	0.3	30.5
南印度（中国种）	14.8	3.1	—	57.1	22.5	1.5	31.0
土耳其	16.0	1.7	1.2	59.4	22.8	—	32.8
韩国	16.1	1.5	—	52.7	22.8	1.9	—
平均值	16.1	2.7	0.6	55.5	22.6	1.0	32.0

2. 茶叶籽中的茶皂素

茶叶籽中的茶皂素含量因茶树品种、种植区域存在较大差异（田洁华，1988）。一般而言，茶叶籽中的茶皂素含量以全籽干态计为 10%～12%，以脱脂粉干态计为 23%～26%。乔木、小乔木茶树品种及灌木中叶种茶树中的茶皂素含量高于灌木小叶种茶树。同时，茶树品种引种后总会比原产地时的茶皂素含量低 1%～4%；茶叶籽中的茶皂素含量随着茶果成熟度提升而增加。

茶皂素是一类含有结构糖与结构酸的五环三萜类化合物，其分子式为 $C_{57}H_{90}O_{26}$，分子量为 1 203。它是一类由 7 个皂苷配基（$C_{30}H_{50}O_6$）、4 个配糖体（半乳糖、阿拉伯糖、木糖、葡糖醛酸）和两个有机酸（醋酸和当归酸）组成的复杂结构的混合物（图 7-2）。茶皂素是一种纯天然非离子型表面活性剂，它的分子中有亲水性的糖体和疏水性的配基团（赵世明，1988）。

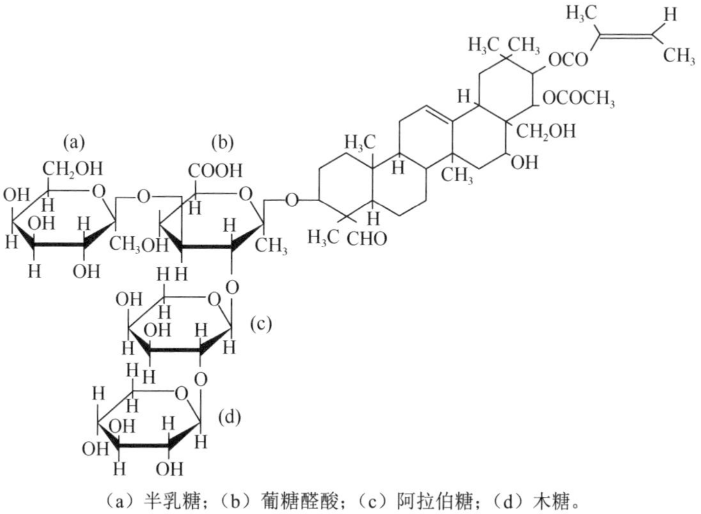

（a）半乳糖；（b）葡糖醛酸；（c）阿拉伯糖；（d）木糖。

图 7-2　茶皂素结构式

茶皂素具有皂苷的一般通性，味苦、辛辣，有表面活性及溶血作用，其精制品一般为无色微细的结晶。茶叶籽皂素与茶叶皂素的元素分析值、红外吸收光谱较近似，在硅胶薄层色谱图上能得到具有重现性的一致斑点。由于两者的化学结构不尽相同，它们的理化性质也有一定的差异。茶叶皂素与茶叶籽皂素相比，苦味较弱，但有强烈的辛辣味，对咽喉黏膜有刺激性。两者的紫外吸收光谱在 215 nm 处均有较大的吸收峰，但茶叶皂素有与肉桂酸结合的特征，因此在 280 nm 处还有一个较大的吸收峰，此峰是茶叶籽皂素所没有的（提坂裕子 等，1996）。

7.3.2 茶叶籽的有效成分利用

尽管茶叶籽中含有脂肪酸、茶皂素、蛋白质、淀粉、纤维素、半纤维素等多种有效成分，但是，基于茶叶籽的物质组成特点及成分的应用价值，具有规模化开发应用潜力的是茶叶籽油和茶叶籽皂苷（茶皂素）。我国就茶叶籽油和茶皂素的提取利用研究已有 30 多年的历史，正在逐步实施产业化和规模化开发。

1. 茶叶籽油的提取

茶叶籽油的常见提取方法有低温冷榨法、水酶法、溶剂浸提法、超临界二氧化碳提取法等。压榨提油法是各种植物油脂传统的提油工艺，有技术成熟、操作简单、无须后续处理等特点，广泛用于食用油脂工业和小型家庭厨房。其缺点是提油率较低，且须预先热处理，对植物中不少有效成分造成破坏。近年来为了最大限度地获得提油率，不少企业采用有机溶剂浸提法提取油脂，但由于造成有机溶剂残留等违背了绿色食品的原则而不受推荐。新型提油技术水酶法是利用生物酶降解纤维素、果胶等植物细胞成分促使油脂释放，处理条件温和，以其安全、高效、绿色无污染等特点受青睐。尽管超临界二氧化碳提取技术在茶籽油的提取中具有低温、绿色、优质的特点，但目前多停留在试验阶段，离规模化生产还有一段距离。重要的是，超临界提取装置一次性投入大、成本高，在一定程度上制约了该项技术在企业，尤其是中小企业中的规模化应用（刘青，2015）。

1）低温冷榨法

低温冷榨是指在油脂压榨过程中，先将原料水分调节至 8%左右，不经轧坯，在入榨温度不高于 40℃时进行压榨获得油脂。该法所得油脂可以最大限度地降低营养物质破坏和风味损失，提高油脂品质，目前已经应用在油茶叶籽油、葡萄籽油、芥蓝籽油等植物油提取中。比较低温冷榨和热榨（80℃）茶叶籽油发现，前者具有相对较高的油酸、亚油酸等不饱和脂肪酸、α-生育酚，以及总生育酚，其中δ-生育酚仅在冷榨茶叶籽油中被检出。此外，冷榨获得的茶叶籽油具有更好的氧化稳定性，但该法对植物甾醇、茶多酚的提取则没有热榨提取的充分。在冷榨茶叶籽油中检测到皂苷、角鲨烯、三萜类物质，在热榨茶叶籽油中均未检出，热榨过程中这些物质因高温而被破坏。低温冷榨茶叶籽油很好地保留了一定量的亚麻酸，且游离脂肪酸含量低，利于储藏。但是，低温冷榨法获得的油脂色泽深，提取率偏低（35%～85%）（李诗龙 等，2014；朱晋萱 等，2013；谢蓝华 等，2010；韦利革 等，2013；胡健华 等，2009；忻耀年，2005）。

2）水酶法

水酶法是一种当前较为先进的油脂提取技术，它是利用酶破坏细胞壁，使其中的油脂分离出来。该法处理条件温和，避免了高温导致食用油中苯并[a]芘等间接致癌物的超标，具有安全、高效、绿色的特点。水酶法提取常用的酶为糖苷酶，但与蛋白酶结合更有利于油脂的提取。酶的种类对水酶法提取效果有一定影响，纤维素酶和中性蛋白酶在茶叶籽油提取中已有研究应用，它们的水酶法提取经工艺优化后，油脂得率分别为 23.8%和 26.0%，采用复合酶（纤维素酶-蛋白酶-果胶酶）提取茶叶籽油，使油脂得率提高到 28.64%，说明复合酶彻底破坏了细胞壁，更有利于油脂的溶出。但是，在水酶法提取的酶解过程中，水油乳化体系现象较突出，清油不易分离（王晓琴，2011；王敬敬 等，2010a，2010b；陈德经，2012）。

3）溶剂浸提法

溶剂浸提法是当前应用广泛的油脂提取技术，是衡量一个国家或地区制油工业发展水平的标准。常用的浸提溶剂有乙醚、石油醚、正己烷，但考虑生产中的安全性，会采用复合溶剂（如甲醇-石油醚-水）来提取。目前，该法在茶叶籽油的提取中应用比较普遍。采用复合溶剂法提取茶叶籽油，油脂浸提率达到 92%～94%，但油脂色泽深、有苦味，须通过精炼进一步去除。比较超临界二氧化碳提取法、压榨提油法等提取的茶叶籽油发现，溶剂浸提法提取的油脂虽含有较低的饱和脂肪酸，但生育酚含量低，且仅有 α-生育酚；在品质上，溶剂浸提法所得油脂呈浅绿色、浑浊，缺乏茶叶籽油应有的焙烤香味。此外，溶剂浸提法得到的油脂残留少量有机溶剂，存在一定的安全性问题（欧阳林 等，2007；黄群 等，2008；董海胜 等，2012；陈娟 等，2014）。

4）超临界二氧化碳提取法

超临界二氧化碳提取法在固体物料萃取和液体混合物分离领域中受到了广泛关注，这是由于其能够直接应用在食品或制药行业中，生产出高质量的产品。该法使用的溶剂为二氧化碳气体，不存在任何的溶剂残留，成本低，且操作温度相对较低，安全性高。采用超临界二氧化碳提取茶叶籽油，油脂的色泽、气味、脂肪酸种类及生育酚含量受萃取压力和温度的影响十分显著。超临界二氧化碳提取茶叶籽油的最佳工艺条件为：萃取压力 31.84 MPa，萃取温度 45℃，萃取时间 89.73 min，萃取得率为 29.2%，较有机溶剂浸提茶叶籽油的得率（25.3%）高。超临界二氧化碳提取的油脂色泽好、气味好、得率高、酸价低，且提取时间远短于溶剂法，油脂的氧化稳定性与微波萃取法相当，但优于溶剂浸提法。采用超临界二氧化碳提取的茶叶籽油澄清透亮、色泽橙黄，保持了茶叶籽油的原有气味，其指标符合二级油茶叶籽油标准，但油脂存在一点涩味，可能是微量茶皂素一并被提取出来了。超临界二氧化碳提取的茶叶籽油相比溶剂浸提法，具有较高的得率和不饱和脂肪酸含量（刘青，2015；钟红英和徐炎，2010；麻成金 等，2008；陈升荣 等，2012；Wang et al., 2011a，2011b；孙达，2012）。

2. 茶皂素的提取

茶叶籽的主要加工途径是提取天然茶叶籽油和茶皂素。茶皂素的得率为 2%左右，就我国现有的茶叶籽产量规模，每年可提取茶皂素 2 万 t 左右。开发茶叶籽油，可以缓解国内食用油供应紧张的局面，作为提取茶叶籽油后的饼粕可以用来提取大量的茶皂素。利用茶叶籽饼粕提取茶皂素，原料丰富，成本低廉，既能使茶叶籽饼粕得到再利用，又可得到价值较高的茶皂素，有巨大的增值空间。尽管茶叶籽和油茶叶籽中均含有大量的茶皂素，但是，国内外研究者对在油茶叶籽饼粕中提取茶皂素的工艺研究较为深入，而关于在茶叶籽饼粕中提取茶皂素的详细研究却报道不多。由于茶叶籽饼粕与油茶叶籽饼粕的主要化学成分有一定的区别，其中茶叶籽饼粕的淀粉含量为油茶叶籽饼粕淀粉含量的 1.4 倍，这导致两种原料提取茶皂素的工艺也有所不同（张开慧，2011；丁勇，2001；夏辉，2007）。

1931 年日本学者青山新次郎首次提取出茶皂素，1952 年日本东京大学学者石镐守山和上田阳才分离出茶皂素纯结晶。国外的皂素产品主要有德国 E. Merck 公司出品的白皂素（saponin white）、日本居初油化株式会社出品的茶叶籽皂素和精制茶叶籽皂素等（水野卓，1968）。1979 年中国农业科学院茶叶研究所夏春华等开始研究茶皂素的工业化提取技术并取得成功，20 世纪 80 年代初陆续建立了一批茶皂素加工厂。此后，我国已经研发了多种茶皂素的提取方法，总体上可以归纳为水提法、醇提法和微波辅助提取法等。

1）水提法

水提法的主要工艺流程为饼粕→粉碎过筛→热水浸提→过滤→滤液→絮凝→浓缩→干燥→茶皂素。水提法是最早开发的提取茶皂素的方法，该方法工艺简单、成本低、投资少、见效快、易被小型工厂接受，但是蒸发量大、能量高、生产周期长，干燥时茶皂素容易分解，且在水中大量淀粉糊化、蛋白质胶体化、造成固液分离困难，颜色深、纯度低。目前，在产业领域几乎没有单纯用水提法提取茶皂素（夏辉，2007；谢子汝，1994；李秋庭和陆顺忠，2001）。

2）醇提法

醇提法的工艺流程为茶叶籽饼粕→粉碎过筛→脱脂→醇浸提→过滤→絮凝→浓缩→脱色→干燥→茶皂素。醇提法与水提法基本相似，杂质成分在醇类溶剂中，且醇类溶剂沸点低。工艺相对简单，产品纯度较水提法高。醇类溶剂主要是甲醇、乙醇、丁醇 3 种工业上易得到的醇。甲醇溶解能力强，价格较低，但提取的杂质较多，产品质量低，往往最终产品为深黄色浸膏；丁醇虽然萃取效果较好，产品纯度高，但价格也高，提取成本高；乙醇性质介于两者之间，萃取茶皂素完全，产品质量也好，溶剂价格适中。目前工业上都采用甲醇或乙醇等含水溶剂提取，或者是纯有机溶剂提取，产品纯度可达 70%以上，呈黄色或淡黄色。但醇提法工艺一次性投资大，提取时间较长，且醇类溶剂有一定毒性，易对环境造成污染。此外，醇提法生产茶皂素成本高，产品得率却不高（杨坤国 等，2000；陈海辉 等，2005）。

3）微波辅助提取法

微波辅助提取法的主要工艺流程为茶饼粕→粉碎→微波辅助提取→过滤→干燥→茶皂素。微波辅助提取法具有溶剂消耗少、高效、省时、选择性高等优点，其作为一种新型技术已应用于天然产物的提取中。微波辅助提取茶叶籽皂素的最佳工艺条件为：乙醇体积分数 70%、料液比（茶叶籽饼粕重量与加入提取液体积，下同）1∶12、60℃、提取 8 min、pH 9、微波功率 630 W。在该工艺条件下，茶皂素得率为 21.64%，明显优于传统水提法（9.36%）和乙醇提取法（11.34%）（李小然 等，2018；刘昌盛 等，2006）。

4）茶皂素的分离纯化

上述提取方法获得的是茶皂素的粗品，主要应用于建筑材料和水产养殖领域，资源利用的附加值不高。茶皂素的分离纯化是其应用于健康食品、天然日化用品、生物农药领域的技术前提。目前，茶皂素的分离纯化主要有水提与有机溶剂结合法、沉淀法、柱色谱纯化法、膜分离纯化法等。

7.3.3　茶叶籽壳与茶叶籽粕的综合、循环利用

茶叶籽分为茶叶籽仁和茶叶籽壳两部分。茶叶籽壳中含有大量的木质素、多缩戊糖或鞣质等化学成分，可用来制备糠醛、木糖醇、活性炭等产品（汪辉煌，2010；朱琴和周建平，2007）。茶叶籽在提取油脂后的饼粕中含有 18%～20%的茶叶籽多糖，可以促进细胞因子分泌和淋巴细胞基因表达，具有提高畜禽免疫力、抗菌、抗病毒及改善动物生产性能等功能。茶叶籽饼粕中还有 15%～20%的蛋白质，富含人体必需氨基酸，可用作蛋白质饮料、烘焙食品、冲调食品的蛋白质强化剂。因此，在茶叶籽的生态循环利用形成规模化开发时，茶叶籽资源的综合利用在提高产品附加值、控制环境污染、拓展应用领域方面具有重要的意义。

1. 茶叶籽壳的综合利用

1）制作活性炭

茶叶籽壳特有的物理网状结构，经热解（炭化、活化）可生成具有较大活性和吸附能力的活性炭，是生产活性炭的理想材料。茶叶籽壳中含有 38%～43%的纤维素、半纤维素和 25%～28%的木质素，利用其为原料，通过物理和化学方法进行破碎、过筛、催化剂活化、漂洗、烘干和筛选等，加工制成活性炭。例如，氯化锌法制备活性炭的具体流程为茶叶籽壳→粉碎→过筛→氯化锌溶液浸渍→炭化→活化→酸洗漂洗→干燥→成品。活性炭是一种优良的吸附剂，广泛用于医药、食品、化工、环保、冶金和炼油等行业的脱色、除臭、除杂分离等（马力和陈勇忠，2009；彭应兵，2010）。

2）制作木糖醇和糠醛

茶叶籽壳中含有 20%～25%的多缩戊糖，是制取木糖醇的理想原料。发酵法制木糖醇的工艺流程为茶叶籽壳→粉碎→预处理→水解（酸催化剂）→水解产物→提纯→木糖溶液→解毒→发酵→精制→成品。木糖醇是一种具有营养价值的甜味物质，易被人体吸收、代谢完全，不刺激胰岛素，是糖尿病患者理想的甜味剂，也是一种重要的工业原材料，广泛用于国防、皮革、塑料、油漆、涂料等方面（郑生宏 等，2011）。

茶叶籽壳中糠醛含量约为 19%，是所有农作物中含量最高的。日本现已研发出用茶叶籽壳、茶叶籽渣经氧化水解来生成糠醛的工艺，并正式投产。糠醛又名呋喃甲醛，是一种有机化工原料，主要用于润滑油精制与糠醇的生产，还可以生产医药和兽药，以及防腐剂、消毒剂、杀虫剂和除锈剂等产品，在食品香料、染料等行业中也都有应用（章一平，1989）。

2. 茶叶籽粕的循环利用

茶叶籽经低温冷榨法、水酶法、超临界二氧化碳提取法或溶剂浸提法等分离除去油脂后，剩下的即为茶叶籽粕。相比茶叶籽，茶叶籽粕油脂含量大幅降低，而其他组分的含量明显要高于茶叶籽。除含有少量的酚类化合物，如茶多酚（2%）、生物碱（咖啡因 0.5%）和黄酮类物质外，茶叶籽粕中还富含茶皂素（20%～25%）、茶多糖（18%～20%）、蛋白质（15%～20%）及无氮浸出物（30%）。目前，对茶叶籽粕的利用主要是提取茶皂素和蛋白质，剩下的残渣大多数直接用作肥料，而其中的茶多糖则未得到充分开发利用（刘青，2015）。

在茶叶籽粕多糖提取方面，我国已经开展了一系列有价值的研究工作（Wei et al., 2011a，2011b；Wang et al., 2013；郭艳红，2009；Jin and Yu，2012）。Wei 等（2011b）采用水提法获得的茶叶籽多糖，经分离纯化得到 3 种不同的组分，并研究了其化学组成和生物活性。其中，茶叶籽粗多糖能够有效抑制 K562 癌细胞的生长、促进小鼠脾淋巴细胞的增殖。对茶叶籽多糖、茶树花多糖和茶叶多糖的比较研究表明，三者的单糖组成相似，分子量差异明显，均具有较强的抗氧化性，但茶叶籽多糖的活性最弱。从提油后的饼粕中水提（70℃）得到的茶叶籽多糖，在浓度 5 mg/mL 时，具有良好的 α-葡糖苷酶抑制活性，最高抑制率达 82.28%，而从茶叶、茶树花中提取的多糖的抑制活性则都比较低，分别为 53.85%和 49.21%。但茶叶籽多糖浓度增加到 10 mg/mL 时，其 α-葡糖苷酶抑制率却下降到 62.44%，低于茶叶多糖的抑制活性。通过 DEAE-纤维素离子柱和葡聚糖凝胶柱对粗多糖进一步分离纯化，获得了相应纯化组分的分子量和单糖组成。通过建立秀丽隐杆线虫动物模型研究发现，茶叶籽多糖可以提高抗氧化酶活性，降低脂质过氧化的水平，并减少百草枯诱导的氧化损伤。

茶叶籽多糖的提取方法主要有热水浸提法、超声辅助提取法、酶提取法、微波辅助提取法等。多糖是一种含有多羟基的化合物，易溶于水，不溶于有机溶剂。不同提取方法对多糖的化学成分、单糖组成、结构，以及生物活性均会产生不同程度的影响。

7.3.4　茶叶籽的循环利用领域

随着茶叶籽中富含的脂肪酸、茶皂素、茶多糖等有效成分的提取或综合利用，以这些有效成分为原料的健康食品、保健产品、日化产品、环保产品不断被开发面市，并呈现越来越好的市场前景。在众多的茶叶籽循环利用产品中，目前，研发得最多的是茶叶籽油和茶皂素系列产品。

1. 茶叶籽油的主要健康属性

在几种市售的植物油中，不饱和脂肪酸均是其主要的脂肪酸组成。茶叶籽油、山茶油、橄榄油以油酸为主，亚油酸次之；奥尼葡萄籽油以亚油酸为主，油酸次之；大豆调和油两者较为接近。尽管茶叶籽油含有高比例的不饱和脂肪酸，但茶叶籽油有较强的抗氧化能力和耐高温、低温的性能，稳定性好，可能是由于茶叶籽油中含有大量具抗氧化活性的多酚类、维生素 E 及类胡萝卜素，茶叶籽油中不饱和脂肪酸的含量达 80%以上。采用 HPLC-Q-TOF-MS 和 HPLC-QQQ-MS 检测出茶叶籽油中含有没食子酸、原儿茶酸、表没食子儿茶素、儿茶素、咖啡酸、绿原酸、阿魏酸、咖啡酸肉桂酯等物质，以及柚皮素衍生物等极性伴随物质（马骐，2019），为茶叶籽油成为健康食用油奠定了物质基础。

1）降血脂作用

现代科学已证实，含有一个不饱和键的单不饱和脂肪酸的耐热性和抗氧化性比含有 2 个以上不饱和键的多不饱和脂肪酸高，且具有更优的生理活性，被认为是一类有利健康的脂肪酸。茶叶籽油中不饱和脂肪酸含量高，其中单不饱和脂肪酸——油酸含量较为丰富（50%以上）。油酸是一种优质安全的脂肪酸，容易被人体吸收，又不易氧化沉积于体内，不会引起人体血液中总胆固醇（total cholesterol，TC）浓度的增加，且和多不饱和脂肪酸一样能够减少血液中低密度脂蛋白（low density lipoprotein，LDL）含量，但不降低甚至提高血液中高密度脂蛋白（high density lipoprotein，HDL）含量，可以有效地预防和治疗冠心病、高血压等心血管疾病。茶叶籽油和山茶油在很多功能成分上是一致的，属于同一类保健籽油。大量研究表明，茶叶籽油能明显降低大鼠血清总胆固醇和血清甘油三酯（triglyceride，TG）含量及低密度脂蛋白浓度，并对大鼠体重无明显影响，具有很好的调节血脂作用（邓小莲 等，2002；王苹 等，1993；邓平建，1993）。

2）调节免疫功能

茶叶籽油富含生理活性物质（如生育酚、甾醇、角鲨烯、茶多酚等），能够调节免疫活性细胞、增强免疫功能、消除人体自由基、促进新陈代谢，对提高人体抗病能力、延缓人体衰老有重要作用。甾醇具有促进皮肤新陈代谢，抑制皮肤炎症、老化及防止日晒红斑等功效；茶叶籽中含有2%的角鲨烯是一种多酚类的活性成分，它富氧能力强，可抗缺氧和抗疲劳，具有提高人体免疫力及增进胃肠道吸收的功能，是一种具有防病治病作用的无毒性生物活性物质。免疫细胞功能高度依赖正常膜结构和功能，脂质过氧化作用损害免疫细胞膜结构和功能，会对免疫功能造成不利影响。茶叶籽油能有效清除激发态自由基，对肝脂质过氧化有明显的抑制作用（赵振东和孙震，2004；叶新民 等，2001；冯翔和周韫珍，1996）。

3）护肤作用

人体皮肤表层的脂肪酸组成也是以油酸为主，茶叶籽油中油酸含量高达50%以上，经精炼后是优异的护肤油脂。茶叶籽油极易被人体皮肤吸收，除油酸滋润皮肤外，茶叶籽油中的角鲨烯和维生素E等可抗皮肤衰老。茶叶籽油能有效防止皮肤感染，对革兰氏阳性菌、革兰氏阴性菌和真菌具有广谱的抗菌活性，能渗透进入深层肌肤发挥药效，直接作用于感染源，并能保养和促进健康肌肤的正常代谢（李明阳，2002；马力，2008）。

2. 茶叶籽油的多元化应用

1）在食品行业中的应用

茶叶籽油颜色浅黄，澄清透明，气味清香，品质优良，风味独特，含有较多的不饱和脂肪酸，且其中的亚油酸、亚麻酸正是人体所需要的，是一种优质的食用油，可与目前世界上公认的保健油——橄榄油相媲美。茶叶籽油不含芥酸等难以消化的组分，易被人体快速吸收，芥酸易使心脏积聚脂肪粒，肌肉因细胞破坏而受损。对茶叶籽油与部分食用油脂的脂肪酸组成比较发现，茶叶籽油和山茶油的脂肪酸组成的种类几乎相同，只是组成比例不同而已。茶叶籽油的亚油酸含量明显高于山茶油和橄榄油（马跃青和张正竹，2010；黄兵兵，2015；郭华　等，2008；张伟敏　等，2007；常玉玺　等，2012）。

2）在医药保健品领域的应用

长期食用茶叶籽油可增强血管弹性和韧性、延缓动脉粥样硬化、增加肠胃吸收功能、促进内分泌腺体激素分泌、防止神经功能下降、提高人体免疫力。可提高人体内超氧化物歧化酶的活性，降低人体内氧自由基的水平，提高人体器官机能，延缓衰老。经特殊工艺精制后的茶叶籽油可作注射用针剂，用作药物的溶媒，改善药物在机体中的吸收，从而使药物充分发挥作用。茶叶籽油通过抑制核糖体的形成，对脂肪细胞过氧化物酶增殖体激活受体起作用，从而抑制肥胖。作为新型抗菌剂，茶叶籽油对葡萄球菌、大肠杆菌、白色假丝酵母菌都有很好的抑制作用（汪辉煌，2010；曾益坤，2006；Na-Hyung et al., 2008）。

3）在化工行业的应用

茶叶籽油在工业上是生产油酸的优质原料，而且提取工艺简便，产品纯度高。通过氢化制取的硬化油可用于肥皂和凡士林生产，也可经极度氢化后水解制取硬脂酸和甘油等工业原料，经氢化后还可制得硬脂酸酯而作为烤漆专用油。茶叶籽油中的亚油酸可用于油漆、油墨等产品的催干剂，以及用作化工中的乳化剂、塑料生产的增塑剂（汪辉煌，2010；柳荣祥　等，1995）。

4）在化妆品行业的应用

茶叶籽油是化妆品用植物油之一。精制的茶叶籽油热稳定性好，不易氧化变质，安全无毒副作用。茶叶籽油还具有较强的渗透性、与皮肤亲和性好、无油腻感、易于吸收，因而茶叶籽油用于护肤品可滋养皮肤，使皮肤柔嫩而具有弹性。用茶叶籽油生产的护发素、洗发香波不仅可以使头发乌黑发亮，还可以去屑止痒（朱敏，2017）。

5）在生物质能源领域的应用

茶叶籽油是优质的生物柴油原料。以均相碱KOH为催化剂，在反应温度58℃、催化剂用量1.05%、反应时间66 min、醇油摩尔比9.7∶1的条件下，酯交换率为98.73%。制备的生物柴油可以作为0#柴油的替代品，且安全性能好，符合我国生物柴油的标准。因此，茶叶籽油有望成为新型的生物质能源（彭忠瑾，2012）。

3. 茶皂素在表面活性领域的应用

茶皂素（茶叶籽皂苷）是一类功能性活性成分，国内外关于茶皂素的表面活性与生物活性及其作用机制已有许多研究成果，为茶皂素的多元化应用提供了扎实的科学依据，使茶皂素在日化行业、医药保健品行业、植物保护领域、建材工业领域、水产养殖领域的应用前景十分广阔。

茶皂素的表面活性属于非离子型表面活性，在分散、湿润、发泡、稳泡、去污，以及（水油混合）型乳化等方面具有良好的性能。茶皂素溶液的表面张力、起泡力和泡沫稳定性及去污能力与人工合成的表面活性剂相比，虽然前者的起泡力不是很强，但其泡沫稳定性极强，且起泡力不受水的硬度变化影响，发泡性能较好。茶皂素与人工合成的表面活性剂复配后，去污能力显著增强，洗涤效果更好，是一种天然、环保的表面活性剂。为此，茶皂素作为优秀的表面活性剂，在日化行业、建材工业领域等得到了广泛的应用（张开慧，2011；丁勇，2001；王承南 等，1998）。

1）在日化行业中的应用

茶皂素具有乳化和起泡作用，去污力强，无刺激和腐蚀性，是一种优良的天然洗涤剂，被广泛用于日用化工业。目前已经研发的产品有茶皂素洗发香波、茶皂素洗浴净、茶皂素洗涤剂、含有茶皂素的羊毛洗涤剂和毛纺织品洗净剂等（柳荣祥 等，1996a；张颂培 等，2009）。

2）在建材工业领域的应用

茶皂素可用作加气混凝土的气泡稳定剂，利用其表面活性，降低浆料体系的界面张力，达到稳泡目的；同时提高了固体微粒，尤其气源性物质铝粉的均匀分散力，提高了制品的均匀度，使气孔小而密，强度增大。利用茶皂素还可制成沥青乳化剂，用于道路施工、绝缘材料制作等（柳荣祥 等，1996b）。

4. 茶皂素的生物活性及应用领域

茶皂素具有抗菌、消炎、抗过敏、降血压、去痰止咳、缓解酒精伤害等生物活性或药理作用。因此，茶皂素在医药保健品及农业领域不断得到应用（王小艺和黄炳球，1999；胡绍海 等，1998；郝卫宁 等，2010；朱全芬 等，1993）。

1）在医药保健品领域的应用

（1）茶皂素具有较强的抗菌活性。茶皂素对皮肤常见致病真菌（如白色念珠菌、红色毛癣菌、紫色毛癣菌、许兰毛癣菌、絮状表皮癣菌、断发毛癣菌、石膏样小孢子菌等）有明显的抑制作用，其中对白色念珠菌的抑制作用最强。茶皂素对引起深在性头部白癣的奥杜盎小孢子菌和须发癣菌等皮肤病原性真菌也有较强的抑制活性。

（2）茶皂素具有消炎作用。茶皂素具有明显抗血管渗漏与消炎作用，在炎症初期阶段能使毛细血管通透性正常化。

（3）茶皂素具有抗过敏的作用。白三烯 D_4 是过敏症的慢反应物质之一，能使血管的通透性增高，引起平滑肌和支气管的收缩，被认为是炎症和哮喘等疾病的重要调节因子。茶皂素对白三烯 D_4 具有很强的拮抗作用，且作用强度呈现量效关系。

（4）茶皂素具有降血压作用。茶皂素可有效降低自发性高血压大鼠的血压上升速度，对血管紧张素 I/II 均具有拮抗作用，对血管紧张素 I 转换酶（angiotensin converting enzyme，ACE）可能具有抑制作用。

（5）茶皂素能刺激支气管黏膜，增加分泌，有去痰止咳功效，可用于治疗腹泻、水肿和老年性支气管炎等疾病。

（6）茶皂素还有缓解酒精伤害的功效，可降低血、肝中的乙醇及血、肝、胃中的乙醛含量（夏辉，2007；冯翔和周韫珍，1996）。

2）在生物农药中的应用

茶皂素具有较强的杀菌（瓜枯萎病菌、白绢病菌、稻纹枯病菌、稻白叶枯病菌、茶炭疽杆菌和轮斑病菌等）、杀虫（菜青虫）和驱虫作用。茶皂素对有害生物的活性机制主要是由于黏附性强，对生物体表气门具有堵塞作用，继而使其窒息死亡。茶皂素对农药的增效作用机制则是能改善农药的理化性能，提高某些农药在植物叶片表面的沉积量，有助于农药有效成分在虫体和植物体内的渗透。茶皂素还可破坏虫体内解毒代谢酶的活性，使某些昆虫具有拒食的作用和影响其生长发育。目前，茶皂素作为农药的增效剂、湿润剂、悬浮剂及杀虫剂等，已经在农业植物保护上广泛应用（胡绍海　等，1998；郝卫宁　等，2010；朱全芬　等，1993）。

3）在水产养殖上的应用

茶皂素具有溶血的性能，它能破坏血液中的红细胞，但对白细胞和虾细胞不起作用。目前，茶皂素已被开发可以作为对虾养殖上的清池剂，清除对虾池中的敌害鱼类，促进对虾的生长，给对虾养殖带来了综合效益（朱全芬　等，1993）。

7.4　茶资源生态循环利用发展趋势

我国茶叶经过近 10 年的快速发展，茶园面积和产量均稳居世界第一。但是，随之而来的是茶叶供需失衡隐患逐步显现。在以名优茶为主体的中国茶叶生产格局下，茶资源的利用率偏低，夏秋茶的弃采现象普遍，茶树花、茶叶籽等资源利用率更低，茶产业经济效益受到影响。精深加工高效利用中低档茶、夏秋茶及茶树花资源、茶叶籽等茶园副产物，既可提高茶资源综合利用率与茶产业效益、维持产销平衡、拓展茶资源的应用领域，还可保护生态环境、维护生态平衡。因此，茶资源生态循环利用必将成为茶叶行业新的发展热点。

7.4.1　茶树花生态循环利用发展趋势

自从 2013 年 1 月 4 日卫生部颁布第 1 号公告《关于批准茶树花等 7 种新资源

食品的公告》，批准茶树花等为新资源食品以来，茶树花的开发利用受到各界人士的广泛关注。茶树花的安全性也被研究证实，即茶树花对孕鼠生长和胚胎发育无不良影响和致畸作用，这更推动了茶树花在食品领域的综合利用。人工采摘茶树花，可使茶树养分充分地供给茶叶和茶芽利用，促进茶叶产量增加，提高茶叶品质，还能为茶农带来额外收益。但是，我国茶树花资源的利用率还不高，且大多以开发茶树花的初级衍生品为主，而以茶树花中活性成分为重点的茶树花保健品、日化品的开发将成为未来研发的主流。

为此，茶树花未来开发利用的重点和趋势如下。①深入研究茶树花各功能成分的分离纯化方法，减少活性成分在生产过程中的损失。②深入研究茶树花中有效成分的生物活性与健康属性，发掘茶树花的新功能、新用途，拓展应用新领域。重点研究茶树花中茶多糖、茶皂素、茶蛋白质、过氧化物歧化酶、黄酮类物质等活性成分的生物活性及作用机理，提升茶树花活性成分的健康价值，并应用于食品、医药、化妆品等领域，研发高附加值的功能性终端产品。③茶树花精油是值得进一步研究开发的珍稀资源，拟萃取茶树花精油、研究其生物活性与功能，再应用于日化用品、卷烟生产中，开发具有茶花香味的系列卷烟产品。④把基本成熟的茶树花资源循环利用技术推向规模化、产业化、标准化应用，并开发具有高附加值的系列精深加工产品，提高茶树花资源利用的附加值（白晓莉 等，2013；谭月萍 等，2019；黄阿根 等，2007；赵旭 等，2008）。

7.4.2 茶叶籽生态循环利用发展趋势

茶叶籽油和山茶油属于同一类油脂，有很多相似的功能。茶叶籽油已被公认是一种营养价值高、具有一定保健功能的木本植物食用油。茶叶籽油不仅作为保健食用油有广大的前景，而且其在日用化妆品行业、医药行业也有着巨大的开发潜力。

1. 高品质的茶叶籽油在化妆品和医药保健品领域将有巨大发展空间

我国主要以生产茶叶籽油粗品为主，精制成高级烹调保健油、化妆品茶油、医药用茶油的精炼纯化技术还有待进一步突破。化妆品和医药行业用油要求高，我国一般的油脂加工厂经过脱色、脱臭、脱酸处理后不能达到要求。在日本，每年用于化妆品的山茶油和茶叶籽油用量达数百吨之多，其价格是菜籽油的 7.5 倍；在我国港台地区及东南亚，茶油已成为老年人的抢手货和生活必需品。精制后的茶油在医药上可用来作为注射用油，主要有两种应用途径：一是作为不能经口进食和超高代谢的危专病人的静脉注射用油；二是作为药物的溶媒。目前，我国食用级茶叶籽油的生产工艺研究与护肤品级茶叶籽油的制备工作均处于起步阶段。此外，国内外关于茶叶籽油的研究，主要是比较茶叶籽油与其他植物油（如橄榄油、葵花籽油）的理化特性、脂肪酸组成和食用品质；其次是关于茶叶籽油加工工艺的优化，关于茶叶籽油中功能成分的结构鉴定和功效评价的研究不多，功能方面的研究将成为新热点（赵世明，1988；谢蓝华 等，2010；朱敏，2017）。

2. 茶叶籽油的耐贮藏性将为它与其他高端食用植物油调配提供新的发展空间

茶叶籽毛油可能是因为含有大量的抗氧化物，致使其在常温下非常稳定，保质期可长达两年，类似橄榄油，而比一般食用油保质期长得多。因此，进一步研究茶叶籽油中极性伴随物质的组成及其理化性质，揭示茶叶籽油耐贮藏的分子机理，可为拓展茶叶籽油与其他植物油调配、延长货架寿命提供理论依据（马骐，2019）。国外已有研究证明，把茶叶籽油加到其他植物油（如葵花籽油）中可明显延长其货架期。然而，现在油脂的过度精炼使大量的脂溶性维生素和其他抗氧化成分也随之被除去，大幅降低了油脂的营养价值和贮藏效果。市场上的茶叶籽油、山茶叶籽油为提高货架期都添加了人工合成的抗氧化剂丁基羟基茴香醚（butylated hydroxyanisole，BHA）、叔丁基对苯二酚（tert-butylhydroquinone，TBHQ），然而这些氧化剂有一定的毒副作用。因此，茶叶籽油有可能成为提高食用油贮藏品质、具有健康价值的调和油主料。

3. 高结籽率的叶果两用品种的推广栽培可助推茶叶籽油产业规模跨越发展

茶树叶片生长和茶叶籽发育分别属于营养生长和生殖生长。传统观点认为茶树养树采籽会影响茶叶的产量。事实上，我国大部分茶区仅采收春季高中档鲜叶原料，低档的夏秋茶原料由于利润太低而弃采严重。茶树在秋、冬季节开花坐果，来年秋季采收茶叶籽，而按照传统茶园管理措施茶树通常在秋季修剪后过冬，采叶和收籽似乎二者不可兼得。因此，在研究茶树营养生长和生殖生长调控技术的基础上，选用叶果两用茶树品种和构建叶果两用茶园栽培管理技术体系，通过合理增施磷钾肥、适当施用生长调节剂、人工授粉、隔年修剪等栽培措施，有可能在保持春季高中档鲜叶原料产量的基础上，秋季同时采收茶叶籽。这些技术体系的建立将助推茶叶、茶叶籽同时开发，实现茶叶籽资源的规模化高效利用（罗雅慧，2014）。

4. 茶皂素分离纯化技术升级与生物活性发掘将有效推进茶皂素高值化利用

茶皂素十分复杂的组成和结构使茶皂素的分离纯化具有相当大的技术难度。尽管我国在茶皂素提取制备技术方面做了大量的研究工作，但是，在产业化层面上，大部分采用的是水、醇为溶剂，微波或超声波辅助提取，产品存在纯度不高、色泽偏深、气味浓等缺点，产品主要应用于产品附加值不高的建材工业、水产养殖、植物保护等领域，难以达到高档次产品开发对茶皂素品质的要求。为此，茶皂素绿色高效分离纯化技术、茶皂素高纯品开发将是茶叶籽粕循环利用研究的重要课题。同时，采用高品质的茶皂素研发天然高效的个人洗护用品（洗发护发、沐浴露、护肤品）和保健食品，将成为未来茶叶籽终端产品研发利用的重要方向（张颂培 等，2009；柳荣祥 等，1996a）。随着茶叶籽皂苷生理功能与生物活性研究的深入，茶皂素对人体健康的作用机理、茶皂素抑菌杀虫效果及作用机理、茶皂素对农药的增效机制等科学问题得以揭示，以高纯度茶叶籽皂苷为活性原料的天然药物、健康食品、个人洗护用品、生物农药等产品可望不断研发成功并实现规模化、产业化生产。

第8章

生态茶业的信息化技术与应用

近年来，以大数据技术、物联网技术、区块链技术、云计算技术、3S技术、精准装备技术、信息分析技术为代表的信息技术迅猛发展，生态茶业信息化建设成为传统茶业向现代茶业发展的必然选择。本章系统地阐述了生态茶业信息化技术与应用的相关理论、技术方法、机制模式和保障措施，详细介绍了生态茶业信息化内涵及特征、建设内容、关键技术和信息化基础设施建设，资源环境、生态茶园管理、生产加工、产品流通与市场的信息化建设，生态茶业信息化资源整合、应用推广模式和建设实践，并在建立健全行业标准、加快信息资源整合、创新投入运营机制、加强信息人才意识等方面做出努力。

8.1 生态茶业信息化概述

农业信息化是现代农业发展的必然选择。茶业信息化作为农业信息化的重要组成部分，其成为茶业发展的必然之路。

8.1.1 生态茶业信息化内涵及特征

1. 生态茶业信息化内涵

生态茶业信息化是指生态茶业系统全过程、全要素的信息化。其核心是用现代信息技术转变传统的茶业运营模式，包括茶叶生产、加工、流通、销售各个环节，提高茶业的管理水平以提升茶叶生产效率，加快茶产品的产销对接以推动生态茶业现代化建设。

2. 生态茶业信息化特征

生态茶业信息化具有信息依赖性、网络化、全程性、融合性、地域性、高投入性、高收益性等特征。

信息依赖性：生态茶业信息化依靠海量茶业数据进行茶树栽培适宜性评价、茶园风险预警与决策、茶产品安全溯源、茶产品市场供需信息服务等。

网络化：网络化是生态茶业信息化的最基本特征。网络化可加强规范涉茶政务管理，有效应用茶业科研成果，快速获悉茶产品市场供需。

全程性：生态茶业信息化涉及茶叶生产、加工、流通、销售各个环节，是全系统、全要素、全过程的信息化。

融合性：生态茶业信息化融合了茶学、地理学、物理学、计算机科学等学科，各学科间相互渗透、综合应用。

地域性：我国茶树分布区域气候、土壤、地形存在明显的差异，加之信息化基础建设处于不同的阶段，生态茶业信息化因此具有地域性特征。

高投入性：生态茶业信息化以新兴信息技术、精准装备技术等创新科研成果为依托，这就要求有科研人才、高新设备、高新技术等一系列投入。

高收益性：生态茶业信息化引导茶园向规模型、集约型发展，茶业精准装备技术、茶业监测预警技术等在节约人力物力的同时，能够提高茶业综合效益。

8.1.2 生态茶业信息化建设内容

生态茶业信息化是现代茶业发展的重要力量。生态茶业信息化建设内容包括基础设施建设、资源环境信息化、生态茶园管理信息化、生产加工信息化、产品流通与市场信息化、建立健全行业标准、加强信息意识和人才培养 7 个方面（图 8-1）。

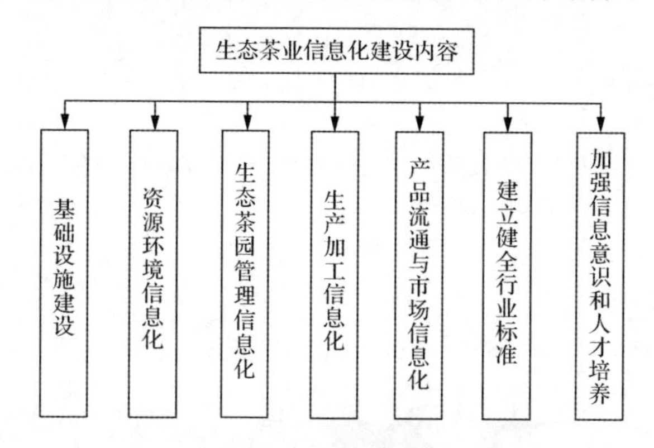

图 8-1 生态茶业信息化建设内容

基础设施建设：基础设施建设是指生态茶业信息化建设的硬件、软件基础设施建设，包括信息装备、数据库和终端建设。

资源环境信息化：资源环境信息化是指茶园地理位置、气候条件、土壤条件等要素的信息化过程，其能够指导茶树品种的合理选择。

生态茶园管理信息化：生态茶园管理信息化是指通过实时监测茶园茶树生长、受灾情况、病虫害、杂草等信息，对茶园进行精准施肥、精准灌溉、精准喷药、精准除草、精准收获等。

生产加工信息化：生产加工信息化是指利用物联网技术实现茶剪叶、清洗、

脱水、干燥、杀青、揉捻、整形、烘干、提香等全程工艺的自动化过程。

产品流通与市场信息化：产品流通与市场信息化是指茶产品在流通过程中实现物流信息化和安全溯源，在销售过程中实现茶产品市场供求、价格行情信息化。

建立健全行业标准：行业标准涉及生产、加工、流通、销售各个环节，包括标准化茶业信息资源、标准化茶业数据库、标准化茶业物联网技术和标准化茶业电子商务技术。

加强信息意识和人才培养：加强茶农、茶企管理者、涉茶政府机构工作人员的信息意识，培育懂得信息技术、茶叶科学、管理学知识的综合信息化服务人才。

8.1.3　生态茶业信息化建设关键技术

生态茶业信息化是信息技术在生态茶业领域的应用，这些繁多复杂的信息技术以一些关键技术为支撑。生态茶业信息化建设关键技术是指在纵深发展生态茶业信息化中不可或缺的一些信息技术，包括茶业大数据技术、茶业物联网技术、茶业区块链技术、茶业监测预警技术、茶业云计算技术、3S 技术、茶业精准装备技术、茶业信息分析技术等（图 8-2）（孔繁涛　等，2015）。这些关键技术和其他信息技术相互融合，应用于生态茶业建设中的资源环境信息化、生态茶园管理信息化、生产加工信息化、产品流通与市场信息化，构成生态茶业信息化技术体系。

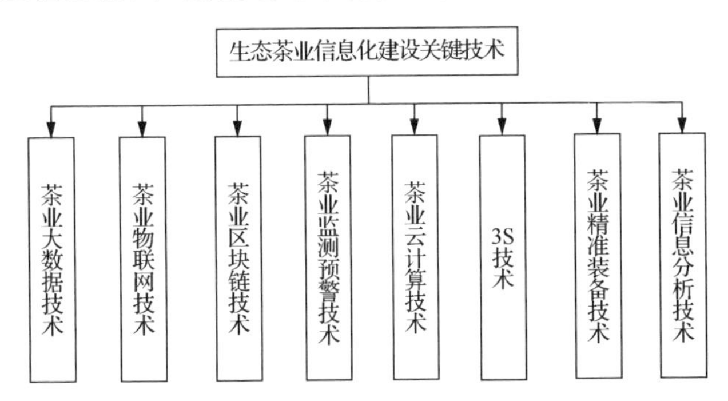

图 8-2　生态茶业信息化建设关键技术

1. 茶业大数据技术

茶业大数据技术是大数据技术在茶业领域的应用实践，通过找寻大量不同数据间存在的规律和联系，建立目标和因素间的相关性，进而进行决策。近年来，由于物联网、云计算、3S 等技术在茶业领域的扩大化应用，茶业大数据技术为大量茶业数据的存储和处理提供了基础条件。茶业大数据来源众多，包括茶业资源环境、茶园管理、茶叶生产加工和流通销售等方面。茶业大数据分析体现了茶叶生产、加工、销售过程的地域性、季节性、周期性等特征，对现代茶业的纵深发展具有重大意义。

2. 茶业物联网技术

茶业物联网技术利用传感器技术、射频识别（radio frequency identification，RFID）技术、无线传感技术把茶叶生产中茶园的干湿温热变化、土壤养分变化、病虫害情况与生产者和管理者连接起来，实现物、机、人一体化，降低茶叶生产过程中的人力支出，提高茶园产出率。在茶叶生产过程中，利用气象传感器、土壤传感器、植物生理传感器、作物长势传感器、视频传感器等，精确控制茶园灌溉时间和灌溉量；根据土壤养分情况，结合地理信息系统（geographical information system，GIS）进行精准施肥；利用视频传感器和图像处理技术，实时监测预警茶树病虫害状况，精确喷洒农药（邹华和赵颖琣，2018）。茶业物联网技术能够对茶园茶树和环境变化进行实时监测，工作人员据此做出有效决策。

3. 茶业区块链技术

区块链技术是近年来较受关注的信息技术领域的新技术，区块链本质是一个共享数据库，存储于其中的信息具有集体维护、不可伪造、公开透明、可以追溯的特点，区块链技术在生态茶业领域具有较为广泛的应用。在茶业物联网技术方面，由于物联网是中心化管理，随着设备的大量增加，数据中心存在应用和维护成本高的缺点，区块链技术与其结合能够实现设备的自我管理与维护，降低后期维护成本。在茶业大数据方面，区块链技术以规模化的方式解决了茶业数据的真实性和有效性问题，由于其去中心化的数据记录形式，能够实现数据实时准确更新。

4. 茶业监测预警技术

茶业监测是指对茶叶生产、流通、销售等环节进行信息特征提取、信息变化观测、信息流向追踪的系统行为。茶业预警是指对未来茶业运行趋势进行分析判断，提前发布预告，采取应对措施，以防范和化解茶业风险的行为。茶业预警工作的开展以茶业大数据为基础，基于茶业监测和茶业预测开展。茶业监测预警技术可用于茶叶生产、流通、销售各个环节，基于各类环境传感器和植物生长监测仪对茶树生长进行实时监测；基于 GPS 定位技术、射频识别技术对茶产品流通安全进行实时监测；基于茶业大数据技术对茶产品市场需求、价格波动进行实时监测。

5. 茶业云计算技术

茶业云计算技术是指利用互联网技术实现茶业计算资源、存储资源的虚拟和共享。物联网在茶业领域的应用，产生了茶业大数据；海量数据的存储和计算，推动了云计算在茶业领域的应用。目前，茶业云计算技术的应用包括茶业信息资源海量存储、茶业信息搜索引擎、茶产品质量安全追溯、茶叶生产全程监测预警等方面。茶业云计算技术可以节约茶业信息化的建设成本、促进茶业信息化的纵深发展。

6. 3S 技术

3S 技术是全球定位系统（global positioning system，GPS）、遥感（remote sensing，RS）、GIS 的总称。这 3 项技术间的差异表现在：GPS 能够采集地物的精准空间数据；RS 技术能够采集分析广域空间数据；GIS 能够整合数据、存储数据、分析数据、输出数据。3S 技术用于实现生态茶园的精细化管理，RS 技术对茶园进行宏观监测，GPS 能提供精确位置信息，GIS 采集、存储、分析、输出茶园要素资料，再与茶园机械配合，按茶园的要素变化精确设定茶园移苗、施肥、灌溉、用药。

7. 茶业精准装备技术

茶业精准装备技术将装备与信息技术结合，提高了茶业机械化水平、自动化水平，助力传统茶园向现代茶园改造。茶业精准装备技术主要包括精准移苗装备技术、精准施肥装备技术、精准灌溉装备技术、精准施药装备技术、精准采茶装备技术。

8. 茶业信息分析技术

茶业信息分析技术是指利用信息技术对茶业管理、决策过程中的自然信息、经济信息和社会信息进行采集、传递、处理和分析，并能为生产者、经营者、管理者提供资料查询、技术咨询、辅助决策和自动调控等多项服务技术的总称。茶业信息分析技术是利用现代高新技术改造传统农业的重要途径。

8.2　生态茶业信息化技术体系建设

生态茶业信息化技术体系建设是生态茶业信息化建设的重要内容，是生态茶业信息化建设关键技术在生态茶叶生产加工、管理、流通、销售环节的集成。它包含了信息化基础设施建设、资源环境信息化、生态茶园管理信息化、生产加工信息化、产品流通与市场信息化（图 8-3）。

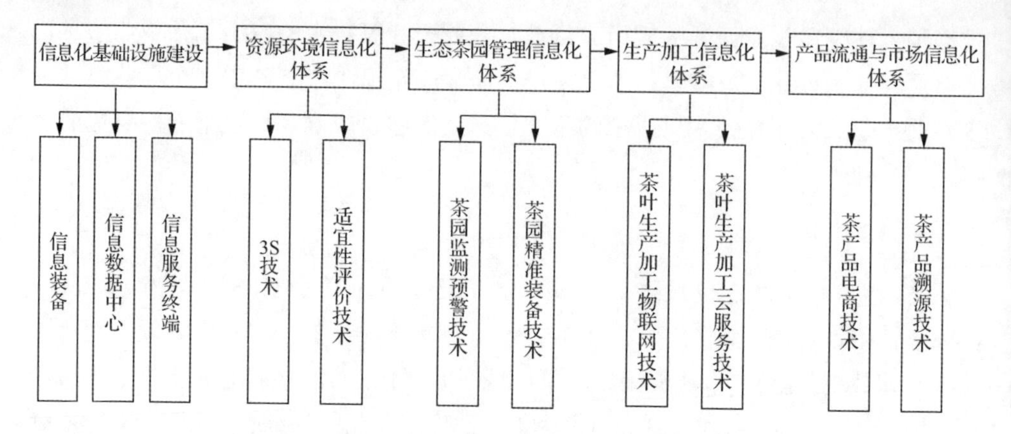

图 8-3　生态茶业信息化技术体系

8.2.1　信息化基础设施建设

信息化基础设施建设是茶业信息化发展的战略重点，要集中力量进行建设，既要提高基层茶业信息装备水平，又要加强大型茶业信息数据中心建设。信息化基础设施建设既包括硬件设施，也包括软件设施。

1. 提高基层茶业信息服务部门的信息装备水平

政府应加强对基层茶业信息服务部门基础设施建设的投资力度。每县均建立局域网和信息服务网，保证县级茶业信息服务部门的工作人员人手一台计算机、一个工作组、一台打印机和一台传真机。

2. 加强茶业信息数据中心建设

加强大型茶业信息数据中心建设，增强信息获取、处理、存储、传输能力，能够适应现代茶业的发展需要。在设备上做到先进性、实用性结合，保证整个系统的高可用性，所有组件都能提供连续不间断的服务，保证整套设备连续、高效运转。

3. 加强茶业信息服务终端建设

加强农村涉茶信息服务站与茶业信息服务平台的对接，推广应用微信、微博、app 信息服务终端，做到“线上有系统、线下有服务”的特高效率茶业综合信息服务。

8.2.2　资源环境信息化技术体系

生态茶园资源环境信息化将资源环境与信息技术结合，对茶树种植进行土地生态适宜性评价，进而为茶业规划、管理提供参考和指导。生态茶园资源环境信息化技术体系包括 3S 技术、适宜性评价技术两大类。

1. 3S 技术

3S 技术集合了传感器技术、卫星定位导航技术、空间技术，对空间信息进行采集、管理、分析、展示。RS 技术能够通过电磁波远距离感知目标并获取其影像信息，茶业领域 RS 技术主要用于茶业资源环境调查、茶园环境污染监测、茶园病虫害监测、茶树生长监测、茶产量估算。GPS 技术能够利用 GPS 定位卫星，在全球范围内实现实时位置信息获取和导航功能。茶业领域 GPS 技术主要用于茶园信息定位采集、精准机械设备茶园自主作业导航、茶产品流向追踪。GIS 能在计算机软件硬件支持的条件下，对空间地理信息进行采集、存储、分析、展示。茶业领域 GIS 技术主要用于茶树种植土地生态适宜性评价和茶园灾害预警。

2. 适宜性评价技术

适宜性评价技术包括层次分析法（analytic hierarchy process，AHP）和灰色关联度分析（grey relation analysis，GRA）技术。AHP 是一种定性和定量结合、系统化、层次化的分析方法，用于处理复杂的决策问题（金玉香，2015）。GRA 技术补充了人们对世界认识的灰度，以实际情况确定各因子权重。茶业领域 AHP、GRA 技术主要用于茶树种植适宜性评价，综合考虑气候条件、土壤条件、地形条件对茶树种植的影响，既互相制约，又互相补充。采用 AHP 来给定各因子权重，并利用 GRA 技术对茶业系统发展变化态势提供量化度量（金志凤 等，2011）。

8.2.3　生态茶园管理信息化技术体系

生态茶园管理信息化将茶园管理与信息技术结合，改变传统的茶园管理方式，提高茶园管理的机械化水平、自动化水平、信息化水平，提高茶园管理效率。生态茶园管理信息化技术体系包括茶园监测预警技术和茶园精准装备技术两大类。

1. 茶园监测预警技术

茶园监测预警技术是对茶叶生产环节进行信息特征提取、信息变化观测、信息流向追踪，对未来茶园运行态势进行分析预判，以防范和化解风险。茶园监测预警技术可分为信息监测技术、数据处理技术、分析预警技术。信息监测技术对茶叶生产环节进行茶园环境信息采集、信息监测，具体分为调查统计技术、移动终端采集技术、物联网技术，可实现对茶园茶树病虫害、气象灾害的信息采集。

数据处理技术对采集到的茶园信息进行预处理，具体分为数据清洗技术和数据分析技术，可实现对茶园茶树病虫害、气象灾害的信息分析。分析预警技术对预处理后的茶园环境信息进行决策，具体分为云计算技术、模型组合技术、智能预警技术，可实现对茶园茶树病虫害、气象灾害的科学决策。

2. 茶园精准装备技术

茶园精准装备技术将茶园装备与信息技术相结合，能实现精准定位、定时、定量，提高了茶园机械化水平、自动化水平，助力传统茶园向现代茶园改造。采用精准移苗装备技术能节约优质茶苗，降低茶农良苗购买成本；能保证移栽茶苗深浅、行株距一致，实现茶园标准化种植，提高茶园管理效率。采用精准施肥装备技术能按照茶树生长状况、茶树生长时期、茶园土壤养分状况，设计合理的施肥方案，在节约化肥成本的同时减少化肥流失对周边环境的污染。采用精准灌溉装备技术能按照茶树生长状况、茶树生长时期、茶园土壤水分状况，适时对茶园土壤进行灌溉，在保证茶树正常生长的同时节约茶园灌溉用水。采用精准施药装备技术，能按照茶树生长状况、茶树病虫害状况，设计合理的施药配方，降低农药施用对茶园环境及茶叶品质的危害。采用精准采茶装备技术，能按照茶树生长状况、茶园环境状况，高效收获鲜嫩茶叶并对其进行大小分级。

8.2.4 生产加工信息化技术体系

生态茶叶生产加工信息化将茶叶生产加工与信息技术结合，改变了传统的茶产品加工流程和工作方法，在提高茶产品加工效率的同时降低成本。生态茶叶生产加工信息化技术体系包括茶叶生产加工物联网技术和茶叶生产加工云服务技术两大类。

1. 茶叶生产加工物联网技术

茶叶生产加工物联网技术是指在茶叶生产加工系统中通过传感器技术、射频识别技术、条码技术等信息感知设备，实现任何人、任何物在任何时间地点的信息互联互通，以实现茶叶生产加工智能化。茶业物联网技术按照信息传输过程可以分为物联网感知技术、物联网传输技术和物联网人工智能技术 3 部分。物联网感知技术利用信息感知技术手段获取茶叶生产加工各环节的信息，包括茶叶采集信息、茶叶加工萎凋、揉捻、发酵和干燥各环节信息，为茶叶生产加工提供可靠的信息支持。物联网传输技术包括无线传感网络技术、移动通信技术。无线传感技术中蓝牙、WiFi、ZigBee 技术最为常见，移动通信技术以 4G 为主。物联网人工智能技术将人工智能技术与物联网技术结合，包括语音识别、图像识别等，能够在茶叶生产加工过程中实现智能化管理。

2. 茶叶生产加工云服务技术

茶叶生产加工云服务技术将茶叶生产加工技术与云服务技术结合，相比传统茶叶生产加工流程，能够极大提高茶叶生产加工效率。茶叶生产加工云服务技术包括云储存服务技术、云计算服务技术、云咨询服务技术3种。茶叶生产加工云存储服务技术分类储存茶叶生产和加工过程收集到的海量数据；茶叶生产加工云计算服务技术应用于茶业信息搜索引擎、茶业生产加工过程智能监控、茶叶生产加工决策综合分析等；茶叶生产加工云咨询服务技术可实现茶叶生产加工过程中咨询模式的创新。

8.2.5 产品流通与市场信息化技术体系

生态茶业产品流通与市场信息化将茶产品流通、市场与信息技术结合，创新传统茶产品运输存储和交易支付方式，具有开放性、全球性、低成本、高效率的特点。生态茶业产品流通与市场信息化技术体系包括茶产品电子商务技术和茶产品溯源技术两大类。

1. 茶产品电子商务技术

电子商务技术是以信息技术为支撑、以商品交换为目的、在线进行的一种商务活动。电子商务技术依托互联网环境下的在线交易平台，买卖双方达成协议并实行电子支付，最终能在全球范围内实现网上交易。茶产品电子商务以茶产品为交易对象，在互联网实现产销对接。茶产品电子商务技术由网页开发技术、移动终端app技术、在线支付交易技术等构成。茶产品电子商务技术根据交易对象的不同可分为个人对个人（C2C）、企业对个人（B2C）、企业对企业（B2B）3种。

2. 茶产品溯源技术

茶产品溯源技术将茶产品生产、加工、流通等环节信息编入电子信息载体（条形码和电子标签），并将其贴附在产品包装上，最终消费者可以通过电子信息载体了解茶产品产地，确保茶产品流通安全。茶产品溯源技术由条码技术、射频识别技术构成。茶产品溯源技术根据信息流动环节可分为茶产品溯源信息采集、茶产品溯源信息管理、茶产品溯源信息识别3种。

8.3 生态茶业信息化建设模式探索

8.3.1 生态茶业信息化资源整合

生态茶业信息化资源整合以优化配置为目标，根据茶业信息化发展战略和各地实际需求对信息资源进行重新配置，提高信息资源的密集程度，提升信息服务水平（罗兴武，2018）。茶业信息化资源整合分为横向整合和纵向整合两个方面。横向整合信息服务人员、信息化基础设施、信息数据资源和信息传播渠道，纵向整合中央部门、省、县、乡、村信息化资源。生态茶业信息化资源整合包括生态茶业信息资源与信息平台整合、生态茶业信息资源筛选与分类、生态茶业信息服务场所与信息传播渠道整合。

1. 生态茶业信息资源与信息平台整合

各涉茶部门要整合其信息资源，让茶农提高茶业信息资源的实时可获得性。在数据库建设上，实现数据交换、建立资源目录、统一数据格式、搭建大数据库平台，为信息资源的集聚、交换、共享提供环境和技术。在信息平台的搭建上，要将各种标准、软件、硬件结合起来，实现对内整合业务、对外提供服务。在制度的建设上，各涉茶部门要积极沟通协调，改变信息重复采集、分割拥有、垄断使用、低效开发的局面，促进涉茶部门、茶企和科研机构的信息资源开放共享。

2. 生态茶业信息资源筛选与分类

为满足不同用户的需求，需要对茶业信息进行筛选和分类以促进供给需求对接。茶业信息化主要关注茶业市场信息、茶业科技信息、涉茶农业政策等信息资源。在茶业市场信息方面强调完善茶产品市场价格信息、茶叶生产农资信息；在茶业科技信息方面强调完善茶园管理技术信息、茶叶加工技术信息；在涉茶农业政策方面强调完善茶业扶持政策、农村土地政策。

3. 生态茶业信息服务场所与信息传播渠道整合

信息服务场所整合消除垄断封锁，整合各个部门下集合服务、商务、政治多种功能的信息服务站点。信息服务站点在提高效率的同时要降低运行成本，以解决经费供给较少的问题。信息传播渠道整合坚持在突出互联网地位的同时，利用多种渠道。依托互联网、移动通信、广播电视、书籍报刊、宣传栏等渠道，促进生态茶业信息化发展。

8.3.2 生态茶业信息化应用推广模式

在生态茶业信息化的推进过程中，政府和市场均发挥着重要作用。生态茶业信息化应用推广模式可分为政府主导应用推广模式、企业主导应用推广模式、政企联合应用推广模式、茶业合作经济组织应用推广模式、茶业经纪人应用推广模式，共 5 类（刘恩平，2013）。

1. 政府主导应用推广模式

政府主导应用推广模式是政府为生态茶业信息化建设提供的公共产品与服务。其特点是具有资金优势、人才优势、技术优势、管理优势，服务对象广泛、服务内容丰富，具有较高的公信力、容易取得用户信任。政府主导应用推广模式形成覆盖范围广、覆盖主体多的茶业信息服务网络，包括涉茶各省（县、乡）、茶农、茶企、茶业合作经济组织、茶业经纪人等。政府主导应用推广模式能为涉茶机构、茶叶生产经营者提供及时、准确、高效的茶业信息服务。

2. 企业主导应用推广模式

企业主导应用推广模式是企业为生态茶业信息化建设提供基础建设和商业性信息服务。其特点是企业全部投入、企业具体实施。推动茶业信息化发展的企业多为信息服务企业和涉茶企业，在实现公司盈利的同时使广大茶农受益。企业因其具有盈利目标，能不断刺激形成市场激励机制。信息服务企业通过建设茶业信息服务队伍、开发涉茶软件获取收益，涉茶企业通过实现茶叶生产加工销售信息化提升自己占有更大市场、获取更多收益的能力。

3. 政企联合应用推广模式

政企联合应用推广模式是政府和企业合作、政府提供政策导向、企业提供资金支持、共同促进茶业信息化发展的应用推广模式。政府单一主导和企业单一主导的应用推广模式存在各自的不足，前者存在信息化建设投资运营成本高、政府财力难以支撑的问题，后者存在前期投入高、回报率难以预见的问题。政企联合应用推广模式既符合政府为社会提供公益性服务的功能定位，又有利于调动企业投入的积极性，减少政府单一主导模式下由于利益机制缺乏导致的信息服务不到位现象。

4. 茶业合作经济组织应用推广模式

茶业合作经济组织是指茶农按照自愿的原则组建、通过组织内部民主管理与协调降低外部交易成本的组织。茶业合作经济组织来自茶农、服务茶农，形成了自主选择、自我服务、自我发展的良好机制。茶业合作经济组织为茶农提供统一的生产资料、生产技术指导、茶产品销售信息服务，能实现茶叶小规模生产与社会化大市场的对接。

5. 茶业经纪人应用推广模式

茶业经纪人通过收集、分析、传递和运用市场需求信息，在茶业经济流通领域撮合成交或直接组织茶产品交易，为买卖双方服务并从中获取一定收益。作为茶业经纪人，应主动寻求买卖资源，通过自己的整合使之变成一个商业链。茶业经纪人应立足于本地，把当地各种能成为商品的茶产品推介出去，不断从外界吸引市场。茶业经纪人应更多利用互联网资源获得信息、处理信息、发布信息，能够利用各种媒体实现信息价值转换。

8.3.3 生态茶业信息化建设实践

1. 贵州“茶云”大数据

贵州“茶云”由贵州省政协牵头组织，省政协办公厅、省农委和省茶办举办，由省内相关单位、科研机构和茶企共建，是贵州茶产业的官方平台（图 8-4）（陈曦，2016）。贵州“茶云”采用大数据、云计算等高科技，涉及茶叶生产、加工、物流、销售、育种等环节，旨在提升贵州省茶业竞争力，促进贵州茶产业信息化建设。贵州“茶云”具有“一库四平台”，即茶资源数据库、基因分析平台、生态物联平台、品质认知平台和文化传播平台。通过生物基因技术为茶树种质资源保护、茶树优良品种选育提供服务；通过互联网技术为茶树生长情况、茶园环境实时监测提供服务；通过理化分析技术为茶叶感官审评、茶叶定量检测提供服务；通过互联网技术传播贵州茶文化。目前，“茶云”已完成搭建包含全省茶树品种、基因、种植和质量监控等数据的贵州茶资源数据库；通过基因分析平台，对全省具有代表性的古茶树资源进行大规模测序和分析，为选育茶树品种提供数据支持和方法指导；通过生态物联平台，汇集全省 137 万茶农、2 336 家茶企、1 424 家茶种植合作社的相关数据，并建成黎平、纳雍、江口 3 个现代茶园建设试点县，设置 600 余个传感器无线节点，对千亩核心茶园实现信息化建设，构建黔茶生态种植模型；通过品质认知平台和文化传播平台，大力实施黔茶品牌战略，使以都匀毛尖为代表的“三绿一红”（都匀毛尖、湄潭翠芽、绿宝石、遵义红）品牌得到强劲发展。

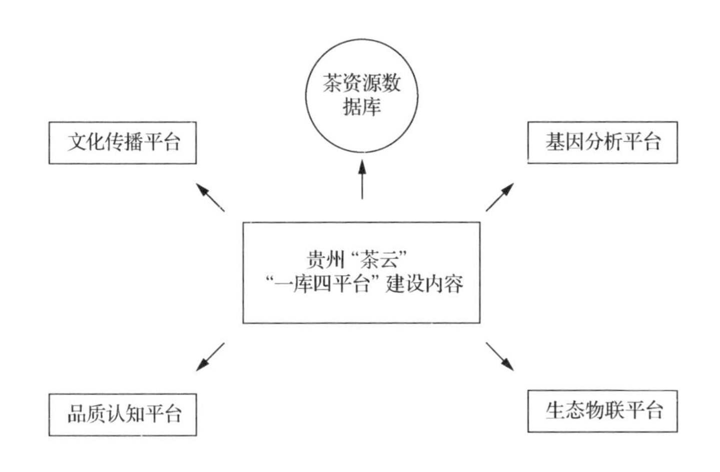

图 8-4　贵州“茶云”“一库四平台”建设

2. 浙江浙南茶叶市场数字信息化管理

浙南茶叶市场位于浙江省松阳县，是我国最大的绿茶集散地。为实现茶产业的转型升级和提高茶农收入，2011 年 4 月松阳县开展了浙南茶叶市场数字信息化改造工程，于 2013 年 6 月完成并应用于市场管理（吴建伟，2014）。该项目具有三大平台、6 个子系统，即业务运行平台（电子结算系统、电子监控系统、综合管理系统）、信息采集发布平台（数据交换系统、LED 显示屏与触摸屏信息发布系统、门户网站信息采集发布系统）、信息基础平台（网络中心、管理设备）（图 8-5）。浙南茶叶市场数字信息化建设取得了巨大的经济效益和社会效益。在经济效益方面，数字信息化建设完善了浙南茶叶市场配套基础设施，促进了市场更好地发挥辐射功能和集聚效应。浙南茶叶市场已由单一的茶叶交易市场发展成为集茶叶产品集散、茶叶文化交流、农业科技信息传播等功能为一体的信息化、网络化、现代化市场。在社会效益方面，数字信息化建设提升了市场管理水平，并为茶叶生产和销售提供便捷高效的信息服务。电子结算系统规范了市场交易行为，由面对面交易向中心结算转变，避免了传统交易市场可能出现的假币流通、延时付款等问题，在保证双方交易利益的同时提升交易效率；电子监控系统监督了市场交易行为，为交易纠纷提供有力的视频证据，能有效提升茶叶交易市场监管控制；综合管理系统使市场财务管理、档案管理实现了信息化，在提高市场管理效率的同时降低市场管理费用；数据交换系统能够全面、及时、准确地汇集并向上级主管部门传报茶叶交易价格、交易量、交易品种等基础数据，为上级主管部门宏观决策和指导茶叶产销提供依据；LED 显示屏与触摸屏信息发布系统和门户网站信息采集发布系统为各级用户提供了多方位、深层次、及时准确的交易价格、交易量、供求信息等方面的信息服务。

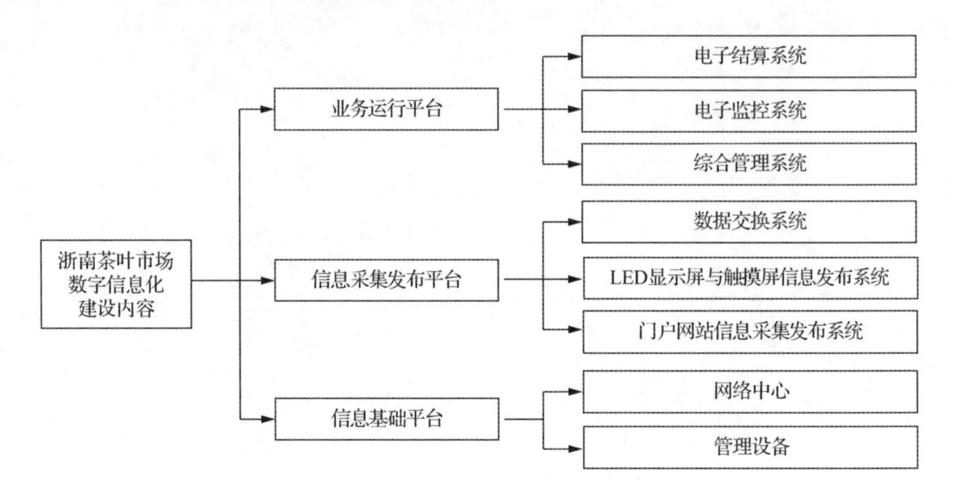

图 8-5　浙南茶叶市场数字信息化建设内容

3. 福建武夷山市“智慧茶山”

为充分发挥现代信息技术对现代茶业发展的引领作用，2018 年 11 月武夷山市茶业局和气象局联合建设了“智慧茶山”项目，以促进武夷山市茶产业的转型升级（武夷山市人民政府办公室，2018）。武夷山市“智慧茶山”建设内容（图 8-6）包括 16 套茶园小气候监测站、11 套茶园远程监控、2 套茶园多要素环境实景监测、1 套冻害防御微灌智能设备、4 个村合作社信息化应用、1 个茶农论坛信息化应用、1 套触摸屏发布终端、1 个大数据中心平台。通过对茶业数据的采集、传输、存储、分析，可以实现对武夷山市茶园多要素环境、茶生产管理全过程的动态追踪和智控管理，在促进茶业提质增效、茶农增收致富等方面发挥积极作用。天气不仅影响茶树生长，也影响着茶叶制作，“智慧茶山”项目使当地茶农改变了靠天吃饭的现状，能及时做出天气预警、灾害防治。除此以外，还可实现茶产品溯源和茶栽培指导，“智慧茶山”能够实现茶产地、茶产品的体系化信息溯源，一茶一码，消费者只须用手机“扫一扫”茶产品二维码，茶产品产地、气候、茶产品品质等信息便可具体呈现。对全市范围内茶园的温度、湿度、光照、气压等气象数据进行大数据比对和分析，可以探究茶品质差异的气象因素，从而指导茶树栽培。

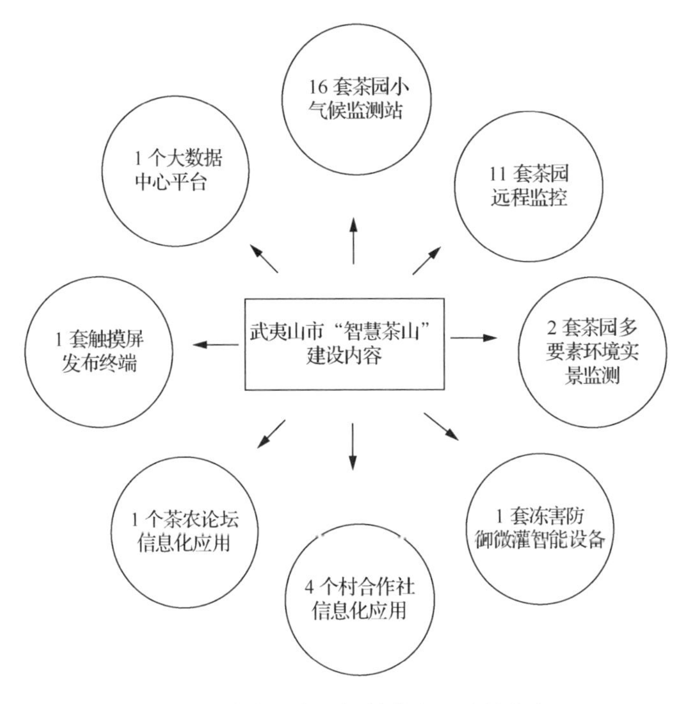

图 8-6　武夷山市“智慧茶山”建设内容

4. 安徽黄山市物联茶企

安徽黄山六百里猴魁茶业股份有限公司在 2016 年建成了国内首个大田茶业物联应用系统，以信息化技术为支撑，以物联网技术为手段，能实现茶种植加工精细化管理，茶产品质量安全可溯（安徽黄山六百里猴魁茶业股份有限公司，2017）。茶企信息化建设包括网络系统、企业级机房、管理中心、传感系统、追溯系统、数据中心和企业综合应用平台的各项建设。在种植基地、销售门店等企业内部进行单位局域网、互联网建设；在机房部署应用服务器、数据库服务器和视频综合平台服务器；管理中心部署 LED 拼接屏，实时显示各种植基地、加工厂、销售门店情况和企业生产经营报表数据以实现科学管理决策；在种植基地安装风速风向、空气温湿度、大气压强、光照强度、降雨蒸发量、土壤温湿度等传感装置，以实现数据传送；利用条码技术、射频识别技术和 3S 技术实现茶种植、采摘、加工、出入库、物流、销售的安全追溯。此茶业物联应用系统使茶园实现精准生产、茶企实现高效管理、消费者对茶产品实现安全溯源。农业物联网通过对茶园的实时监测，通过智能专家系统的辅助决策，实现了茶园精准管理（如精准施肥、精准施药），做到有效提升茶叶品质、有效保护农业环境、有效控制农药残留，对人类健康、环境保护、社会可持续发展具有重要意义。企业对每次收购鲜叶的时间段、收购总重、收购总价、实际付款和欠款信息进行实时数据记录，提升了茶企的管理效率。消费者购买茶叶后可登录茶叶追溯平台，输入产品编号可查询产品的产地、品种、田间作业记录、采集时间、进厂时间、新茶等级、加工时间、包装时间、出入库时间等内容，同时配以图片和视频显示各个环节，使消费者对产品生产、加工、流通等环节实现全程监督。

5. 云南普洱市移动“互联网+”

位于我国西南边陲的云南普洱市是世界茶树原产地的中心地带，茶马古道的源头。近年来普洱市大力推行绿色经济发展，形成以茶为主的集种植、加工、贸易一体化的特色产业。为建设国家绿色经济试验示范区，普洱市提出了“生态立市、绿色发展”目标。中国移动云南公司与普洱市政府在绿色经济、农业电子商务、生态旅游三大领域 15 个方面开展战略合作，以移动“互联网+”建设绿色普洱（赖继平，2017）。结合当地实际，中国移动云南公司建设农业综合管理及服务信息系统，为茶叶生产、经营提供信息化服务。利用互联网技术，打造本土化电子商务链，实现实时茶交易；利用物联网技术，建设端到端茶产品安全保障体系，实现茶产品安全溯源。

第9章 生态茶业制度规范与标准化

制度规范和标准化对一个产业发展至关重要，它们是组织专业化大生产的前提，是支撑和引领经济社会发展、实现科学管理和现代化管理的重要基础，是提高产品质量、安全、卫生的技术保证，是合理利用资源、节约能源和节约原材料的有效途径，是推广新材料、新技术、新科研成果的桥梁，是消除贸易障碍、促进国际贸易发展的通行证。生态茶业制度规范与标准化是发展生态茶业的基础，也是提升茶叶质量安全水平、打造企业和区域品牌、增强茶叶市场竞争能力、发展现代茶产业的重要保证。

9.1 生态茶业制度规范与标准化的概念、现状和展望

随着经济的快速发展，我国茶业制度规范和标准化建设也紧跟国家改革步伐，围绕国内、国际稳步开展。中国目前基本形成了覆盖一二三产业和社会事业各领域的制度规范与标准体系，它们已成为农业产业化、规模化、现代化和生态化的必然选择。茶业制度规范和标准是从事茶叶生产、加工、贮存、营销，以及资源开发与利用必须遵守的准则，是政府规范市场经济秩序、加强茶叶质量安全监管、确保消费者合法权益、维护社会和谐和可持续发展的重要依据。如有关国际组织和各国政府标准化部门制定的茶叶标准与法规是检验、评价和判定茶叶质量安全的主要依据。

生态文明是当今人类文明的新形态，大力推进生态文明建设是中国的重大战略决策，以及应对全球生态环境危机和推动人类生态文明发展的伟大担当。在这种共识和要求下，生态农业被许多国家重视和发展，也促使了生态茶业的提出和兴起（陈伟，2017；尧水根，2012）。

9.1.1 生态茶业制度规范与标准化的概念

1. 生态茶业制度规范的概念

生态茶业，即在茶树的栽培和管理中因地制宜地运用生态农业的生产方式，实施茶园立体复合栽培，合理利用与综合开发茶区自然资源，在茶叶的加工与仓

储过程中使用先进的清洁化技术与装备，生产的产品达到国家或国际有关标准，实现茶业经济发展与生态环境保护良性循环、茶业与相关产业协调发展、茶叶优质高产高效与安全卫生相统一的可持续发展目的。生态茶业制度规范是指在实施生态茶业过程中，为达到可持续发展目的而由政府组织机构或公认机构制定批准的需要人们遵守或使用的规范性文件。

2. 生态茶业标准化的概念

标准就是为在一定的范围内获得最佳秩序，对活动或其结果规定共同的和重复使用的规则、导则或特性的文件。该文件经协商一致制定并经一个公认机构的批准。标准应以科学、技术和实践经验的综合成果为基础，以促进最佳社会效益为目的。从定义看，标准具有以下 4 个特性。一是权威性。标准要由权威机构批准发布，在相关领域要有技术权威，并为社会所公认。二是民主性。标准的制定要经过利益相关方充分协商，并听取各方意见。三是实用性。标准的制定修订是为了解决现实问题或潜在问题，在一定范围内获得最佳秩序，实现最大效益。四是科学性。标准来源于人类社会实践活动，其产生的基础是科学研究和技术进步的成果，是实践经验的总结。标准制定过程中，对关键指标要进行充分的实验验证，标准的技术内容代表着先进的科技创新成果，标准的实施也是科技成果产业化的重要过程。

为在一定的范围内获得最佳秩序，对实际的或潜在的问题制定共同的和重复使用的规则的活动，称为标准化。它包括制定、发布及实施标准的过程。标准化的重要意义是改进产品、过程和服务的适用性，防止贸易壁垒，促进技术合作。“通过制定、发布和实施标准，达到统一”是标准化的实质。获得最佳秩序和社会效益是标准化的目的。

生态茶业标准化是指为了保证和规范生态茶叶产品的质量，通过组织制定、修订、发布并实施与生态茶业相关的各类标准的过程，保障生态茶业在品种选育、茶园建设、茶树种植管理和茶叶加工、包装储存、运输销售、审评检验，以及茶事活动等方面获取最佳的秩序和效益，使生态茶叶产品的卫生与质量符合消费者与社会发展的需求（曹铭，2012）。

9.1.2 生态茶业制度规范与标准化的现状和展望

1. 生态茶业制度规范的现状与展望

生态茶业是农业的一部分，生态茶叶是生态茶业链上的终端产品，茶叶属于食品，茶叶生产活动影响环境，而食品与环境安全为世界各国所重视，并制定了食品安全与环境保护方面的法律法规。食品安全与环境保护有关的法律法规是生态茶业所必须遵守的基本制度法规。

此外，世界主要茶叶生产国和消费国，如印度、斯里兰卡、肯尼亚、中国、欧盟国家等在食品安全法的基础上，制定了茶叶生产、加工、茶产品及茶业发展所必须遵从的法规。其中，我国是世界茶叶主产国和消费大国之一，茶业是我国农业的重要组成部分。1978 年的《宪法》首次将环境保护作为一项宪法规范，规定国家保护环境和自然资源，防治污染和其他公害。2018 年 3 月 11 日十三届全国人大一次会议第三次全体会议经投票表决，通过了《中华人民共和国宪法修正案》，将“生态文明”写入宪法。2016 年 10 月 14 日发布的《农业部关于抓住机遇做强茶产业的意见》指出，坚持绿色发展，促进生态保护，明确提出了一稳定、两翻番、三提高的发展目标，即稳定茶园面积，实现茶叶总产值和出口额翻番，提高茶叶质量效益、提高茶产业竞争力、提高茶产业持续发展能力。

目前政府公开制度法规显示，国内外尚无明确的生态茶业制度法规。根据认证状态，生态茶业分为认证生态茶业和非认证生态茶业。①认证生态茶业是按照生态茶业概念进行茶叶生产经营活动，并经权威机构认证的生态茶业。当前认知度较高、拥有较完善认证体系的生态茶叶主要为国际上的有机茶和中国的绿色食品（茶叶），生态茶业质量控制体系规范主要有良好农业规范（good agricultural practice，GAP）、良好操作规范（good manufacturing practice，GMP）、危害分析和关键控制点（hazard analysis and critical control point，HACCP）和 ISO 质量管理体系。认证生态茶业除了要遵守食品安全法、环境保护法、农业和茶行业制度之外，还须遵守认证机构制定的相应标准规范和要求。②非认证生态茶业是按照生态茶业概念进行茶叶生产经营活动，但未经权威机构认证的生态茶业。其要遵守的制度规范是现行的食品安全法、环境保护法、农业和茶行业制度法规。

随着市场和消费者对茶叶质量安全要求的日益提高，生态茶业以其环境友好、可持续和产品更安全的特点，受到越来越多的关注。此外，各国的食品安全法、农业发展规划、生态茶业认证体系也在不断发展和完善，这为生态茶业的发展提供了较好的制度保障和广阔的发展空间。

2. 生态茶业标准化现状与展望

从世界范围来看，茶叶标准一般可划分为国际标准和国家标准。国际标准为国际公认的标准化组织制定的、在世界范围内统一使用的标准，如 ISO 标准，或其他国际组织制定的标准，如食品法典委员会（Codex Alimentarius Commission，CAC）标准。国家标准一般指全国性标准化机构制定的、在全国范围内统一使用的标准，如英国标准协会（British Standards Institution，BSI）制定的英国国家标准、中国国家标准化管理委员会（Standardization Administration of China，SAC）发布的中国国家标准等。生态茶业标准化是茶业标准化在生态茶叶方面的细化。

1）国际茶叶标准化现状

国际标准化是指在国际范围内，由众多国家和组织共同参与的标准化活动，其目的是为了协调各国、各地区的标准化活动，研究、制定和推广采用国际标准，以促进全球经济、技术、贸易的发展，提高产品质量和效益，保障人类安全、健康和社会的可持续发展。目前最主要的 3 个国际标准化机构分别为 ISO、国际电工委员会（International Electrotechnical Commission，IEC）和国际电信联盟（International Telecommunications Union，ITU）。其中 ISO 是由各国（地区）标准化团体组成的非政府性组织，成立于 1947 年。根据公开数据统计显示，截至 2021 年底，ISO 拥有 165 个成员（国家和地区）、611 个技术委员会、2 022 个工作组、38 个特别工作组，是目前全球最大最权威的国际标准化组织，全体大会是 ISO 最高权力机构，理事会是 ISO 重要决策机构，中国是 ISO 常任理事国，代表中国参加 ISO 的国家机构是中国国家标准化管理委员会（由国家市场监督管理总局管理）。

国际标准主要包括 ISO、IEC 和 ITU 三大机构所制定的标准，以及 ISO 确认并收录在国际标准《题内关键词索引》（Key Word In Context Index，KWIC Index）中的其他国际组织制定的标准，如 CAC、国际有机农业运动联盟（International Federation of Organic Agriculture Movements，IFOAM）、WHO 等国际组织制定的标准。以 ISO 为例，国际标准制定程序一般包括以下 7 个阶段。①预备阶段：提出前期预研工作项目（Pre Work Item，PWI）。技术委员会（Technical Committee，TC）、分委员会（Subcommittee，SC）可由 P 成员（Participating member，P-member）投票，简单多数通过、尚不成熟、暂时不能进入下一阶段处理的工作项目纳入该阶段。②提案阶段：提交新的工作项目提案（New Project，NP）。NP 可由国家团体、TC 或 SC 秘书处及其他相关组织提出，ISO 要求至少有 5 个 P 成员同意参加，再经 TC 或 SC 成员简单多数投票通过的即被接受。③准备阶段：准备工作草案（Work Draft，WD）。NP 被接受后，TC 或 SC 负责组建工作组（Working Group，WG），由项目负责人和专家共同提出 WD。当 WD 作为第一个委员会草案（Committee Draft，CD）分发给 TC 或 SC 成员时，首席执行官（Chief Executive Officer，CEO）办公室负责登记，准备阶段结束。④委员会阶段：提出 CD。第一个 CD 发给 TC 或 SC 成员讨论，提出意见和修改后，经 TC 或 SC 的 P 成员投票同意，并且所有技术问题都得到了解决，CD 便可作为征询意见草案分发，并由 CEO 办公室登记，委员会阶段结束。⑤征询意见阶段：提出国际标准草案（Draft International Standard，DIS）。DIS 第一稿发给所有成员国投票，当正式成员 2/3 多数赞成且反对票不超过投票总数的 1/4 时，草案即通过，经修改后成为最终国际标准草案，经 CEO 办公室登记，征询意见阶段结束。⑥批准阶段：提出最终国际标准草案（Final Draft International Standard，FDIS）。FDIS 再次发给所有成员团体投票，当正式成员 2/3 多数赞成且反对票不超过 1/4 时通过，即批准其作为国际标准发布。如未获通过，可将文件退回委员会，批准阶段结束。⑦出版阶段：印刷发行国际标准（ISO）。以上是制定国际标准的正常程序。快速程序一般应先有较为成熟的标准文件，可作为制定国际标准的 DIS 或 FDIS，从而省略正常程序中的准备阶段乃至委员会阶段，加快了标准制定的进程。

ISO/TC34 是 ISO 食品技术委员会 Technical Committee on Food Standardization 34 的代号，目前 TC34 下设 20 个分技术委员会，其中 SC8 是茶叶分技术委员会。ISO/TC34/SC8 主要负责茶叶领域的国际标准化工作，涵盖不同茶类的产品标准、测试方法标准（包括感官品质和理化品质）、良好加工规范（含物流）等，以便在国际贸易中促进茶叶质量标准更明确，并能确保消费者对品质的需求。SC8 秘书处设在 BSI，联合秘书处设在 SAC，由中华全国供销合作总社杭州茶叶研究院和浙江省茶叶集团股份有限公司联合承担。ISO/TC34/SC8 现有 P 成员 18 个，包括中国、印度、斯里兰卡、日本、肯尼亚等茶叶主产国和英国、德国等茶叶消费国；观察员 25 个，包括法国、墨西哥、埃塞俄比亚、韩国、西班牙等茶叶生产国和消费国。

2）中国茶叶标准化现状

在中国，按标准体制划分，茶叶标准分为国家标准、行业标准、地方标准、团体标准和企业标准 5 级。其中，国家标准、行业标准、地方标准这 3 类标准由政府主导制定，团体标准和企业标准由市场自主制定。政府主导制定的标准侧重于保基本，市场自主制定的标准侧重于提高茶叶竞争力。茶叶标准化是对茶行业进行科学管理的有效手段，我国建立了相应的标准化机构，有组织、有计划地开展标准化工作。

（1）建立了较为完善的茶叶标准化组织机构。根据《中华人民共和国标准化法》及相关规定，国家标准化管理委员会于 2008 年 3 月批准由中华全国供销合作总社成立全国茶叶标准化技术委员会（National Technical Committee 339 on Tea of Standardization of Administration of China，简称 SAC/TC339），归口管理全国茶叶领域的标准化工作，秘书处承担单位为中华全国供销合作总社杭州茶叶研究院。截至 2022 年 2 月，全国茶叶标准化技术委员会下设绿茶、乌龙茶、普洱茶、边销茶、白茶、特种茶国际标准国内工作组、红茶、黑茶、花茶、黄茶、茯茶、有机茶 12 个工作组，分别开展各相关领域的标准化工作（图 9-1）（王艳林 等，2017；

刘芸，2017）。

福建、浙江和安徽等省也成立了省级茶叶标准化技术委员会，主要开展地方标准的归口、评审及宣贯等工作（董秀云和郑金贵，2013）。

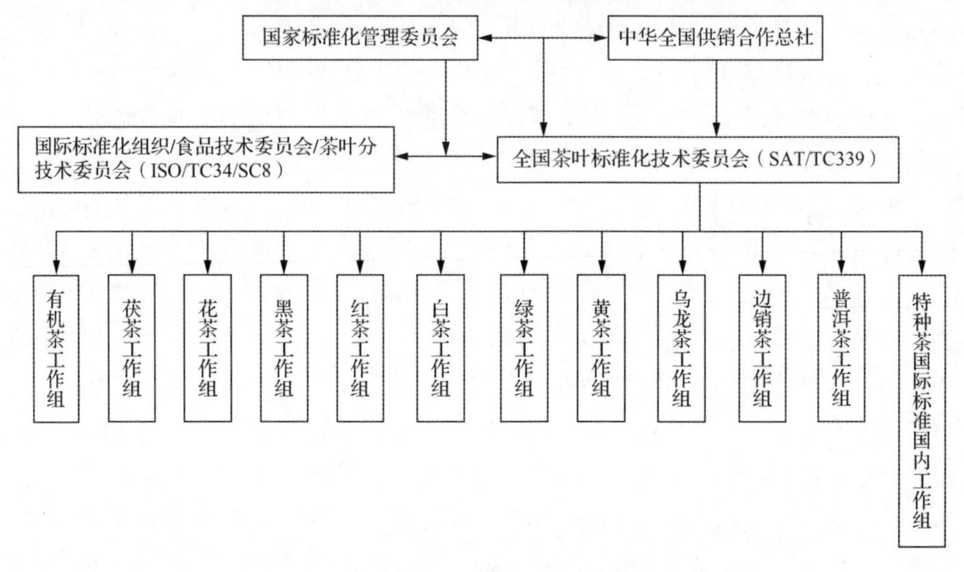

图 9-1　全国茶叶标准化技术委员会组织结构图

（2）制定了茶叶标准化体系。经过近 40 年的建设，特别是在 2008 年全国茶叶标准化技术委员会成立以后，中国的茶叶标准体系不断完善。目前我国的茶叶标准体系主要包括国家标准体系框架表（表 9-1）、全国茶叶标准化技术委员会体系框架图（图 9-2）和国家标准体系（茶叶）框架表（表 9-2）。

表 9-1　国家标准体系框架表

体系类目代码	体系类目名称	GB/T 4754—2017	SAC/TC 编号	SAC/TC 名称	重点领域	国际标准化组织 TC 编号及名称	专业部	业务指导单位	ICS	中标分类
000-12	地理标志产品	—	SWG4	原产地域产品	—	—	农业食品部	国家标准化管理委员会	—	—
000-19-06	食品安全	—	TC313	食品安全管理技术	—	—	—	—	—	—
101-00	农业通用	—	TC37	农作物种子	中长期-农业	—	农业食品部	农业部	65.020.01 农业和林业综合	B21 种籽与育种

续表

体系类目代码	体系类目名称	GB/T 4754—2017	SAC/TC 编号	SAC/TC 名称	重点领域	国际标准化组织 TC 编号及名称	专业部	业务指导单位	ICS	中标分类
202-02-00	食品制造通用	—	3-2	食品标签	—	—	农业食品部	国家标准化管理委员会	67.040 食品综合	X00/09 食品综合
202-03-04	精制茶加工	1540	TC339	全国茶叶标准化技术委员会	农业	ISO TC34/SC8 食品/茶	农业食品部	中华全国供销合作总社	67.140.10 茶	X55 茶叶制品
202-03-04-00	精制茶加工的基础通用	1540	TC339	全国茶叶标准化技术委员会	农业	ISO TC34/SC8 食品/茶	农业食品部	中华全国供销合作总社	67.140.10 茶	X55 茶叶制品
202-03-04-01	精制茶加工的产品标准	1540	TC339	全国茶叶标准化技术委员会	农业	ISO TC34/SC8 食品/茶	农业食品部	中华全国供销合作总社	67.140.10 茶	X55 茶叶制品
202-03-04-02	精制茶加工的方法标准	1540	TC339	全国茶叶标准化技术委员会	农业	ISO TC34/SC8 食品/茶	农业食品部	中华全国供销合作总社	67.140.10 茶	X55 茶叶制品
202-03-04-03	精制茶加工的管理标准	1540	TC339	全国茶叶标准化技术委员会	农业	ISO TC34/SC8 食品/茶	农业食品部	中华全国供销合作总社	67.140.10 茶	X55 茶叶制品

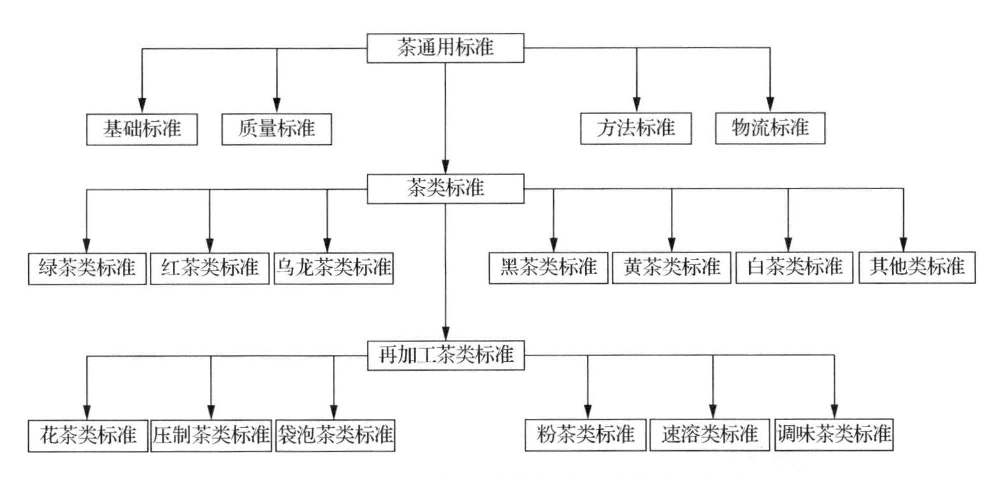

图 9-2　全国茶叶标准化技术委员会体系框架图

表 9-2 国家标准体系（茶叶）框架表

序号	标准名称	标准代号和编号	标准类别	采用国际、国外标准程度	采用国际、国外标准代号	备注
茶通用标准-基础标准						
1	茶树种苗	GB11767—2003	国家	—	—	已发布实施
2	茶叶感官审评术语	GB/T 14487—2017	国家	—	—	已发布实施
3	茶叶标准样品制备技术条件	GB/T 18795—2012	国家	—	—	已发布实施
4	茶叶感官审评室基本条件	GB/T 18797—2012	国家	修改采用	ISO 8589—2007	已发布实施
5	茶叶加工术语	GB/T 40633—2021	国家	—	—	已发布实施
6	良好农业规范 第 12 部分：茶叶控制点与符合性规范	GB/T 20014.12—2008	国家	—	—	已发布实施
7	茶叶生产技术规范	GB/Z 26576—2011	国家	—	—	已发布实施
8	茶叶分类	GB/T 30766—2014	国家	—	—	已发布实施
9	茶鲜叶处理要求	GB/T 31748—2015	国家	—	—	已发布实施
10	茶叶加工良好规范	GB/T 32744—2016	国家	—	—	已发布实施
11	茶产业项目运营管理规范	GB/Z 35045—2018	国家	—	—	已发布实施
12	农产品追溯要求 茶叶	GB/T 33915—2017	国家	—	—	已发布实施
13	品牌价值评价 酒、饮料和精制茶制造业	GB/T 31280—2022	国家	—	—	已发布实施
茶通用标准-质量标准						
14	食品安全国家标准 食品中污染物限量	GB 2762—2017	国家	—	—	已发布实施
15	食品安全国家标准 食品中农药最大残留限量	GB 2763—2021	国家	—	—	已发布实施
16	出口茶叶质量安全控制规范	GB/Z 21722—2008	国家	—	—	已发布实施
茶通用标准-方法标准						
17	茶 取样	GB/T 8302—2013	国家	非等效采用	ISO 1839—1980	已发布实施
18	茶 磨碎试样的制备及其干物质含量测定	GB/T 8303—2013	国家	修改采用	ISO 1572—1980	已发布实施

续表

序号	标准名称	标准代号和编号	标准类别	采用国际、国外标准程度	采用国际、国外标准代号	备注
19	食品安全国家标准 食品中水分的测定	GB 5009.3—2016	国家	—	—	已发布实施
20	食品安全国家标准 食品中灰分的测定	GB 5009.4—2016	国家	—	—	已发布实施
21	食品安全国家标准 茶叶中9种有机杂环类农药残留量的检测方法	GB 23200.26—2016	国家	—	—	已发布实施
22	食品安全国家标准 茶叶中448种农药及相关化学品残留量的测定 液相色谱-质谱法	GB 23200.13—2016	国家	—	—	已发布实施
23	茶 水浸出物测定	GB/T 8305—2013	国家	修改采用	ISO 9768—1994	已发布实施
24	茶 水溶性灰分碱度测定	GB/T 8309—2013	国家	修改采用	ISO 1578—1987	已发布实施
25	茶 粗纤维测定	GB/T 8310—2013	国家	修改采用	ISO 15598—1999	已发布实施
26	茶 粉末和碎茶含量测定	GB/T 8311—2013	国家	—	—	已发布实施
27	茶 咖啡碱测定	GB/T 8312—2013	国家	修改采用	ISO 10727—2002	已发布实施
28	茶叶中茶多酚和儿茶素类含量的检测方法	GB/T 8313—2018	国家	修改采用	ISO 14502—2005	已发布实施
29	茶 游离氨基酸总量测定	GB/T 8314—2013	国家	—	—	已发布实施
30	茶中有机磷及氨基甲酸酯农药残留量的简易检验方法（酶抑制法）	GB/T18625—2002	国家	—	—	已发布实施
31	茶叶卫生标准的分析方法	GB/T 5009.57—2003	国家	—	—	已发布实施
32	茶叶中茶氨酸的测定 高效液相色谱法	GB/T 23193—2017	国家	—	—	已发布实施
33	茶叶中519种农药及相关化学品残留量的测定 气相色谱-质谱法	GB/T 23204—2008	国家	—	—	已发布实施
34	茶叶中农药多残留测定 气相色谱/质谱法	GB/T 23376—2009	国家	—	—	已发布实施
35	水果、蔬菜及茶叶中吡虫啉残留的测定 高效液相色谱法	GB/T 23379—2009	国家	—	—	已发布实施
36	茶叶、水果、食用植物油中三氯杀螨醇残留量的测定	GB/T 5009.176—2003	国家	—	—	已发布实施

续表

序号	标准名称	标准代号和编号	标准类别	采用国际、国外标准程度	采用国际、国外标准代号	备注
37	茶叶感官审评方法	GB/T 23776—2018	国家	—	—	已发布实施
38	茶叶中铁、锰、铜、锌、钙、镁、钾、钠、磷、硫的测定 电感耦合等离子体原子发射光谱法	GB/T 30376—2013	国家	—	—	已发布实施
39	茶叶中茶黄素测定-高效液相色谱法	GB/T 30483—2013	国家	—	—	已发布实施
40	茶叶化学分类方法	GB/T 35825—2018	国家	—	—	已发布实施
茶通用标准-物流标准						
41	食品安全国家标准 预包装食品标签通则	GB 7718—2011	国家	—	—	已发布实施
42	热封型茶叶滤纸	GB/T 25436—2010	国家	—	—	已发布实施
43	非热封型茶叶滤纸	GB/T 28121—2011	国家	—	—	已发布实施
44	限制商品过度包装要求 食品和化妆品	GB 23350—2009	国家	—	—	已发布实施
45	电子商务交易产品信息描述 茶叶	GB/T 3812—2019	国家	—	—	已发布实施
46	农产品基本信息描述 茶叶	GB/T 38208—2019	国家	—	—	已发布实施
47	茶叶贮存	GB/T 30375—2013	国家	—	—	已发布实施
茶类标准-绿茶类标准						
48	绿茶 第1部分：基本要求	GB/T 14456.1—2017	国家	修改采用	ISO 11287—2011	已发布实施
49	绿茶 第2部分：大叶种绿茶	GB/T 14456.2—2018	国家	—	—	已发布实施
50	绿茶 第3部分：中小叶种绿茶	GB/T 14456.3—2016	国家	—	—	已发布实施
51	绿茶 第4部分：珠茶	GB/T 14456.4—2016	国家	—	—	已发布实施
52	绿茶 第5部分：眉茶	GB/T 14456.5—2016	国家	—	—	已发布实施
53	绿茶 第6部分：蒸青茶	GB/T 14456.6—2016	国家	—	—	已发布实施
54	地理标志产品 龙井茶	GB/T 18650—2008	国家	—	—	已发布实施

续表

序号	标准名称	标准代号和编号	标准类别	采用国际、国外标准程度	采用国际、国外标准代号	备注
55	地理标志产品 蒙山茶	GB/T 18665—2008	国家	—	—	已发布实施
56	地理标志产品 洞庭（山）碧螺春茶	GB/T 18957—2008	国家	—	—	已发布实施
57	地理标志产品 黄山毛峰茶	GB/T 19460—2008	国家	—	—	已发布实施
58	地理标志产品 狗牯脑茶	GB/T 19691—2008	国家	—	—	已发布实施
59	地理标志产品 太平猴魁茶	GB/T 19698—2008	国家	—	—	已发布实施
60	地理标志产品 安吉白茶	GB/T 20354—2006	国家	—	—	已发布实施
61	地理标志产品 乌牛早茶	GB/T 20360—2006	国家	—		已发布实施
62	地理标志产品 雨花茶	GB/T 20605—2006	国家	—	—	已发布实施
63	地理标志产品 庐山云雾茶	GB/T 21003—2007	国家	—	—	已发布实施
64	地理标志产品 信阳毛尖茶	GB/T 22737—2008	国家	—	—	已发布实施
65	地理标志产品 崂山绿茶	GB/T 26530—2011	国家	—	—	已发布实施
66	眉茶生产加工技术规范	GB/T32742—2016	国家	—	—	已发布实施
67	珠茶生产加工技术规范	GB/T XXXXX—XXXX	国家	—	—	待发布
茶类标准-红茶类标准						
68	红茶 第 1 部分：红碎茶	GB/T 13738.1—2017	国家	修改采用	ISO 3720—2011	已发布实施
69	红茶 第 2 部分：工夫红茶	GB/T 13738.2—2017	国家	—	—	已发布实施
70	红茶 第 3 部分：小种红茶	GB/T 13738.3—2012	国家	—	—	已发布实施
71	地理标志产品 坦洋工夫	GB/T 24710—2009	国家	—	—	已发布实施
72	红茶加工技术规范	GB/T 35810—2018	国家	—	—	已发布实施
茶类标准-乌龙茶类标准						
73	地理标志产品 武夷岩茶	GB/T 18745—2006	国家	—	—	已发布实施

续表

序号	标准名称	标准代号和编号	标准类别	采用国际、国外标准程度	采用国际、国外标准代号	备注
74	地理标志产品 安溪铁观音	GB/T 19598—2006	国家	—	—	已发布实施
75	地理标志产品 永春佛手	GB/T 21824—2008	国家	—	—	已发布实施
76	乌龙茶 第 1 部分：基本要求	GB/T 30357.1—2013	国家	—	—	已发布实施
77	乌龙茶 第 2 部分：铁观音	GB/T 30357.2—2013	国家	—	—	已发布实施
78	乌龙茶 第 3 部分：黄金桂	GB/T 30357.3—2015	国家	—	—	已发布实施
79	乌龙茶 第 4 部分：水仙	GB/T 30357.4—2015	国家	—	—	已发布实施
80	乌龙茶 第 5 部分：肉桂	GB/T 30357.5—2015	国家	—	—	已发布实施
81	乌龙茶 第 6 部分：单枞	GB/T 30357.5—2017	国家	—	—	已发布实施
82	乌龙茶 第 7 部分：佛手	GB/T 30357.5—2017	国家	—	—	已发布实施
83	乌龙茶 第 8 部分：大红袍	GB/T 30357.8—XXXX	国家	—	—	正在制定
84	乌龙茶 第 9 部分：白芽奇兰	GB/T 30357.9—2020	国家	—	—	已发布实施
85	乌龙茶加工技术规范	GB/T 35863—2018	国家	—	—	已发布实施
86	台式乌龙茶加工技术规范	GB/T 39562—2020	国家	—	—	已发布实施
茶类标准-黑茶类标准						
87	地理标志产品 普洱茶	GB/T 22111—2008	国家	—	—	已发布实施
88	黑茶第 1 部分：基本要求	GB/T 32719.1—2016	国家	—	—	已发布实施
89	黑茶第 2 部分：花卷茶	GB/T 32719.2—2016	国家	—	—	已发布实施
90	黑茶第 3 部分：湘尖茶	GB/T 32719.3—2016	国家	—	—	已发布实施
91	黑茶第 4 部分：六堡茶	GB/T 32719.4—2016	国家	—	—	已发布实施
92	黑茶 第 5 部分：茯茶	GB/T 32719.5—2018	国家	—	—	已发布实施

续表

序号	标准名称	标准代号和编号	标准类别	采用国际、国外标准程度	采用国际、国外标准代号	备注
茶类标准-黄茶类标准						
93	黄茶	GB/T 21726—2018	国家	—	—	已发布实施
94	黄茶加工技术规范	GB/T 39592—2020	国家	—	—	已发布实施
茶类标准-白茶类标准						
95	白茶	GB/T 22291—2017	国家	—	—	已发布实施
96	地理标志产品 政和白茶	GB/T 22109—2008	国家	—	—	已发布实施
97	紧压白茶	GB/T 31751—2015	国家	—	—	已发布实施
98	白茶加工技术规范	GB/T 32743—2016	国家	—	—	已发布实施
再加工茶类标准-花茶类标准						
99	茉莉花茶	GB/T 22292—2017	国家	—	—	已发布实施
100	茉莉花茶加工技术规范	GB/T 34779—2017	国家	—	—	已发布实施
再加工茶类标准-压制茶类标准						
101	紧压茶第 1 部分：花砖茶	GB/T 9833.1—2013	国家	—	—	已发布实施
102	紧压茶第 2 部分：黑砖茶	GB/T 9833.2—2013	国家	—	—	已发布实施
103	紧压茶第 3 部分：茯砖茶	GB/T 9833.3—2013	国家	—	—	已发布实施
104	紧压茶第 4 部分：康砖茶	GB/T 9833.4—2013	国家	—	—	已发布实施
105	紧压茶第 5 部分：沱茶	GB/T 9833.5—2013	国家	—	—	已发布实施
106	紧压茶第 6 部分：紧茶	GB/T 9833.6—2013	国家	—	—	已发布实施
107	紧压茶第 7 部分：金尖茶	GB/T 9833.7—2013	国家	—	—	已发布实施
108	紧压茶第 8 部分：米砖茶	GB/T 9833.8—2013	国家	—	—	已发布实施
109	紧压茶第 9 部分：青砖茶	GB/T 9833.9—2013	国家	—	—	已发布实施
110	砖茶含氟量	GB 19965—2005	国家	—	—	已发布实施

续表

序号	标准名称	标准代号和编号	标准类别	采用国际、国外标准程度	采用国际、国外标准代号	备注
111	砖茶含氟量的检测方法	GB/T 21728—2008	国家	—	—	已发布实施
112	紧压茶原料要求	GB/T 24614—2009	国家	—	—	已发布实施
113	紧压茶生产加工技术规范	GB/T 24615—2009	国家	—	—	已发布实施
114	紧压茶茶树种植良好规范	GB/T 30377—2013	国家	—	—	已发布实施
115	紧压茶企业良好规范	GB/T 30378—2013	国家	—	—	已发布实施
再加工茶类标准-速溶茶类标准						
116	固态速溶茶 第 1 部分：取样	GB/T 18798.1—2017	国家	修改采用	ISO 7516—1984	已发布实施
117	固态速溶茶 第 2 部分：总灰分测定	GB/T 18798.2—2018	国家	等效采用	ISO 7514—1990	已发布实施
118	固态速溶茶 第 4 部分：规格	GB/T 18798.4—2013	国家	修改采用	ISO 6079—1990	已发布实施
119	固态速溶茶 第 5 部分：自由流动和紧密堆积密度测定	GB/T 18798.5—2013	国家	修改采用	ISO 6770—1982	已发布实施
120	速溶茶辐照杀菌工艺	GB/T 18526.1—2011	国家	—	—	已发布实施
121	固态速溶茶 儿茶素类含量的检测方法	GB/T 21727—2008	国家	修改采用	ISO 14502—2—2005	已发布实施
122	茶制品第 1 部分：固态速溶茶	GB/T 31740.1—2015	国家	—	—	已发布实施
123	茶制品第 2 部分：茶多酚	GB/T 31740.2—2015	国家	—	—	已发布实施
124	茶制品第 3 部分：茶黄素	GB/T 31740.3—2015	国家	—	—	已发布实施
再加工茶类标准-袋泡茶类标准						
125	袋泡茶	GB/T 24690—2018	国家	—	—	已发布实施
再加工茶类标准-粉茶类标准						
126	抹茶	GB/T 34778—2017	国家	—	—	已发布实施
再加工茶类标准-茶饮料标准						
127	茶饮料	GB/T 21733—2008	国家	—	—	已发布实施

国家标准体系框架表（表 9-1）由国家标准化管理委员会统一制定。其中第 1

栏和第 2 栏分别为体系类目代码和对应的体系类目名称；第 3 栏指《国民经济行业分类》（GB/T 4754—2017）国家标准中的分类编号，茶叶加工在此标准中的分类编号为 1540，其中 15 代表饮料制造业，40 为茶叶加工。

国家标准体系（茶叶）框架表（表 9-2）由全国茶叶标准化技术委员会制定。它由 3 层组成：第 1 层为茶通用（基础、质量、方法、物流）标准；第 2 层为各茶类（绿茶类、红茶类、乌龙茶类、黑茶类、黄茶类和白茶类）标准；第 3 层为再加工茶类（花茶类、压制茶类、速溶茶类、袋泡茶类、粉茶类和茶饮料）标准。

全国茶叶标准化技术委员会体系框架图（图 9-2）是将已有的标准、正在制定的标准、应有的和预计需要制定的茶叶标准（国家标准和供销合作行业标准，但不包括茶叶机械标准），按其内在联系进行层次划分，形成标准体系表的层次结构框架图（田世宏，2017）。

截至 2022 年 2 月，现行有效的茶叶国家标准共计 127 项（表 9-2），这些标准涵盖茶树栽培、茶叶加工、茶叶分类和审评、茶产品和茶叶检验、茶叶质量安全、茶叶流通和茶产业扶贫项目管理，其中茶通用标准 47 项、茶类标准 51 项、再加工茶类标准 29 项，已发布实施 125 项、待发布和正在制定的标准各 1 项。

（3）制定了系列生态茶业标准。生态茶业标准按现行有效的茶业标准，或有机茶和绿色食品（茶叶）、GAP、GMP、HACCP、ISO 标准执行。在现行有效的 127 项茶叶国家标准（表 9-2）、供销合作行业标准与农业行业标准、众多地方标准和团体标准中，与生态茶业关系密切的有《食品安全国家标准 食品中污染物限量》（GB 2762—2017）、《食品安全国家标准 食品中农药最大残留限量》（GB 2763—2021）、《农产品追溯要求 茶叶》（GB/T 33915—2017）、《出口茶叶质量安全控制规范》（GB/Z 21722—2008）、《生态茶园建设规范》（GH/T 1245—2019）、《生态茶园建设与管理技术规范》（DB35/T 1322—2013），以及无公害农产品（茶叶）、绿色食品（茶叶）和有机茶系列标准，HACCP 和 ISO 标准等。

（4）实施了茶叶标准的宣贯与应用监督管理。标准宣贯是标准应用实施的重要工作，各标准编写单位在 SAC/TC339 及各级部门的指导和支持下，开展技术咨询、材料编印和标准培训。在贯彻执行中应注意强制性标准中的各项规定和要求不得擅自更改或降低，推荐性标准由各有关方自愿采用，国家鼓励采用。但推荐性标准被合同、协议所引用时，便具有了相应法律约束力。使用者声明其产品符合某项推荐性标准时，就应贯彻执行该标准。为保证标准的适用性，标准在实施一段时间（一般是 5 年）后，根据科技发展和经济建设的需要，应对标准的内容是否仍能适应当前科技和生产的先进性要求进行审查，即复审，由标准的主管部门组织进行。2019 年 SAC/TC339 秘书处对归口的 77 项质量标准、6 项质量标准计划项目进行了集中清理。其中 26 项不涉及食品安全指标的标准，继续有效；50 项涉及食品安全指标的标准，基本是产品标准进行修订；1 项方法标准涉及食品安全指标，纳入食品安全标准范畴。《固态速溶茶 第 3 部分：水分测定》（GB/T 18798.3—2008）因 2017 年 3 月 1 日被《食品安全国家标准 食品中水分的测定》（GB 5009.3—2016）替代而废止。根据《行业标准管理办法》等要求，SAC/TC339 秘书处对实施时间超过 5 年的行业标准进行了复审。各省级标准管理部门也对当地的地方标准进行了复审和清理。

3）生态茶业标准化展望

2021 年中央发布的《国家标准化发展纲要》明确指出：标准是经济活动和社会发展的技术支撑，是国家基础性制度的重要方面；标准化在推进国家治理体系和治理能力现代化中发挥着基础性、引领性作用。为满足国际贸易对国家标准外文版的迫切需求，目前全国茶叶标准化技术委员会已经出版了紧压茶系列及绿茶、红茶等 11 项国家标准的英文版，未来将持续推进绿茶、红茶、乌龙茶等重要国家标准的英文版翻译工作。

生态茶业作为目前茶产业发展的主要方向，在取消无公害食品（茶叶）认证后，生态茶业标准化将是茶业标准化的研究重点之一。今后生态茶业标准化主要目标如下。一是践行新发展理念，以高标准推进高质量发展，不断满足人民群众对美好生活的向往。用最严谨的标准筑牢质量安全底线，用最适用的标准满足消费结构升级需求，用最有效的标准促进供给侧结构性改革，用最科学的标准促进人与自然和谐发展。二是适应经济全球化发展，推进中国与国外标准体系兼容，推进标准的互认，以标准互联互通促进产能合作和经济贸易便利化，打通新技术向新产业转化的标准通道，推进虚拟现实、人工智能等新兴技术在生态茶业标准体系建设中的应用。

9.2 生态茶业制度规范

在工业化高度发展的今天，生态农业被许多国家重视和发展，促使了生态茶业的提出和兴起。早在 20 世纪 60 年代后期，为了防止食品污染，国外开始了生态农业的尝试。1970 年，美国土壤学家 W. Albreche 首次提出了“生态农业”的概念。此后，许多国家提倡在食品原料生产、加工等环节树立食品安全的思想，要求生产无公害无污染的生态食品。茶是世界三大饮料之一，国内外非常重视茶叶质量安全，制定了一系列的制度规范来保证茶叶质量和茶业的可持续发展（尧水根，2012）。

9.2.1 国际生态茶业制度规范

1. 国际代表性生态茶业制度规范

目前，国际上比较有代表性的茶叶相关制度规范主要有有机农业制度法规、

GAP 和 HACCP 体系。

1）有机农业制度法规

IFOAM 的有机生产和加工基本标准（IFOAM Basic Standards，IBS）是 FAO、世界贸易组织（World Trade Organization，WTO）和联合国粮食计划署（World Food Programme，WFP）关于有机农业的指导性规则。1972 年，在欧洲成立的 IFOAM 是影响力较大的全球性非政府组织，提出了有机农业发展的 4 项基本原则，即健康原则、生态原则、公平原则和关爱原则。IBS 是 IFOAM 指导和规范全球有机农业运动的基础和指南，2000 年 9 月经 IFOAM 全体会议批准通过，每 2 年修订 1 次。IBS 本身不能作为认证标准，而是世界各国政府、民间有机产品标准制定机构及认证机构制定有机产品认证标准的基础。目前有机农业已在全球 179 个国家得以发展。

相较于传统农业，有机农业的认证标准和法律法规更为严格。从 20 世纪 90 年代开始，世界各国陆续通过制定相关法律法规来规范有机农业产业的健康发展。1990 年美国颁布了《有机食品生产法》。1991 年欧洲共同体发布了《欧共体有机农业条例 2092/91》。2000 年日本印发了《日本有机农业标准》。目前，世界范围内公认的有机认证标识主要有美国国家有机工程（the National Organic Program，NOP）认证体系、欧盟的 ECOCERT 认证体系、日本农业标准（Japanese Agricultural Standard，JAS）认证体系和澳大利亚有机食品连锁（Organic Food Chain，OFC）认证体系。基于技术评估和政治协商，美国、欧盟和日本等国家和地区拥有有机认证等效协议。2016 年中国与新西兰签订了双边有机认证认可协议。IFOAM 调查数据显示，2015 年亚洲有机农业耕地中，有机茶园面积为 7.5 万 hm^2，占主要多年生有机作物耕地面积的 12.18%。

2）GAP

GAP 作为一种适用方法和体系，通过经济的、环境的和社会的可持续发展措施，来保障食品安全和食品质量。最早制定 GAP 的是欧洲零售商协会（Euro-Retailer Produce Working Group，EUREP）制定的 EUREPGAP，即现在的全球良好农业规范（GLOBALGAP）。其后，美国、日本、加拿大、澳大利亚、中国等国家也都制定了本国相应的 GAP。其中 GLOBALGAP 影响最大，是目前国际上最为权威的 GAP 体系。

2006 年 3 月欧盟发布茶叶 GAP 标准初稿，2007 年发布定稿，该标准是由 EUREPGAP 与荷兰 SKAL 国际认证公司合作完成。该标准也成为全球范围内茶叶生产、加工和贸易企业开展茶叶 GAP 的主要参考准则。

3）HACCP 体系

HACCP 是对食品生产、加工过程进行安全风险识别、评价和控制的一种系统方法，是食品生产、加工过程中对关键控制点实行有效预防的措施和手段，有助于使食品的污染、危害降低到最低程度。HACCP 体系以预防食品安全、降低食品危害为基础，其宗旨是将以产品检验为基础的控制观念转变为生产过程控制其潜在危害的预防性方法，对生产过程中的每一个关键点都进行严格控制，以保证产品质量。

HACCP 起源于 20 世纪 60 年代初的美国，是为解决太空作业宇航员的食品安全问题，由 Pillsbury 公司首创并发展起来的一种质量控制体系。随着全球范围内食品安全事件的频繁出现，越来越多权威人士和研究人员开始注重食品生产销售过程中的质量安全控制，特别是食品生产加工过程中可能引发质量安全危害的研究与控制，而 HACCP 质量管理体系正是顺应这些趋势和要求而发展起来的。1995 年，欧盟规定所有进口海产品都必须在 HACCP 体系下生产。目前，发达国家（如美国、澳大利亚和加拿大等）的很多食品生产企业中 HACCP 是以法规形式存在。20 世纪 90 年代，我国的食品出口贸易快速发展。从 2003 年开始，国家质量监督检验检疫总局在《食品生产加工企业质量安全监督管理办法》第 15 条中规定，食品生产加工企业应当在生产的全过程建立健全企业质量管理体系，获取 HACCP 认证。HACCP 体系被政府引入以来，食品安全性得到了提高。

目前 HACCP 体系已被应用于我国各类茶叶及茶饮料的生产加工中，提高了茶叶生产管理水平，保证了茶叶的卫生安全质量，取得了较好的应用效果。HACCP 体系认证不仅可以为企业生产的茶叶质量安全控制水平提供有力佐证，还可以促进茶叶企业 HACCP 体系的持续改善，有效提高顾客对企业茶叶质量安全控制的信任水平。在国际贸易中，越来越多的进口国官方或客户要求供方企业建立 HACCP 体系并提供相关认证证书，否则产品将不被接受。

2. 不同国家生态茶业制度规范

1）欧盟生态茶业制度规范

欧盟农药管理的主要机构为欧盟食品安全局（European Food Safety Authority，EFSA），负责农药的风险评估；欧盟委员会下属的健康与消费者保护总司（Directorate General for Health and Consumers，DG—SANCO）负责农药活性成分的登记注册、欧盟农药残留限量标准的制定、欧盟农药管理政策的制定和监督执行；各成员国管理部门负责农药制剂的登记注册、欧盟农药管理政策的转化和执行。与茶叶相关的法规主要有两部：一是关于加强进口饲料和非动物源性食品官方控制水平法规［（EC）No. 669/2009］，二是动植物源性食品及饲料中农药最大残留限量的管理规定［（EC）No.396/2005］。

欧盟一直以高水准保护人类生命和健康为政策目标，采用“零风险”原则。为统一欧盟各成员国内农药残留限量标准，明确农药残留限量标准制定、修改等相关原则，欧盟于 2005 年颁布了关于动植物源性食品及饲料中农药最大残留限量的管理规定[(EC)No.396/2005],建立了统一的农药残留标准体系,由 DG-SANCO 负责制定。要求各成员国必须实施统一的农药最大残留限量标准，对于无具体限量标准且不属于豁免物质的农药残留实施 0.01 mg/kg 的一律标准。该法规一共包括 7 个附录，其中附录Ⅱ为所制定的农药最大残留限量的清单；附录Ⅲ为欧盟暂定农药取大残留限量的清单；附录Ⅳ为由于低风险而不需要制定最大残留限量值的农药清单；附录Ⅴ为残留限量默认标准不包括 0.01 mg/kg 的农药清单。

欧盟对农药残留限量标准的调整最为频繁，一年多调，连续扩大茶叶农药残留检验范围，从 7 种扩大到了 400 多种，绝大多数农药在茶叶中的最大残留限量标准为 0.02～0.1 mg/kg，部分为 0.05 mg/kg。其中对中国输欧茶叶产生重大影响的有蒽醌、灭菌丹、高氯酸盐、唑虫酰胺等。目前，欧盟仍然根据 1998 年 98/82/EG 号农药最大残留限量的有关规定，坚持对干茶叶（固体物）中的农药残留进行检测，即检测每千克干茶叶中的农药残留含量，而不是检测茶汤中的农药残留含量，欧盟对干茶叶末取样检测的方法导致茶叶出现农药残留超标现象（刘洋，2016）。

2010 年，欧盟发布的《动植物源性食品和饲料中农药最大残留限量》，对茶叶的农药残留限量共 453 项，未制定最大残留限量的农业化学品限量检出标准一律为 0.01 mg/kg。

2014 年，欧盟法规（EU）87/2014 将茶叶中啶虫脒、异丙隆、啶氧菌酯、嘧霉胺的限量均由 0.1 mg/kg 加严至 0.05 mg/kg。

2015 年，欧盟发布关于监测食物中高氯酸盐的第（EU）682/2015 号委员会建议案，拟定茶叶高氯酸盐限量是 0.75 mg/kg。

2016 年，欧盟法规（EU）2383/2015 修订了法规（EC）669/2009，对中国茶叶（不管是否加香料）的氟乐灵（限量 0.05 mg/kg）抽检比例提高到 10%，对中国茶叶中啶酰菌胺限量由 0.5 mg/kg 加严至 0.01 mg/kg，醚菌酯双辛胍胺、环酰菌胺、甜菜胺和甜菜宁的限量由 0.1 mg/kg 加严至 0.05 mg/kg，硝磺草酮限量由 0.1 mg/kg 加严至 0.05 mg/kg，甲基立枯磷限量由 0.1 mg/kg 加严至 0.05 mg/kg，福赛得（乙磷铝）的最大残留限量由 5 mg/kg 加严至 2 mg/kg。

2018 年，欧盟法规（EU）2018/832 修订了（EC）396/2005 的附录Ⅱ（确定的农药最大残留限量名单）、附录Ⅲ（暂行的农药最大残留限量名单）中部分农药在农产品中的残留限量。至此，欧盟对茶叶共制定农药残留限量 470 余个，对未涉及的农药残留则依据默认标准（0.01 mg/kg）进行判定，调整了炔螨特的限量，从 0.05 mg/kg 放松至 10 mg/kg；增加了甲氧基丙烯酸酯类杀菌剂并规定了在杏、甜樱桃、桃、李子中的限量，并未涉及茶和茶饮料中甲氧基丙烯酸酯类杀菌剂的含量限定。欧盟法规（EU）2018/960 修订高效氯氟氰菊酯限量，较之前严格了 100 倍。

2019 年 1 月 1 日起，欧盟将正式禁止含有化学活性物质的 320 种农药在境内销售，其中涉及中国正在生产、使用及销售的部分农药（表 9-3）。这些农药目前已广泛应用于水果、茶叶、蔬菜、谷物等生产中，因此使用这些农药的农产品在出口欧盟时，可能被退货或销毁（王金鑫，2018）。

表 9-3　部分欧盟禁用农药清单

类型	品种
杀虫杀螨剂	杀螟丹、乙硫磷、苏云金杆菌 δ-内毒素、氧乐果、三唑磷、喹硫磷、甲氰菊酯、溴螨酯、氯唑磷、定虫隆、嘧啶磷、久效磷、丙溴磷、甲拌磷、特丁硫磷、治螟磷、磷胺、双硫磷、胺菊酯、稻丰散、残杀威、地虫硫磷、双胍辛胺、丙烯菊酯、四溴菊酯、氟氰戊菊酯、丁醚脲、三氯杀螨砜、杀虫环、苯螨特等
杀菌剂	托布津、稻瘟灵、敌菌灵、有效霉素、甲基胂酸、恶霜灵、灭锈胺、敌磺钠等
除草剂	苯噻草胺、异丙甲草胺、扑草净、丁草胺、稀禾定、吡氟禾草灵、吡氟氯禾灵、恶唑禾草灵、喹禾灵、氟磺胺草醚、三氟羧草醚、氯炔草灵、灭草猛、哌草丹、野草枯、氰草津、莠灭净、环嗪酮、乙羧氟草醚、草除灵等
植物生长调节剂	氟节胺、抑芽唑、2,4,5-涕

2019 年，欧盟委员会发布（EU）2019/1249 号法律/法规文件，要求欧盟进口茶叶的抽样频率从 10%提升至 20%。

2020 年欧盟委员会发布新规（EU）2020/892，要求 2020 年 7 月 20 日起不再批准高效氟氯氰菊酯的再评审申请，相关的制剂产品在该公告生效之日的 6 个月内（即 2021 年 1 月 20 日之前）退出市场。各个成员国可以给予 6 个月的宽限期，最迟应在 2021 年 7 月 20 日前撤销所有含高效氟氯氰菊酯的产品授权。

欧盟委员会使用食品与饲料快速预警系统（Rapid Alert System for Food and Feed，RASFF）来评估进口物品的风险，以及决定相关的检查与限制。它记录了所有在欧盟内与边境检查发现的食品安全警报，欧盟各成员国将不符合（EC）No. 396/2005 的输欧茶叶公布在 RASFF 平台上。

2）美国生态茶业制度规范

美国农药相关管理机构为国家环境保护局（Environmental Protection Agency，EPA），农药登记管理工作由 EPA 的化学品安全与污染防治办公室下属的农药项目办公室负责，主要负责农药安全性评估、登记注册、生产、销售、使用管理、农药最大残留限量的制定、农药在环境中的残留监测；FDA 对食品、农产品、海产品的管理机构是食品安全与应用学营养中心（Center for Food Safety and Applied Nutrition，CFSAN），其负责肉、禽、去壳蛋以外的其他食品中的农药残留监测；各州食品与农业机构负责对州内农药进行管理。美国 EPA 从 2002 年起，对新注册的农药每隔 15 年重新评估 1 次。美国 FDA 对食品和饲料中不可避免的农药残留制定了行动水平（action level），在 FDA 符合性政策指南（CPG Sec.575.100）中公布。

美国茶叶农药残留限量的法规与标准采用的是风险性评估原则，检测方法由美国 FDA 在具体执行时给出。美国的农药最大残留限量在《美国联邦法典》(Code of Federal Regulations，CFR）第 40 篇“环境保护”第 180 节“化学农药在食品中的残留容许量与残留容许量豁免”中公布，共涉及 380 种农药约 11 000 项目，还有部分农药最大残留限量为农药在各地区登记注册时制定，而对未设限的农药残留，采取最低检出限度为标准，极其严苛。

2017 年美国禁止 10 种化学农药（DDT、毒死蜱、氰戊菊酯、溴虫腈、林丹、三氯杀螨醇、硫丹、乙硫磷、四氯杀螨砜、三唑磷）在茶叶中使用（陈宇，2017；刘云和高凛，2017）。

3）日本生态茶业制度规范

日本于 20 世纪 70 年代开始试产有机茶，80 年代试制无农药茶，其价格远远高于其他茶叶。日本在 1993 年推出了有关有机农业生产的标准，并由地方自治体和农业协会等团体开展有机农业生产和消费活动，促进了有机农业的发展。目前，日本从事有机农业生产的农户占全国农户总数的 30%以上，提供的有机农产品增加到 130 多种，其中有 40 多种出口到欧美国家。

日本《农林物资规格化和质量表示标准法规》(JAS）要求加强对有机农产品和食品的认证、标识管理，规定在日本市场上出售的有机农产品应带有认证标识，销售者对其出售食品的原产地等都要明确标示。这项法规要求从 2001 年 4 月 1 日起，基因改良食品必须予以明确标示，制造、加工、进口的加工食品都要执行新的商品明确标记制度，标记的内容包括产品名称、制作原材料、包装内的容量、流通期限、保存方法、生产制造者名称（进口产品还要标明进口商的名称或个人姓名）及详细的地址。

日本涉及茶叶的安全法规制度主要包括 1947 年 12 月 24 日颁布的作为食品卫生管理领域最高法律的《食品卫生法》，以及 2003 年 5 月 16 日日本国会参议院通过的以设立食品安全委员会为主要内容的《食品安全基本法》。

2003 年 5 月，日本修订《食品卫生法》，设限农药增加到 121 种，并引进临时标准制度。2005 年 6 月发布《食品中残留农业化学品肯定列表制度》(简称“肯定列表制度”)，并于 2006 年 5 月 29 日实施。肯定列表制度中，将茶叶分为茶(AFA01)、发酵茶（AFA02，fermented tea）和非发酵茶（AFA03，unfermented tea)，共有 276 项。日本肯定列表制度规定对未制定农药最大残留限量的农业化学品，其在食品中的含量不得超过一律标准，即 0.01 mg/kg，一旦超出该标准，禁止此类食品在市场上销售。就茶叶而言，除在任何食品中不得检出的 15 种禁用物质外，还有艾氏剂、狄氏剂、异狄氏剂、左旋咪唑在任何茶叶中不得检出。此前，对农药残留超过限量的农业化学品，限制其在国内销售；对未设定残留标准的农业化学品，即使检出也允许销售。

日本政府在2009年实施了针对进口农产品的新的《食品中残留农业化学品肯定列表制度》，并于同年5月发布通知，加强对中国乌龙茶进口时有关射线照射的检查。此后日本多次修订茶叶中农药最大残留限量标准，如2013年1月，日本厚生劳动省对杀虫剂三唑磷的残留限量由0.05 mg/kg加严至0.01 mg/kg，除草剂苄嘧磺隆的残留限量由0.02 mg/kg加严至0.01 mg/kg。2013年9月，日本厚生劳动省通告对中国产茶叶实施茚虫威（0.01 mg/kg）、氟虫腈（0.002 mg/kg）的命令检查。直至2015年7月，日本厚生劳动省解除了对茚虫威的命令检查。2018年2月，日本解除了对氟虫腈的命令检查。

4）斯里兰卡和印度生态茶业制度规范

（1）斯里兰卡。斯里兰卡有着健全的茶产业质量卫生体系，成立了锡兰茶叶商会，负责制定全国茶叶的生产、加工技术及监管规范，并下设茶叶研究院，主要进行有机茶基地建设及生物防治技术等方面的研究、应用和推广。目前，斯里兰卡茶叶企业均采用GAP和GMP，积极进行如ISO 22000、ISO 9000、HACCP、CQC、ETP、UTZ等国际质量认证，以保证茶叶质量安全。

在斯里兰卡，茶叶交易方式以拍卖为主，企业生产的茶叶在进入拍卖市场前，均有一套完善严格的品质鉴定和质量抽检标准，防止以次充好和质量不符合要求的茶叶进入市场。茶叶出口时，海关一旦发现达不到ISO 3720最低标准，即退回整箱集装箱的货物，也禁止这种产品经由拍卖市场拍卖，用于内销。政府除对企业进行ISO 3720国际标准认证外，还要进行锡兰红茶的官方认证，达到标准的产品在包装袋上加盖斯里兰卡茶叶委员会规定的狮子标志戳（象征正宗的锡兰红茶），才能进入交易市场和使用“锡兰”商标。在拍卖市场中，通过国际标准认证的茶叶，价格通常都比较高。

（2）印度。印度是世界上主要的茶生产国和出口国之一，也是世界上食品安全立法时间较早的国家。早在1860年，印度就在《刑法典》设立了关于食品掺假的刑事处罚。1954年制定了《防止食品掺假法》，关于防止茶叶掺假的规定也列入其中，违者没收茶叶并予以处罚。

2006年8月印度正式发布了《食品安全标准法》，建立统一监管模式。2008年9月印度食品安全与标准局（Food Safety and Standards Authority of India，FSSAI）正式成立，作为全国统一的食品安全监管机构，FSSAI取消了《防止食品掺假法》等8部旧的食品法律和9部门共同监管体制。该法作为印度食品安全的基本法，很多内容是在吸收了发达国家成功的食品安全立法经验的基础上制定的，总共12章101条。其内容主要包括印度食品安全与标准局的构成与职责、食品安全的一般原则、食品进口、食品生产经营者的特别责任、法律执行、食品检验、裁判与食品上诉法庭及法律责任，涵盖了食品安全监管的方方面面，是一部较为完善的食品安全法典。为促进食品安全法的实施，印度又先后制定了《食品安全和标准条例》（污染物、毒素和残留物）、《食品安全和标准条例》（标签和展示）、《食品安全和标准条例》（食品产品标准和食品添加剂）、《食品安全与标准条例》（包装与标签）、《食品安全与标准条例》（禁止与限制销售）等配套法规，形成了完整的食品安全法律体系。发布至今，印度不断对包括茶叶在内的食品法规进行修正和调整。

2020 年 12 月 2 日，FSSAI 制定并实施了国家食品安全应急响应 FSER 系统框架，FSER 系统框架帮助政府针对食源性紧急情况采取预防和处置措施，旨在通过有效的应急处置来减轻对公共健康造成的潜在或已确认的风险，最大限度地减少不利影响，并强调地方、州和中央机构间合作及与行业的合作。在该框架下，FSSAI 定义了食品安全事件、食品安全紧急事件、食品安全应急响应和食源性疾病，还设立了食品安全协调委员会，负责管理国家的食品安全紧急情况。例如，2020 年 6 月 29 日，FSSAI 发布 File No.12（11）2019/Tea/RCD/FSSAI 通知，鉴于用订书钉封装的袋装茶对人存在潜在危害，仅 16 家企业被批准生产订书钉封装的袋装茶，生产日期截至 2021 年 12 月 31 日，其产品允许在国内市场销售到 2023 年 12 月 31 日。由于还有大量未经许可的采用订书钉封装茶叶的生产企业，FSSAI 决定对国内生产或进口的订书钉封装的袋装茶实施监控。

印度茶叶局负责对茶叶的生产、流通领域实施监督。印度茶叶局的起源可以追溯到 1903 年，当时印度茶叶委员会法案获得通过。1953 年印度政府出台了《茶叶法》，现在的印度茶叶局是根据《茶叶法》第 4 条规定于 1954 年 4 月 1 日成立，是现在商务部下属的中央政府法定机构。自 2013 年 2 月 1 日起，印度茶叶进口和出口必须符合 FSSAI 有关食品安全的相关规定，茶叶局通过抽查的方式进行检测。在茶叶加工方面，印度实行生产许可证制度，即茶叶企业生产的产品质量必须得到政府行业管理部门认可，才能获得印度茶叶局颁发的印度茶标识，才能确认其品牌，才能授予商品地理标志注册和受政策保护。印度政府规定企业 75%左右的茶叶产品必须通过拍卖进入市场，部分茶叶实行产地直销或订单销售。拍卖交易方式有利于规范茶叶市场，保证产品质量，缩短出口企业与国际市场的距离，体现公开、公平、公正的交易原则，使产销直接见面，衔接紧密，现货现卖，极大程度地降低交易成本，促进和推动茶业流通的规模化。

5）肯尼亚生态茶业制度规范

肯尼亚位于非洲东部，横贯赤道，独特的赤道高原地势形成了肯尼亚红茶无污染、无农药、无化肥的有机生长环境，其境内东非大裂谷两侧略酸性的火山灰土壤适宜茶树的种植。

肯尼亚不断更新茶叶栽培技术、改良品种、引进加工工艺，促进技术进步。肯尼亚独立前，在肯尼亚茶叶研究基金会（Tea Research Foundation of Kenya，

TRFK）的协助下，每个茶叶种植区有化肥施用示范田。肯尼亚从20世纪50年代开始就十分重视茶叶的生产和管理，1951年5月6日，肯尼亚东非茶叶研究所（Tea Research Institute of East Africa，TRIEA）成立，茶叶专家每年要在首都内罗毕和东非大裂谷东西两侧传授新的茶叶管理理念和技术。1956年成立茶叶拍卖中心。1958年左右，肯尼亚茶厂采用了世界最先进的洛托凡揉切机。1960年成立了特殊作物发展局（Special Crops Development Authority，SCDA）。1964年肯尼亚茶叶发展局（Kenya Tea Development Authority，KTDA）取代了SCDA，KTDA负责管理茶叶生产与加工，保证茶叶质量，还负责管理资金融通，与世界银行、肯尼亚政府、石油输出国组织等联系密切。2000年KTDA私有化，注册成立肯尼亚茶叶发展局有限公司，2009年更名为KTDA控股有限公司。据其官方网站显示，截至2022年，KTDA控股有限公司拥有8家子公司、共计69个茶叶加工厂，是肯尼亚最大的私营茶叶管理机构。小茶农只管提交各类随时采摘的茶鲜叶，其后的运输、加工、存放、销售、分红均由KTDA的各分支单位分工合作，这就形成了反应敏捷、动作迅速、管理高效的经营机制。

肯尼亚红茶制作的大致流程是：人工采摘茶叶后把鲜嫩的茶叶在最短的时间内送往工厂，工人会检查茶叶的质量，质量合格后开始加工，如果不合格会将茶叶退回；合格的茶叶经过清洗，通过传统的红茶加工工艺CTC使茶叶充分氧化发酵，然后将发酵好的茶叶通过机器烘干，整个过程总共约需24h。

肯尼亚茶产业迅速崛起，与本国制定了极为有效的茶业政策密切相关。肯尼亚非常重视茶叶生产、加工、销售、质量等的管理。1980年1月，肯尼亚政府责成茶叶管理委员会（Tea Bureau of Kenya，TBK）继承东非茶叶研究所的财产，建成TRFK，实为TBK的茶叶科研机构。2013年，KTDA与联合利华合作投资1.39亿肯尼亚先令开展一项农作物管理项目实验，以提高56万多户小茶农和跨国公司种植园的茶叶种植及管理水平。内容包括采用复合掘坑、农药使用、优化采茶等技术，以及土壤和化肥的科学管理，他们倡导区域化集中种植、就近加工，方便了运输、建厂和技术革新，有利于国家重点扶持。肯尼亚茶叶由此达到了国际质检中心的最高标准。这些政策措施促进了肯尼亚茶产业迅速发展，也保证了茶叶的质量。

9.2.2 中国生态茶业制度规范

国内有关食品质量安全的制度规范已经逐步完善，主要有《中华人民共和国食品安全法》《中华人民共和国食品安全法实施条例》《食品召回管理办法》《食品生产许可管理办法》等，各省也先后出台一些地方法规或制度。

1.《中华人民共和国食品安全法》

中华人民共和国成立后，为保证食品卫生，实施的第一部食品法律文件是于1995 年 10 月 30 日发布实施的《中华人民共和国食品卫生法》。为保证食品安全、保障公众身体健康和生命安全，2009 年 2 月 28 日第十一届全国人民代表大会常务委员会第七次会议通过，2009 年 6 月 1 日起实施的《中华人民共和国食品安全法》取代了《中华人民共和国食品卫生法》。经 2015 年 4 月 24 日第十二届全国人民代表大会常务委员会第十四次会议修订，于 2015 年 10 月 1 日废除了 2009 年的《中华人民共和国食品安全法》，正式实施重新修订的《中华人民共和国食品安全法》，即现行生效的食品安全法。而后根据 2018 年 12 月 29 日第十三届全国人民代表大会常务委员会第七次会议《关于修改〈中华人民共和国产品质量法〉等 5 部法律的决定》进行了第 1 次修正。《中华人民共和国食品安全法》内容共有 10 章（总则、食品安全风险监测和评估、食品安全标准、食品生产经营、食品检验、食品进出口、食品安全事故处置、监督管理、法律责任和附则）154 条。

2.《中华人民共和国食品安全法实施条例》

《中华人民共和国食品安全法实施条例》（简称《条例》）是根据《中华人民共和国食品安全法》制定的条例，自 2009 年 7 月 20 日起发布并施行，共计 64 条内容。根据 2016 年 2 月 6 日《国务院关于修改部分行政法规的决定》对其进行了修订，2019 年 3 月 26 日国务院第四十二次常务会议修订通过，由国务院于 2019 年 10 月 11 日修订发布，自 2019 年 12 月 1 日起施行。修订后的《条例》共 10 章 86 条，坚持以人民为中心，坚持“四个最严”（最严谨的标准、最严格的监管、最严厉的处罚、最严肃的问责）要求，围绕夯实主体责任、强化全过程监管、提高违法成本等重点内容。其中第 2 条提到，食品生产经营者应当依照法律、法规和食品安全标准从事生产经营活动，建立健全食品安全管理制度，采取有效措施预防和控制食品安全风险，保证食品安全。第 7 条提到，食品安全风险监测结果表明存在食品安全隐患，食品安全监督管理等部门经进一步调查确认有必要通知相关食品生产经营者的，应当及时通知。接到通知的食品生产经营者应当立即进行自查，发现食品不符合食品安全标准或者有证据证明可能危害人体健康的，应当依照《中华人民共和国食品安全法》第 63 条的规定停止生产、经营，召回食品，并报告相关情况。

3.《食品召回管理办法》

《食品召回管理办法》是国家食品药品监督管理总局令（第 12 号）公布的规章管理制度，于 2015 年 3 月 11 日发布，2015 年 9 月 1 日起施行，并于 2020 年进行了修订。《食品召回管理办法》内容包括总则、停止生产经营、召回、处置、监督管理、法律责任、附则共 7 章 46 条，为落实食品生产经营者食品安全第一责任、强化食品安全监管、保障公众身体健康和生命安全提供法律依据。

4.《食品生产许可管理办法》

2015 年 10 月 1 日新《食品安全法》开始实施后，作为新《食品安全法》的配套规章，国家食品药品监督管理总局制定的《食品生产许可管理办法》也同步实施，始于 2005 年的原食品质量安全（quality safety，QS）认证由食品生产许可（SC）认证取代。现行的是国家市场监督管理总局于 2020 年 1 月 2 日发布、2020 年 3 月 1 日起施行的《食品生产许可管理办法》，国家食品药品监督管理总局发布的《食品生产许可管理办法》同时废止。茶叶 SC 认证是目前茶叶质量安全认证和市场准入的基本制度和认证形式。

5. 绿色食品（茶叶）

绿色食品（茶叶）的认证是随着绿色食品认证的出现而出现的。绿色食品认证是“三品”（无公害农产品、绿色食品、有机农产品）认证中发展较早的，也是我国比较有特色的一种食品安全认证形式。在我国经济发达地区，随着人民生活水平的提高，环境保护意识和绿色消费意识也不断增强，同时国际市场对质量安全的茶叶需求增大，为我国绿色食品茶叶发展创造了良好的客观条件。1989 年我国农业部正式提出“绿色食品”的概念。从 1990 年 5 月 15 日开始，我国正式宣布发展绿色食品。在此后十多年的发展历程中取得了积极成效，保持着较快的发展势头。1992 年 11 月国务院批准成立中国绿色食品发展中心。1994 年农业部又提出了发展绿色食品的 3 项基本原则。1996 年开始在绿色食品申报审批过程中区分 A 级和 AA 级。通过不断发展，我国建立了绿色食品产品质量监测系统，制定了一系列技术标准和产品标准，以及《绿色食品标志管理办法》《绿色食品标志许可审查工作规范》《绿色食品现场检查工作规范》《中国绿色食品商标标志设计使用规范手册（2021 版）》《绿色食品产业“十四五”发展规划纲要（2021—2025 年）》。我国在扩展绿色食品海外市场的同时，注重加强国际交流与合作，相继在日本和中国香港地区开展绿色食品标志商标注册，绿色食品发展中心还参照有机农业国际标准制定了绿色食品标准，直接与国际接轨。

6. 国家和地方性茶业制度法规

2016 年我国发布《中国茶叶产业“十三五”发展规划》，同年印发《农业部关于抓住机遇做强茶产业的意见》，旨在提高茶叶质量效益、提高茶产业竞争力、提高茶产业持续发展能力；实施茶林间作，培育健康园土壤，开展有机肥替代化肥行动，推广绿色防控，保护茶园生态环境。

2018 年中央一号文件《中共中央国务院关于实施乡村振兴战略的意见》提出，推进乡村绿色发展，打造人与自然和谐共生发展新格局。文件要求必须尊重自然、顺应自然、保护自然，推动乡村自然资本加快增值，实现百姓富、生态美的统一。良好生态环境是农村的最大优势和宝贵财富，如何真正让农村的绿水青山给农民带来金山银山，是实施乡村振兴战略的重要内容。让农民吃上生态饭，中央一号文件提出了明确的路径——将乡村生态优势转化为发展生态经济的优势，提供更多更好的绿色生态产品和服务，促进生态和经济良性循环。为了贯彻落实创新、协调、绿色、开放、共享的发展理念，厚植绿色发展根基，持之以恒地推进生态文明建设，实现有质量、有效益、可持续的经济增长。

不同职能部门、机构均对生态茶业的发展做出了规定和要求。如 2012 年福建省公布实施了全国第一部茶产业地方性法规《福建省促进茶产业发展条例》，该条例规定实行茶叶质量可追溯制度、加大政府职责、协调茶产业发展与生态环境保护关系、重视茶叶质量安全问题，努力营造健康有序的茶产业发展环境，并于 2021 年对《福建省促进茶产业发展条例》进行了修订；2014 年发布了《关于提升现代茶产业发展水平六条措施的通知》；2018 年发布了《关于推进绿色发展质量兴茶八条措施的通知》；2021 年率先制定《福建省农业农村厅关于统筹做好“茶文化、茶产业、茶科技”这篇大文章推动茶产业高质量发展的若干意见》；率先成立福建省现代农业（茶叶）产业技术体系。

2019 年 3 月浙江省农业农村厅为深入推进农业供给侧结构性改革，加快建设绿色农业强省，实现农业绿色增产增效增收，推动农业绿化、农村美化、农民转化，制定了《浙江省绿色农业行动计划》。2019 年 10 月《江西省人民政府办公厅关于进一步加快江西茶产业发展的实施意见》中提出，让绿色安全成为江西茶叶最鲜明的特质，大力推进森林茶园、有机茶园、观光茶园等标准生态茶园建设，持续推进茶树良种化、种植立体化、生产机械化。

9.3　生态茶业标准化

9.3.1　国际茶业标准化概况

食品国际标准主要由 ISO 食品技术委员会（ISO/TC34）、FAO 和 WHO 联合组建的 CAC 等发布。其为政府间国际组织，以保障消费者的健康和确保食品贸易公平为宗旨，制定的标准是目前国际通行的食品质量与安全标准，其在国际农产品和食品贸易中作为仲裁依据并具有准绳作用。

1. ISO 茶叶国际标准

ISO/TC34/SC8 主要负责茶叶产品标准、测试方法标准和质量管理标准等的制定、修订工作，不涉及茶叶安全卫生标准的制定。截至 2022 年 2 月，现行有效的 ISO 茶叶国际标准共 27 项（表 9-4）。现行有效的 ISO 茶叶重要产品标准主要有《红茶 定义和基本要求》（ISO 3720—2011）、《固态速溶茶 规范》（ISO 6079—2021）、《绿茶 定义和基本要求》（ISO 11287—2011）。这些标准已被世界许多茶叶生产国和消费国采用，成为各国制定茶叶标准的重要参考。

表 9-4 ISO 茶叶国际标准

序号	标准名称	标准代号和编号
1	红茶 定义和基本要求	ISO 3720—2011
2	红茶 术语	ISO 6078—1982
3	绿茶 定义和基本要求	ISO 11287—2011
4	绿茶 术语	ISO 18449—2021
5	茶 已知干物质含量的磨碎样制备	ISO 1572—1980
6	茶 取样	ISO 1839—1980
7	茶 103℃时质量损失测定水分测定	ISO 1573—1980
8	茶 总灰分测定	ISO 1575—1987
9	茶 水溶性灰分和水不溶性灰分测定	ISO 1576—1988
10	茶 酸不溶性灰分测定	ISO 1577—1987
11	茶 水溶性灰分碱度测定	ISO 1578—1975
12	茶 粗纤维测定	ISO 15598—1999
13	茶 水浸出物测定	ISO 9768—1998
14	茶 感官审评茶汤制备	ISO 3103—1980
15	固态速溶茶 取样	ISO 7516—1984
16	固态速溶茶 规范	ISO 6079—2021
17	固态速溶茶 水分测定	ISO 7513—1990
18	固态速溶茶 总灰分测定	ISO 7514—1990
19	速溶茶 松散和压实体积密度的测定	ISO 6770—1982
20	茶叶规范袋 第 1 部分：托盘和集装箱运输茶叶用的标准袋	ISO 9884.1—1994
21	茶叶规范袋 第 2 部分：托盘和集装箱运输茶叶用袋的性能规范	ISO 9884.2—1999
22	茶和固态速溶茶 咖啡碱测定（液相色谱法）	ISO 10727—2002
23	茶 按颗粒大小分级分等	ISO 11286—2004
24	绿茶和红茶的物质特性的测定. 第1部分：茶中多酚的总含量. 使用 Folin-Ciocalteu 试剂的比色法	ISO 14502.1—2005
25	绿茶和红茶的物质特性的测定. 第 2 部分：绿茶中儿茶酚含量. 高效液相色谱法	ISO 14502.2—2005
26	采用高效液相色谱法测定茶叶和固体速溶茶中的茶氨酸	ISO 19563—2017
27	白茶 术语	ISO/TR 12591—2013

2. CAC 茶叶安全卫生国际标准

CAC 采用的是风险性评估原则，并以毒理学评估为依据，该通用的标准中涉及茶叶农药残留限量标准现统计 19 项，见表 9-5。

表 9-5　CAC 茶叶农药残留限量标准　（单位：mg/kg）

项目	限量	项目	限量	项目	限量
百草枯	0.2	乙螨唑	15	甲基毒死蜱	0.1
甲巯咪唑	0.5	氯氰菊酯	20	杀螟硫磷	0.5
噻虫胺	0.7	苄氯菊酯	20	氟氰戊菊酯	20
甲氰菊酯	2	噻虫嗪	20	杀扑磷	0.5
溴氰菊酯	5	联苯菊酯	30	氯菊酯	20
克螨特	5	三氯杀螨醇	50		
硫丹	10	氟虫双酰胺	50		

《食品和饲料中污染物和毒素通用标准》（CODEX STAN 193—1995）基本包含了 CAC 所有的污染物限量值，涉及黄曲霉毒素 B_1（CAC 规定的总黄曲霉毒素限量）、黄曲霉毒素 M_1、展青霉素、赭曲霉素 A、砷、镉、铅、汞、锡、丙烯腈、氯丙醇、二噁英等 15 种污染物，但其未对食品种类茶叶进行限定（邵懿 等，2011）。

9.3.2　国外主要产茶国的茶业标准化概况

在茶叶生产国中，斯里兰卡、印度和中国作为世界茶叶主产国，在茶叶标准化方面进行了积极的研究与实践。其中，中国茶叶标准数量最多，将单独列出。斯里兰卡和印度的茶叶标准化简介如下。

1. 斯里兰卡

为提高茶叶质量，斯里兰卡将 ISO 3720 作为茶叶的最低标准，鼓励茶叶生产者使用更严格的标准。2019 年现行的红茶和绿茶标准为 SLS 135《红茶标准》、SLS 1413《绿茶标准》和斯里兰卡茶叶局（Sri Lanka Tea Board，SLTB）公布的《斯里兰卡茶叶标准》。斯里兰卡绿茶对茶氨酸、儿茶素与茶多酚比值两大指标均有规定（表 9-6）。SLTB 公布的《斯里兰卡茶叶标准》设置了强制性茶氨酸参数要求；并对斯里兰卡原产茶（红茶和绿茶）中的菌落总数、酵母和霉菌、总大肠菌群参数进行了强制性要求（表 9-7）。SLTB 对原产茶叶中镉、锌、铜、铁、铅的最大限值及 SLS 910《食品卫生要求》对食品中的砷、铅、汞、镉的规定如表 9-8 所示（杨庆渝和常汞，2019）。

表 9-6 斯里兰卡红茶与绿茶理化指标 （单位：%）

参数		红茶	绿茶
水浸出物	≥	32	32
总灰分	≤	8.0	8.0
	≥	4.0	4.0
水溶性灰分（占总灰分的百分率）	≥	45	45
水溶性灰分碱度（以 KOH 计）	≤	3.0	3.0
	≥	1.0	1.0
酸不溶性灰分	≤	1.0	1.0
粗纤维	≤	16.5	16.5
茶多酚	≥	9.0	11.0
儿茶素	≥	—	7.0
儿茶素/茶多酚	≥	—	0.5
茶氨酸	≤	1.29	1.49
	≥	0.91	0.26

表 9-7 斯里兰卡红茶与绿茶微生物指标

参数		红茶	绿茶
菌落总数	≤	10 000 CFU/g	10 000 CFU/g
酵母和霉菌	≤	1 000 CFU/g	1 000 CFU/g
总大肠菌群	≤	10 MPN/g	10 MPN/g

注：MPN，most possible number，最大可能数。

表 9-8 斯里兰卡茶叶重金属指标 （单位：mg/kg）

指标项目	镉	锌	铜	铁	铅	汞	砷
最大限值	0.2	100	100	500	2	0.5	1

2. 印度

印度标准局（Bureau of Indian Standards，BIS）早在 1966 年就把评茶术语列为国家标准，并发布《食品卫生——通用准则——操作代码（修订稿）》（IS 2491—1998）及《食品卫生——危害分析和关键控制点（HACCP）——体系和实施指南》（IS 15000—1998）（卢丽丽，2002）。2008 年 FSSAI 成立后，负责印度的食品标准化工作，包括茶叶标准的制定、修订。

为保证印度茶叶的品质，FSSAI 除规定在茶叶中不得出现活的昆虫、昆虫尸体、昆虫残肢、霉菌及其他肉眼可见的污染物外，还禁止在茶叶中添加任何可能会影响食品安全、人类健康、茶叶贸易和茶叶质量的人工着色剂，同时对茶（包括红茶和乌龙茶）、Kangra 茶和绿茶的理化指标也提出了限量要求，见表 9-9。

表 9-9　印度茶叶理化指标限量要求　（单位：%）

指标参量	限量要求		
	红茶和乌龙茶	Kangra 茶	绿茶
总灰分/(m/m)	4～8	4.5～9.0	4～8
水溶性灰分（占总灰分比）	≥45	≥34	≥45
酸不溶性灰分（以 HCl 计，m/m）	≤1	≤1.2	≤1
水浸出物/（m/m）	≥32	≥23	≥32
碱溶性灰分（以 KOH 计，m/m）	1～3	1～2.2	1～3
粗纤维（干物重计，m/m）	≤16.5	≤18.5	≤16.5
儿茶素总量（m/m）	—	—	9～19

注：①茶叶中不得添加任何色素及香料物质；②如果出口的茶叶中需要添加香料，需在标签中注明；③如果以后要加工调香茶，需要符合相应的标准。

FSSAI 对茶叶中的农药、重金属、毒素也做了限量规定。对茶叶重金属的限量要求为铅 10.0 mg/kg、铜 150.0 mg/kg。2016 年 11 月，FSSAI 发布 File No.12（4）2016/Misc./Enf/FSSAI 文件，明确了茶叶中铁元素含量不超过 250 mg/kg 的规定，从所有国家进口的茶叶样品必须要符合该要求，不符合限量标准的样品不得提出复检，于 2016 年 11 月 1 日生效。

印度是茶叶出口大国，其农药最大残留限量标准基本参照 CAC 制定的 CODEX 标准。2017 年，印度农药和兽药残留限量标准收录在 FSSAI 发布的《食品安全和标准（污染物、毒素和残留物）条例》中，共规定了茶叶中 34 种农药的最大残留限量标准。印度农业部要求自 2018 年 1 月 1 日起完全禁止 12 种农药（苯菌灵、甲萘威、二嗪磷、氯苯嘧啶醇、倍硫磷、利谷隆、甲氧基乙基氯化汞、甲基对硫磷、氰化钠、甲基乙拌磷、十三吗啉和氟乐灵）的使用，自 2020 年 12 月 31 日起禁止另外 6 种农药（甲草胺、敌敌畏、甲拌磷、磷胺、三唑磷和敌百虫）的使用。2021 年 1 月 11 日，FSSAI 发布 F.NO.01.SP（PAR）—NOTICATION-PESTICIDES/Std-FSSAI/2017-（Pt1）号通报，明确印度《食品安全和标准（污染物、毒素和残留物）条例》列出的食品中未设定具体最大残留限量的 213 种农药采用一律标准，即 0.01 mg/kg，该规定仅适用于农产品及相关的物理方式加工食品。

9.3.3　中国生态茶业标准化

我国是世界产茶大国，茶业是我国农村经济的重要组成部分。自中华人民共和国成立至今，由于各种原因导致部分茶园生态环境遭受破坏，如部分经营者不够规范的生产加工等。随着检测技术的不断提高，以及消费者食品安全和健康意识的增强，近十年来，茶叶质量安全问题频发。在此背景下，生态茶叶越来越受市场欢迎。为规范茶产业，提高茶叶质量安全，我国茶业标准和标准化工作不断深入，生态茶业标准化也得到了长足发展。

1. 国家标准概念及构成

国家标准是指由国家标准化主管机构批准发布，对全国经济、技术发展有重大意义，且在全国范围内统一的标准。其分为强制性国家标准（GB）和推荐性国家标准（GB/T）。强制性国家标准是保障人体健康、人身、财产安全的标准和法律及行政法规规定强制执行的国家标准；推荐性国家标准是指在生产、检验、使用等方面，通过经济手段或市场调节而自愿采用的国家标准。

国家标准的编号由国家标准的代号、国家标准发布的顺序号和国家标准发布的年号构成。国家标准的代号有 GB、GB/T、GB/Z（国家标准指导性技术文件）等。

2. 生态茶业国家标准

除表 9-2 现行有效的 127 项茶业有关国家标准外，目前，我国与生态茶业有关的主要国家标准有 14 项，包括农药合理使用、标签、卫生规范等，这是我国茶叶质量安全监督抽检的重要依据（表 9-10）。

表 9-10 生态茶业相关国家标准

序号	编号	标准名称
1	GB 28050—2011	食品安全国家标准 预包装食品营养标签通则
2	GB 14881—2013	食品安全国家标准 食品生产通用卫生规范
3	GB 31621—2014	食品安全国家标准 食品经营过程卫生规范
4	GB 7101—2015	食品安全国家标准 饮料
5	GB 17325—2015	食品安全国家标准 食品工业用浓缩液（汁、浆）
6	GB 2760—2014	食品安全国家标准 食品添加剂使用标准
7	GB 5009.139—2014	食品安全国家标准 饮料中咖啡因的测定
8	GB 4789.15—2016	食品安全国家标准 食品微生物学检验 霉菌和酵母计数
9	GB 4806.7—2016	食品安全国家标准 食品接触用塑料材料及制品
10	GB 4806.8—2016	食品安全国家标准 食品接触用纸和纸板材料及制品
11	GB/T 8321.1—10	农药合理使用准则（一至十）
12	GB 9683—1988	复合食品包装袋卫生标准
13	GB/T 18883—2002	室内空气质量标准（含第 1 号修改单）
14	GB 5749—2006	生活饮用水卫生标准

1）茶叶污染物限量标准

中国使用的茶叶污染物限量标准主要是《食品安全国家标准 食品中污染物限量》（GB 2762—2017），于 2017 年 9 月 17 日正式施行。该标准规定，茶叶污染物是指在茶叶生产、加工、包装、贮存、运输、销售，直至食用等过程中产生的或由环境污染带入的、非有意加入的化学性危害物质，是指除农药残留、兽药残留、生物毒素和放射性物质以外的污染物。食品中污染物限量以食品通常的可食用部分计算（特别规定的除外），对食品中的铅、镉、汞、砷、锡、镍、铬、亚硝酸盐、硝酸盐、苯并[a]芘、*N*-二甲基亚硝胺、多氯联苯、3-氯-1,2-丙二醇进行限量规定。

污染物标准的技术要素为封面、前言、范围、术语与定义、应用原则、指标要求、附录。该标准对茶叶的规定仅有铅含量小于等于 5 mg/kg。

《砖茶含氟量》（GB 19965—2005）规定砖茶中含氟量应小于等于 300 mg/kg，并提供了氟离子选择电极法测定氟含量。

2）茶叶农药残留限量标准

我国农药残留限量标准主要是《食品中农药最大残留限量》（GB 2763—2005），于 2005 年 10 月 1 日首次正式实施，并依次于 2012 年、2014 年、2016 年、2019 年和 2021 年进行了 5 次修订，现行最新标准 GB 2763—2021 距上一版本标准的正式实施仅时隔 1 年多，已于 2021 年 9 月 3 日正式实施。GB 2763—2021 堪称史上最严、覆盖范围最广的农药残留限量标准。与 2019 版相比，新版标准中涉茶限量指标达 106 项（表 9-11），增加了 41 项，增幅达 63.1%。

表 9-11　GB 2763—2021 规定 106 项农药在茶叶中的限量要求

序号	GB2763 中编码	项目	主要用途	最大残留限量/（mg/kg）	备注
1	4.16	胺苯磺隆	除草剂	0.02	新增
2	4.18	巴毒磷	杀虫剂	0.05*	新增、临时限量
3	4.19	百草枯	除草剂	0.2	—
4	4.20	百菌清	杀菌剂	10	—
5	4.31	苯醚甲环唑	杀菌剂	10	—
6	4.44	吡虫啉	杀虫剂	0.5	—
7	4.49	吡蚜酮	杀虫剂	2	—
8	4.51	吡唑醚菌酯	杀菌剂	10	方法变更 GB 23200.113—2018→GB/T 20770—2008
9	4.63	丙溴磷	杀虫剂	0.5	—
10	4.65	丙酯杀螨醇	杀虫剂	0.02*	新增、临时限量
11	4.66	草铵膦	除草剂	0.5*	临时限量
12	4.68	草甘膦	除草剂	1	—
13	4.69	草枯醚	除草剂	0.01*	新增、临时限量
14	4.70	草芽畏	除草剂	0.01*	新增、临时限量
15	4.75	除虫脲	杀虫剂	20	—
16	4.71	虫螨腈	杀虫剂	20	—
17	4.77	哒螨灵	杀螨剂	5	—
18	4.90	敌百虫	杀虫剂	2	—
19	4.107	丁硫克百威	杀虫剂	0.01	新增

续表

序号	GB2763 中编码	项目	主要用途	最大残留限量/（mg/kg）	备注
20	4.108	丁醚脲	杀虫剂/杀螨剂	5	指定方法
21	4.112	啶虫脒	杀虫剂	10	—
22	4.116	啶氧菌酯	杀菌剂	20	新增
23	4.118	毒虫畏	杀虫剂	0.01	新增
24	4.120	毒菌酚	杀菌剂	0.01*	新增、临时限量
25	4.121	毒死蜱	杀虫剂	2	—
26	4.124	多菌灵	杀菌剂	5	—
27	4.143	二溴磷	杀虫剂	0.01*	新增、临时限量
28	4.147	呋虫胺	杀虫剂	20	—
29	4.162	氟虫脲	杀虫剂	20	—
30	4.163	氟除草醚	除草剂	0.01*	新增、临时限量
31	4.176	氟氯氰菊酯和高效氟氯氰菊酯	杀虫剂	1	—
32	4.180	氟氰戊菊酯	杀虫剂	20	检测方法增加 GB 23200.113—2018
33	4.196	格螨酯	杀螨剂	0.01*	新增、临时限量
34	4.197	庚烯磷	杀虫剂	0.01*	新增、临时限量
35	4.207	环螨酯	杀螨剂	0.01*	新增、临时限量
36	4.217	甲氨基阿维菌素苯甲酸盐	杀虫剂	0.5	—
37	4.218	甲胺磷	杀虫剂	0.05	—
38	4.219	甲拌磷	杀虫剂	0.01	—
39	4.223	甲磺隆	除草剂	0.02	新增
40	4.226	甲基对硫磷	杀虫剂	0.02	—
41	4.229	甲基硫环磷	杀虫剂	0.03*	临时限量
42	4.232	甲基异柳磷	杀虫剂	0.01*	新增、临时限量
43	4.235	甲萘威	杀虫剂	5	—
44	4.237	甲氰菊酯	杀虫剂	5	—
45	4.242	甲氧滴滴涕	杀虫剂	0.01	新增
46	4.253	克百威	杀虫剂	0.02	限量变更 0.2→0.02
47	4.260	喹螨醚	杀螨剂	15	—
48	4.262	乐果	杀虫剂	0.05	新增
49	4.263	乐杀螨	杀螨剂、杀菌剂	0.05*	新增、临时限量
50	4.267	联苯菊酯	杀虫/杀螨剂	5	—
51	4.274	硫丹	杀虫剂	10	方法变更 GB 23200.113—2018

续表

序号	GB2763 中编码	项目	主要用途	最大残留限量/（mg/kg）	备注
52	4.275	硫环磷	杀虫剂	0.03	—
53	4.286	氯苯甲醚	杀菌剂	0.05	新增
54	4.295	氯氟氰菊酯和高效氯氟氰菊酯	杀虫剂	15	—
55	4.297	氯磺隆	除草剂	0.02	新增
56	4.298	氯菊酯	杀虫剂	20	—
57	4.300	氯氰菊酯和高效氯氰菊酯	杀虫剂	20	—
58	4.301	氯噻啉	杀虫剂	3*	临时限量
59	4.302	氯酞酸	除草剂	0.01*	新增、临时限量
60	4.303	氯酞酸甲酯	除草剂	0.01	新增
61	4.307	氯唑磷	杀虫剂	0.01	—
62	4.310	茅草枯	除草剂	0.01*	新增、临时限量
63	4.318	醚菊酯	杀虫剂	50	
64	4.327	灭草环	除草剂	0.05*	新增、临时限量
65	4.329	灭多威	杀虫剂	0.2	—
66	4.331	灭螨醌	杀螨剂	0.01	新增
67	4.332	灭线磷	杀线虫剂	0.05	方法增加 GB 23200.113—2018
68	4.337	内吸磷	杀虫/杀螨剂	0.05	—
69	4.350	氰戊菊酯和 *S*-氰戊菊酯	杀虫剂	0.1	—
70	4.358	噻虫胺	杀虫剂	10	—
71	4.359	噻虫啉	杀虫剂	10	—
72	4.360	噻虫嗪	杀虫剂	10	—
73	4.366	噻螨酮	杀螨剂	15	—
74	4.368	噻嗪酮	杀虫剂	10	—
75	4.376	三氟硝草醚	除草剂	0.05*	新增、临时限量
76	3.381	三氯杀螨醇	杀螨剂	0.01	限量变更
77	4.393	杀虫畏	杀虫剂	0.01	新增
78	4.396	杀螟丹	杀虫剂	20	—
79	4.397	杀螟硫磷	杀虫剂	0.5	—
80	4.398	杀扑磷	杀虫剂	0.05	新增
81	4.416	水胺硫磷	杀虫剂	0.05	—
82	4.424	速灭磷	杀虫剂、杀螨剂	0.05	新增
83	4.426	特丁硫磷	杀虫剂	0.01*	临时限量
84	4.427	特乐酚	除草剂	0.01*	新增、临时限量

续表

序号	GB2763 中编码	项目	主要用途	最大残留限量/（mg/kg）	备注
85	4.438	戊硝酚	杀虫剂、除草剂	0.01*	新增、临时限量
86	4.441	西玛津	除草剂	0.05	—
87	4.444	烯虫炔酯	杀虫剂	0.01*	新增、临时限量
88	4.445	烯虫乙酯	杀虫剂	0.01*	新增、临时限量
89	4.447	烯啶虫胺	杀虫剂	1	新增
90	4.455	消螨酚	杀螨剂、杀虫剂	0.01*	新增、临时限量
91	4.461	辛硫磷	杀虫剂	0.2	—
92	4.464	溴甲烷	熏蒸剂	0.02*	新增、临时限量
93	4.468	溴氰菊酯	杀虫剂	10	方法减少 GB/T 5009.110—2018
94	4.477	氧乐果	杀虫剂	0.05	—
95	4.481	依维菌素	杀虫剂	0.2	新增
96	4.487	乙螨唑	杀螨剂	15	—
97	4.495	乙酰甲胺磷	杀虫剂	0.05	限量变更、0.1→0.05，方法增加 GB 23200.116—2018
98	4.500	乙酯杀螨醇	杀螨剂	0.05	新增
99	4.513	抑草蓬	除草剂	0.05*	新增、临时限量
100	4.519	印楝素	杀虫剂	1	—
101	4.520	茚草酮	除草剂	0.01*	新增、临时限量
102	4.521	茚虫威	杀虫剂	5	—
103	4.524	莠去津	除草剂	0.1	—
104	4.533	唑虫酰胺	杀虫剂	50	—
105	4.540	DDT	杀虫剂	0.2	—
106	4.544	六六六（HCH）	杀虫剂	0.2	—

* 表示该限量为临时限量。

3）茶叶食品添加剂标准

《食品安全国家标准 食品添加剂使用标准》（GB 2760—2011）规定茶叶生产不允许使用食品添加剂。《中华人民共和国食品安全法》规定，不得用非食品原料或食品添加剂以外的化学物质生产食品。因此，使用铅铬绿、柠檬黄、日落黄、苋菜红、胭脂红、亮蓝等着色剂或其他工业染料等加工茶叶均属违法行为。在茶叶产品中不得检出任何着色剂、非食品原料。在国家市场监督管理总局组织的《国家食品安全监督抽检实施细则（2019 年版）》中对茶叶中的外加色素（着色剂）的检测方法采用《食品安全国家标准 食品中合成着色剂的测定》（GB 5009.35—2016）。

4）茶叶真菌毒素标准

《食品安全国家标准 食品中真菌毒素限量》（GB 2761—2017）规定了食品中黄曲霉毒素 B_1、黄曲霉毒素 M_1、脱氧雪腐镰刀菌烯醇、展青霉素、赭曲霉毒素 A 及玉米赤霉烯酮的限量指标，但未明确茶叶生物毒素限量。《食品安全国家标准 食品中黄曲霉毒素 B 族和 G 族的测定》（GB 5009.22—2016）替代了《出口茶叶中黄曲霉毒素 B_1 检验方法》（SN 0339—1995），但未对茶叶测定方法进行说明。现行有效的《出口食品中黄曲霉毒素残留量的测定》（SN/T 3263—2012）也替代了《出口茶叶中黄曲霉毒素 B_1 检验方法》（SN 0339—1995），其高效液相色谱法适用于玉米、茶叶、花生果、花生米和苦杏仁中黄曲霉毒素 B_1、B_2、G_1、G_2 的测定。

5）其他标准

其他生态茶业相关的国家标准有《农产品追溯要求 茶叶》（GB/T 33915—2017），该标准规定了茶园管理及茶叶生产、加工、流通、销售等环节的追溯要求，适用于茶叶产品的追溯。《出口茶叶质量安全控制规范》（GB/Z 21722—2008）规定了出口茶叶在种植、采摘、加工、检验、监测、追溯、产品召回等环节涉及质量安全控制方面的技术要求，适用于出口茶叶种植、采摘、加工、检验、监测、追溯、产品召回等环节的质量安全控制，包括直接介入出口茶叶生产链中单个或多个环节的组织，以及出口茶叶的相关管理组织。

3. 行业标准

1）行业标准概念及构成

行业标准是对没有国家标准而又需要在全国某个行业范围内统一技术要求所制定的标准。行业标准由国务院有关行政主管部门制定，并报国务院标准化行政主管部门备案。当同一内容的国家标准公布后，则该内容的行业标准即行废止。行业标准分为强制性行业标准和推荐性行业标准，如 NY 和 NY/T。

行业标准的编号由行业标准的代号、行业标准发布的顺序号和行业标准发布的年号（发布年份）构成，茶产业常用的行业标准的代号有 GH（中华全国供销合作总社的行业标准）、NY（农业行业标准）、SN（商检行业标准）等。

2）相关行业标准

生态茶业相关行业标准如表 9-12 所示，主要对生态茶产品及产地条件、生态茶园建设、加工技术规程、污染限量、污染检测技术等进行了规定。

表 9-12 生态茶业相关行业标准

标准类型	具体条目
农业行业标准	NY 659—2003 茶叶中铬、镉、汞、砷及氟化物限量 NY 5196—2002 有机茶 NY 5199—2002 有机茶产地环境条件 NY/T 288—2018 绿色食品 茶叶 NY/T 1713—2018 绿色食品 茶饮料 NY/T 1724—2009 茶叶中吡虫啉残留量的测定 高效液相色谱法 NY/T 1763—2009 农产品质量安全追溯操作规程 茶叶 NY/T 2740—2015 农产品地理标志茶叶类质量控制技术规范编写指南 NY/T 2798.6—2015 无公害农产品 生产质量安全控制技术规范 第 6 部分：茶叶 NY/T 3173—2017 茶叶中 9,10-蒽醌含量测定 气相色谱-串联质谱法 NY/T 5019—2001 无公害食品 茶叶加工技术规程 NY/T 5124—2002 无公害食品 窨茶用茉莉花生产技术规程 NY/T 5197—2002 有机茶生产技术规程 NY/T 5198—2002 有机茶加工技术规程 NY/T 5245—2004 无公害食品 茉莉花茶加工技术规程 NY/T 5337—2006 无公害食品 茶叶生产管理规范
商检行业标准	SN 0497—1995 出口茶叶中多种有机氯农药残留量检验方法 SN/T 0147—2016 出口茶叶中六六六、滴滴涕残留量的检测方法 SN/T 0348.1—2010 进出口茶叶中三氯杀螨醇残留量检测方法 SN/T 0348.2—2018 出口茶叶中三氯杀螨醇残留量检测方法 第 2 部分：液相色谱法 SN/T 0711—2011 出口茶叶中二硫代氨基甲酸酯（盐）类农药残留量的检测方法 液相色谱-质谱/质谱法 SN/T 1541—2005 出口茶叶中二硫代氨基甲酸酯总残留量检验方法 SN/T 1774—2006 进出口茶叶中八氯二丙醚残留量检测方法 气相色谱法 SN/T 1950—2007 进出口茶叶中多种有机磷农药残留量的检测方法 气相色谱法 SN/T 2072—2008 进出口茶叶中三氯杀螨砜残留量的测定 SN/T 4582—2016 出口茶叶中 10 种吡唑、吡咯类农药残留量的测定方法 气相色谱-质谱/质谱法 SN/T 4777—2017 出口茶叶中蒽醌残留量的检测方法 气相色谱-质谱/质谱法
中华全国供销合作总社的行业标准	GH/T 1125—2016 茶叶稀土含量控制技术规程 GH/T 1126—2016 茶叶氟含量控制技术规程 GH/T 1033—2018 雅安藏茶企业良好生产规范 GH/T 1070—2011 茶叶包装通则 GH/T 1245—2019 生态茶园建设规范

4. 相关地方标准

1）地方标准概念及构成

地方标准由省（自治区、直辖市）标准化行政主管部门制定，并报国务院标准化行政主管部门和国务院有关行政主管部门备案，在公布国家标准或者行业标准之后，该地方标准即废止。2019 年 12 月 23 日国家市场监督管理总局发布《地方标准管理办法》（第 26 号令）自 2020 年 3 月 1 日起施行，《管理办法》规定：地方标准的技术要求不得低于强制性国家标准的相关技术要求，并做到与有关标准之间的协调配套。禁止通过制定产品质量及其检验方法等方式，利用地方标准实施妨碍商品、服务自由流通等排除、限制市场竞争的行为。地方标准复审周期一般不超过 5 年。

地方标准的编号由地方标准的代号、地方行政区代码前两位、地方标准发布的顺序号和地方标准发布的年号（发布年份）构成。例如，福建省行政区代码前两位为 35，其地方标准编号示例为：DB 35/ ×××—××××（强制性地方标准）、DB 35/T ×××—××××（推荐性地方标准）、DBS 35/ ×××—××××（地方食品安全标准）。

2）相关部分地方标准

部分生态茶业地方标准如表 9-13 所示。福建生态茶园系列标准、江西的婺源绿茶与资溪白茶生态茶业标准、湖南的有机茶出口种植基地安全质量控制技术规程标准、广西的有机茶技术规程标准、贵州的有机茶与无公害茶标准、陕西的食品安全地方标准等都已有了较为完整的体系。

表 9-13　部分生态茶业地方标准

省（区）	地方标准名称
福建	DB35/T 1857—2019 茶庄园建设指南
	DB35/T 1322—2013 生态茶园建设与管理技术规范
	DB35/T 1898—2020 山地有机茶园“茶-草-菌”生产技术规范
	DB35/T 2036—2021 茶园减量化施肥操作技术规范
江苏	DB32/T 2842—2015 茶园害虫绿色防控技术规程
	DB3201/T 003—2002 南京雨花茶栽培技术规程
	DB32/T 432—2012 雨花茶加工技术规程
	DB3201/T 1059—2021 雨花茶栽培技术规程
安徽	DB34/T 773—2008 清洁茶生产加工技术规范
	DB34/T 774—2008 清洁茶贮存运输技术规范
	DB34/T 1300—2010 茶叶机械化采摘技术规程
江西	DB36/T 494—2018 婺源绿茶　有机茶质量要求
	DB36/T 495—2018 婺源绿茶　有机茶管理体系
	DB36/T 496—2018 婺源绿茶　有机茶标识与销售
	DB36/T 497—2018 婺源绿茶　有机茶种植技术规程
	DB36/T 498—2018 婺源绿茶　有机茶加工技术规程
	DB36/T 587—2010 有机食品　资溪白茶生产技术规程
	DB36/T 588—2010 有机食品　资溪白茶加工技术规程
	DB36/T 589—2010 有机食品　资溪白茶管理体系
	DB36/T 865—2015 绿色食品　茶叶生产技术规程
	DB36/T 866—2015 有机茶生产技术规程

续表

省（区）	地方标准名称
山东	DB3701/T 115—2010 有机食品 茶生产技术规程
湖南	DB43/T 800.1—2013 有机茶出口种植基地安全质量控制技术规程 第1部分：基本要求
	DB43/T 800.2—2013 有机茶出口种植基地安全质量控制技术规程 第2部分：栽培管理
	DB43/T 800.3—2013 有机茶出口种植基地安全质量控制技术规程 第3部分：加工销售
	DB43/T 800.4—2013 有机茶出口种植基地安全质量控制技术规程 第4部分：质量控制
广东	DB44/T 2209—2019 广东茶园生态管理技术良好规范
	DB44/T 466—2008 无公害茶叶农药使用规程
	DBS44/ 010—2018 广东省食品安全地方标准 新会柑皮含茶制品
	DB4403/T 88—2020 茶叶贮存运输技术规范
广西	DB45/T 1405—2016 有机绿茶加工技术规程
	DB45/T 1431—2016 有机工夫红茶加工技术规程
	DB45/T 389—2007 有机茶生产技术规程
	DB45/T 833—2012 有机产品 绿乌龙茶生产技术规程
	DB45/T 834—2012 有机产品 绿乌龙茶加工技术规程
四川	DB51/T 2482—2018 茶叶鲜叶采摘技术规程
	DB51/T 1057—2010 出口茶基地建设技术规程
	DB51/T 1630—2013 茶园机械化生产技术规程
	DB51/T 2808—2021 茶园肥料农药高效施用技术规程
贵州	DB52/T 628—2010 贵州茶园机械化采摘技术规范
	DB52/T 632—2010 贵州茶叶加工技术要求
	DB52/T 627—2010 贵州低产茶园改造技术规程
	DB52/T 626—2010 贵州高产优质茶园栽培技术规程
云南	DB53/T 614—2014 有机茶生产技术规范
	DBS53/ 012—2013 食品安全地方标准 昌宁红茶
	DB53/T 1074—2021 普洱茶质量追溯实施规程
	DB5328/T 22—2022 普洱茶仓储技术规范
陕西	DBS61/ 0002—2011 食品安全地方标准 秦岭绿茶
	DBS61/ 0006—2021 食品安全地方标准 泾阳茯茶
	DBS61/ 0015—2016 食品安全地方标准 陕西工夫红茶
	DBS61/ 0018—2021 食品安全地方标准 汉中炒青茶
甘肃	DB62/T 888—2002 无公害食品 茶叶生产技术
宁夏	DBS64/ 002—2018 食品安全地方标准 八宝茶

5. 其他相关标准

1）团体标准

国家鼓励学会、协会、商会、联合会、产业技术联盟等社会团体协调相关市场主体共同制定满足市场和创新需要的团体标准，由本团体成员约定采用或者按照本团体的规定供社会自愿采用。国家鼓励社会团体制定高于推荐性标准相关技术要求的团体标准。团体标准不同于国家标准、行业标准和地方标准，需要按照既定的程序制定、发布和实施，只要团体需要就可按自己制定的程序发布和实施，由团体来承担相应的责任。中国茶叶学会已成立茶叶标准化专业委员会参与中国茶叶学会的团体标准制定、修订。

团体标准的编号由团体标准的代号 T、团体代号、团体标准发布的顺序号和团体标准发布的年号构成。团体代号由各团体自主拟定。目前已有一些生态茶业相关团体标准发布使用，如《茶叶中毒死蜱快速测定 拉曼光谱法》（T/KJFX 001—2017）、《广东生态茶园建设规范》（T/GZBC 5—2018）、《开阳生态富硒红茶（硒红茶）》（T/KYFX 3—2019）、《开阳生态富硒红茶（硒红茶）加工技术规程》（T/KYFX 6—2019）、《开阳生态富硒白茶（硒白茶）》（T/KYFX 4—2019）、《开阳生态富硒白茶（硒白茶）加工技术规程》（T/KYFX 7—2019）、《湘西黄金茶 有机茶生产技术规范》（T/HNTI 012—2019）、《茶船古道 六堡茶 第 5 部分：有机茶生产技术规程》（T/LPTRA 1.5—2018）等。

2）企业标准

企业可以根据需要自行制定企业标准，或者与其他企业联合制定企业标准。企业生产的产品没有国家标准和行业标准的，应当制定企业标准作为组织生产的依据，并报有关部门备案。已有国家标准或者行业标准的，国家鼓励企业制定严于国家标准或者行业标准的企业标准，在企业内部使用。企业标准的编号由企业标准的代号 Q、企业代号、企业标准发布的顺序号和企业标准发布的年号构成。企业代号由企业所在地区标准化行政主管部门规定。企业标准没有推荐性标准。目前，生态茶业企业标准还在不断地完善。

参 考 文 献

艾亥特・艾萨, 夏荣香, 李小虎, 等, 2011. 新疆部分县砖茶氟含量调查分析[J]. 疾病预防控制通报, 26(2): 76.
安徽黄山六百里猴魁茶业股份有限公司, 2017. 大田茶叶（太平猴魁）生产物联网示范[J]. 农业工程技术, 3: 60-61.
安徽农学院, 1961. 制茶学[M]. 杭州: 浙江人民出版社.
白娜, 符征鸽, 梅自力, 等, 2011. 茶渣沼气发酵潜力研究[J]. 中国沼气, 29(3): 20-23.
白蕊, 蒋军, 项飞, 等, 2014. 茶树花大曲制作工艺研究[J]. 食品科学, 35(20): 57-61.
白晓莉, 孔留艳, 龚荣岗, 等, 2013. 茶树花精油的抗氧化性能及在卷烟中的应用研究[J]. 食品工业, 34(9): 110-113.
蔡芸梅, 宛晓春, 彭传燚, 等, 2016. 一种将茶渣球磨后改性制得的生物吸附剂及其制备方法和应用. 中国, 105688865[P]. 2016-06-22.
曹藩荣, 刘克斌, 刘春燕, 等, 2006. 适度低温胁迫诱导岭头单枞香气形成的研究[J]. 茶叶科学, 26: 136-140.
曹铭, 2012. 关于全国茶叶标准化研究[J]. 商品与质量, 11: 319.
常玉玺, 郑德勇, 叶乃兴, 等, 2012. 福建茶树种质资源的茶籽油脂肪酸组成分析[J]. 茶叶科学, 32(1): 22-28.
陈椽, 1979. 制茶学[M]. 2 版. 北京: 中国农业出版社.
陈春林, 梁晓岚, 1996. 试论乌龙茶对鲜叶原料的要求[J]. 福建茶叶(1): 9-11.
陈岱卉, 叶乃兴, 邹长如, 2008. 茶树品种的适制性与茶叶品质[J]. 福建茶叶(1): 2-5.
陈德经, 2012. 微波预处理水酶法提取茶叶籽油工艺优化[J]. 中国食物与营养, 33(6): 87-91.
陈桂葵, 骆世明, 杜宁宁, 等, 2011. 高氯酸盐对水稻生理生态的影响及其在稻田系统中的分布规律[J]. 农业环境科学学报, 30(11): 2137-2144.
陈海辉, 曾莹莹, 李启成, 等, 2005. 茶皂素提取新工艺研究[J]. 林产化工通讯, 39(2): 20-24.
陈宏靖, 杨艳, 2017. 福建省地产茶叶中铝含量调查分析[J]. 海峡预防医学杂志, 23(6): 57-59.
陈辉, 2016. 云南主产茶区晒青毛茶氟含量及与品质的关系研究[J]. 中国茶叶加工, 2: 46-50.
陈娟, 李忠军, 郭蔼明, 等, 2014. 提取方法对油茶籽油品质和营养价值的影响评价[J]. 中国油脂, 39(4): 16-20.
陈利燕, 章剑扬, 刘新, 等, 2014. 普洱茶中氟含量的现状分析[J]. 中国茶叶, 36(12): 1.
陈默涵, 何腾兵, 舒英格, 2018. 不同生物有机肥对春茶生长影响及其土壤改良效果分析[J]. 山地农业生物学报, 37(2): 70-73, 94.
陈清武, 张鸿, 罗奇, 2012. 循环中子活化分析茶叶中的氟含量[J]. 核技术, 35(3): 5.
陈瑞鸿, 梁月荣, 陆建良, 等, 2002. 茶树对氟富集作用的研究[J]. 茶叶, 4: 187-190.
陈升荣, 张彬, 罗家星, 等, 2012. 超临界 CO_2 萃取茶叶籽油[J]. 食品与发酵工业, 38(7): 169-172.
陈为钧, 万圣勤, 1994. 茶叶中多酚类物质的研究进展[J]. 天然产物研究与开发, 6(2): 74-80.
陈伟, 2017. 中国生态文明标准化：制度、困境与实现[J]. 马克思主义研究, 9: 97-109.
陈文怀, 1984. 茶树品种与茶叶品质[J]. 中国茶叶, 1: 15.
陈曦, 2016. “贵州茶云”正式上线运行[N]. 贵州政协报, 2016-11-4.
陈小萍, 张卫明, 史劲松, 等, 2007. 茶树花黄酮的提取及对羟自由基的清除效果[J]. 南京师大学报（自然科学版）, 30(2): 93-97.
陈小英, 查轩, 陈世发, 2009. 山地茶园水土流失及生态调控措施研究[J]. 水土保持研究, 16: 51-54.
陈晓霞, 呼娜, 杨晓华, 2017. 茶叶及茶汤中铝元素含量测定及浸出特性研究[J]. 中国测试, 43(6): 37-49.
陈宇, 2017. 中国与主要国家农药残留限量标准对比分析[J]. 现代农业科技(2): 94-97.
陈玉琼, 倪德江, 春晓娅, 等, 2011. 不同杀青方式对青砖茶原料氟含量的影响[J]. 湖北农业科学, 50(6): 1193-1195.

陈宗懋, 1979. 茶树病虫区系的构成和演替[J]. 中国茶叶, 1(1): 6-8.

陈宗懋, 1984a. 茶叶中的环境污染物[J]. 国外农学-茶叶, 3: 1-10.

陈宗懋, 1984b. 茶园用药安全性指标的设计[J]. 茶叶科学, 84(1): 418.

陈宗懋, 2005. 茶树害虫防治的新途径——化学生态防治[J]. 茶叶, 31(2): 71-74.

陈宗懋, 2011a. 茶叶中农药残留问题的过去、现在和将来[J]. 科技导报, 29(32): 76-79.

陈宗懋, 2011b. 我国茶产业质量安全和环境安全问题研究[J]. 农产品质量与安全(3): 5-7.

陈宗懋, 2018. 新时代中国茶产业的创新与发展[J]. 农业学报, 8(1): 89-92.

陈宗懋, 陈雪芬, 1989a. 茶树病害的诊断和防治[M]. 上海: 上海科学技术出版社.

陈宗懋, 陈雪芬, 1989b. 世界茶树病虫区系分析[J]. 茶叶科学, 9(1): 113-122.

陈宗懋, 陈雪芬, 1999. 茶业可持续发展中的植保问题[J]. 茶叶科学, 19(1): 1-6.

陈宗懋, 韩华琼, 岳瑞芝, 1980. 茶叶中化学农药残留量的降解规律及其控制[G]. 浙江农业科学论文集, 杭州: 浙江科学技术出版社.

陈宗懋, 韩华琼, 万海滨, 等, 1986. 茶叶中六六六、DDT 污染源的研究[J]. 环境科学学报, 6: 278-285.

陈宗懋, 彭萍, 蔡晓明, 2019. 茶树植物保护学研究进展[G]. 中国茶叶学会: 2016—2017 茶学学科发展报告. 北京: 中国科学技术出版社.

陈宗懋, 阮建云, 蔡典雄, 等, 2007. 茶树生态系中的立体污染链与阻控[J]. 中国农业科学, 40: 948-958.

陈宗懋, 孙晓玲, 2013. 茶树害虫化学生态学[M]. 上海: 上海科学技术出版社.

陈宗懋, 吴询, 2000. 关于茶叶中的铅含量问题[J]. 中国茶叶, 22(5): 3-5.

陈宗懋, 许宁, 韩宝瑜, 等, 2003. 茶树-害虫-天敌间的化学信息联系[J]. 茶叶科学, 23(S1): 38-45.

陈宗懋, 杨亚军, 2011. 中国茶经（增订版）[M]. 上海: 上海文化出版社.

陈宗懋, 岳瑞芝, 1983. 化学农药在茶叶中的残留降解规律及茶园用药安全性指标的设计[J]. 中国农业科学, 1: 62-70.

程冬梅, 张丽, 韦红飞, 等, 2019. 庐山不同海拔茶树光合响应差异研究[J]. 茶叶科学, 39(4): 447-454.

程启坤, 姚国坤, 沈培和, 等, 1985. 茶叶优质原理与技术[M]. 上海: 上海科学技术出版社.

程明, 田华, 1998. 浅述光照, 温度, 水分对绿茶品质的影响[J]. 中国茶叶, 6:10-11.

崔林, 王梦馨, 叶火香, 2017. 绿篱阻隔公路粉尘铅和镉污染茶园的研究[J]. 信阳农林学院学报, 27(4): 91-94.

崔娜娜, 2018. 不同海拔的地理位置对茶产业发展的影响[J]. 福建茶叶, 40(9): 74.

崔晓宁, 侯伟华, 杨晓萍, 等, 2010. 茶叶纤维对 Cu^{2+}的吸附性能研究[J]. 茶叶科学, 30(4): 259-262.

代云昌, 龙振熙, 杜向波, 2011. 气候监测在茶小绿叶蝉防治中的作用[J]. 湖南农机, 38(7): 209-211.

戴伟东, 解东超, 吕美玲, 等, 2017. 黄酮醇糖苷与茶树品种适制性关系[J]. 食品科学, 38(16): 104-108.

邓平建, 1993. 茶油对正常成人血脂影响的研究[J]. 营养学报, 15(3): 289-292.

邓小莲, 谢光盛, 黄树根, 2002. 保健茶油的研制及其调节血脂的作用[J]. 中国油脂, 27(5): 96-98.

《第二次气候变化国家评估报告》编写委员会, 2011. 第二次气候变化国家评估报告[M]. 北京: 科学出版社.

刁梦瑶, 申琳, 生吉萍, 2017. 茶树花资源研究利用现状与展望[J]. 中国食物与营养, 23(12): 24-28.

丁瑞兴, 黄骁, 1991. 茶园-土壤系统铝和氟的生物地球化学循环及其对土壤酸化的影响[J]. 土壤学报, 28: 229-236.

丁一汇, 任国玉, 赵宗慈, 等, 2007. 中国气候变化的检测及预估[J]. 沙漠与绿洲气象, 1(1): 1-10.

丁勇, 2001. 茶皂素的研究进展及工业化应用趋向[J]. 蚕桑茶叶通讯(108): 4-6.

董成森, 肖润林, 彭晚霞, 等, 2006. 亚热带红壤丘陵茶区茶-杉复合系统生态经济效益探析[J]. 中国生态农业学报, 14(2): 198-202.

董海胜, 臧鹏, 孙京超, 等, 2012. 不同提取方式茶叶籽油脂肪酸及VE组成分析与比较[J]. 中国油脂, 37(4): 11-14.
董俊杰, 罗龙新, 钱晓军, 等, 2017. 一种茶渣回收利用的方法和书写用茶纸. 中国, 106522019[P]. 2017-03-22.
董明辉, 顾俊荣, 刘腾飞, 等, 2015. 洞庭碧螺春茶果间作园土壤矿质养分差异及其相关性[J]. 浙江农业科学, 56(6): 812-816.
董秀云, 郑金贵, 2013. 福建省茶叶标准化发展现状与对策[J]. 福建农业学报, 28(12): 1298-1302.
段建真, 郭素英, 1992. 遮荫与覆盖对茶园生态环境的影响[J]. 安徽农学院学报, 19(3): 189-195.
段建真, 郭素英, 1993. 茶树新梢生育生态场的研究[J]. 茶业通报, 1: 1-5.
段学艺, 王家伦, 陈正武, 等, 2010. 自然干旱胁迫对不同茶树品种的物候期影响[J]. 贵州茶叶, 38(4): 42-44.
段永春, 刘加秀, 董书强, 等, 2010. 山东生态茶园建设模式初探[J]. 中国农学通报, 26: 281-286.
范利超, 杨明臻, 韩文炎, 2014. 温湿度和外源有机质对茶园土壤基础呼吸作用的影响[J]. 土壤通报, 45(6): 1383-1389.
方玲, 1998. 有机氯农药在茶叶及其环境中的残留状况与评价[J]. 福建农业大学学报, 27(2): 211-215.
方世辉, 张秀云, 夏涛, 等, 2002. 茶树品种、加工工艺、季节对乌龙茶品质影响的研究[J]. 茶叶科学, 22(2): 135-139, 146.
冯建良, 朱玮, 2004. 某化工厂八氯二丙醚生产工人肺癌患病情况调查[J]. 中国工业医学杂志, 17(3): 193-194.
冯翔, 周韫珍, 1996. 茶油、玉米油和鱼油对小鼠免疫功能的影响[J]. 营养学报, 18(4): 412-417.
冯耀宗, 1986. 胶茶人工群落的研究与推广[J]. 云南茶叶, 2-3:13-45.
付静, 2017. 不同采摘季节工夫红茶品质的研究[J]. 食品科技, 42(11): 90-95.
傅海平, 谢念祠, 周成建, 等, 2017. 幼龄茶园绿肥间作技术规程[S]. DB43/T 1350—2017.
傅庆林, 罗永进, 柴锡周, 1995. 低丘红壤地区几种农林复合系统的生态经济效益[J]. 生态学杂志, 14: 11-15.
高大可, 刘雪慧, 卢夏英, 等, 2010. 黑毛茶氟含量分析与思考[J]. 茶叶通讯, 37(3): 28-29.
高绪评, 王萍, 1998. 茶叶对某些金属元素的富集[J]. 植物资源与环境学报, 7: 62.
高绪评, 王萍, 王之让, 等, 1997. 环境氟迁移与茶叶氟富集的关系[J]. 植物资源与环境, 6(2): 43-47.
龚淑英, 谷兆骐, 范方媛, 等, 2016. 浙江省主栽茶树品种工艺白茶的滋味成分研究[J]. 茶叶科学, 36(3) : 277-284.
龚舒蓓, 林柃敏, 2019. 茶渣的再利用研究进展[J]. 饮料工业, 22(4): 76-79.
顾佳丽, 赵钢, 毕勇, 等, 2013. 大学生膳食中铅摄入量及食用安全评价[J]. 中国公共卫生, 29(6): 850-852.
顾谦, 陆锦时, 叶宝存, 等, 2002. 茶叶化学[M]. 4版. 合肥: 中国科学技术大学出版社.
顾亚萍, 2008. 茶树花的综合利用——茶树花多糖和香气成分的提取分析[D]. 无锡: 江南大学.
郭华, 周建平, 何伟, 2009. 茶籽油精炼过程中理化指标的变化及精炼条件选择[J]. 食品工业科技, 30(6): 221-225.
郭华, 周建平, 罗军武, 等, 2008. 茶籽油的脂肪酸组成测定[J]. 中国油脂, 33(7): 71-73.
郭明星, 王思梅, 席彦军, 等, 2016. 冻害对茶树的影响及其预防和补救措施[J]. 安徽农学通报, 22(13): 61-65.
郭文平, 吴道良, 2012. 国际贸易中的茶叶标准[J]. 商品与质量（学术观察） (12): 232.
郭晓莹, 王校常, 2015. 茶叶废弃物制纸工艺探索[J]. 浙江农业科学, 56(10): 1643-1646.
郭艳红, 2009. 从茶籽中提取茶籽油、茶皂素和茶籽多糖研究[D]. 上海: 上海师范大学.
韩铨, 2011. 茶树花多糖的提取、纯化、结构鉴定及生物活性的研究[D]. 杭州: 浙江大学.
韩文炎, 2020. 气候变化对茶叶生产的影响及应对技术展望[J]. 中国茶叶, 2: 19-23.
韩文炎, 韩国柱, 蔡雪雄, 2008a. 茶叶铅含量现状及其控制技术研究进展[J]. 中国茶叶(3): 16-17.
韩文炎, 韩国柱, 蔡雪雄, 2008b. 茶叶铅含量现状及其控制技术研究进展(续)[J]. 中国茶叶(4): 8-10.
韩文炎, 梁月荣, 杨亚军, 等, 2006. 加工过程对茶叶铅和铜污染的影响[J]. 茶叶科学(2): 95-101.

韩文炎, 杨亚军, 梁月荣, 等, 2009. 茶树体内铅的吸收累积特性研究[J]. 茶叶科学(3): 32-38.
韩晓阳, 2013. 茶树根际土壤氨氮转化菌的分离、鉴定及效应研究[D]. 泰安: 山东农业大学.
郝卫宁, 曾勇, 胡美英, 等, 2010. 茶皂素在农药领域的应用研究进展[J]. 农药, 49(2): 90-92.
何金旺, 李敏国, 2012. 三江县发展茶叶生产的气候条件分析及应对措施[J]. 蚕桑茶叶通讯, 158(2): 26-30.
贺冰蕊, 翟盘茂, 2018. 中国1961—2016年夏季持续和非持续性极端降水的变化特征[J]. 气候变化研究进展, 14(5): 437-444.
贺群, 黄旦益, 卢翠, 等, 2017. 适制绿茶与红绿茶兼宜品种挥发性香气组分及其相对含量差异研究[J]. 西北农业学报, 26(9): 1363-1378.
侯玲, 沈娴, 陈琳, 等, 2016. 茶树花蛋白质碱提和酶提工艺优化及其功能性质[J]. 浙江大学学报（农业与生命科学版）, 42(4): 442-450.
湖北省农业厅果茶办公室, 全国农业技术推广服务中心, 中国农业科学院茶叶研究所, 2016. 应对茶园洪涝灾害八项技术[J]. 中国农技推广, 7: 42-43.
胡健华, 韦一良, 何东平, 等, 2009. 脱壳冷榨生产纯天然油茶籽油[J]. 中国油脂, 34(1): 16-18.
胡绍海, 胡卫军, 胡卫东, 等, 1998. 茶皂素在化学农药乳油剂中增效作用研究[J]. 中国农业科学, 31(2): 30-35.
胡耀华, 罗金辉, 2008. 工业生态学及其在发展热带农副产品生态加工业中的应用[J]. 热带农业科学, 28(5): 70-75
黄阿根, 董瑞建, 韦红, 等, 2007. 茶树花活性成分的分析与鉴定[J]. 食品科学 (7): 400-403.
黄兵兵, 2015. 茶叶籽油脂肪酸组成分析及其主要不饱和脂肪酸分离及转化研究[D]. 泉州: 华侨大学.
黄承才, 葛滢, 常杰, 等, 1999. 中亚热带东部三种主要木本群落土壤呼吸的研究[J]. 生态学报, 19: 36-40.
黄旦益, 齐冬晴, 沈程文, 等, 2016. 不同乌龙茶品种（品系）鲜叶香气组分的初步研究[J]. 中国农学通报, 32(10): 189-199.
黄藩, 刘飞, 王云, 等, 2018. 茶渣在畜禽饲料中的利用及研究现状[J]. 动物营养(8): 20-24.
黄淦泉, 钱沙华, 沈小东, 1991. 茶叶中铝的形态分析研究[J]. 茶叶, 17(4): 17-20.
黄华, 2018. 茶渣微晶纤维素的氧化改性及水凝胶的制备、表征及其应用[D]. 广州: 华南理工大学.
黄华, 黄惠华, 2018. 茶渣微晶纤维素的制备及表征[J]. 食品研究与开发, 39(7): 59-65.
黄纪刚, 韩文炎, 2019. 海拔高度对庐山云雾茶品质的影响[J]. 中国茶叶, 41(4): 19-21.
黄群, 麻成金, 欧阳林, 等, 2008. 茶叶籽油溶剂浸提及精炼研究[J]. 中国粮油学报, 23(6): 131-135.
黄寿波, 1981. 全世界茶树分布及气候特点[J]. 茶叶, 4: 8-14.
黄寿波, 1982. 浙皖山地主要垂直气候特征及茶树栽培适宜高度的探讨[J]. 茶叶, 4: 12-16.
黄寿波, 金志凤, 2010. 茶树优质高产栽培与气象[M]. 北京: 气象出版社.
黄小萍, 林晨, 姜新兵, 2019. 西湖龙井茶基地一级保护区茶叶铅含量调查研究[J]. 中国茶叶加工 (1): 56-67.
黄毅, 2019. 茶渣吸附材料去除环境污染物的研究进展[J]. 湖南城市学院学报（自然科学版）, 28(1): 70-73.
江用文, 2010. 中国茶产品加工[M]. 上海: 上海科学技术出版社.
蒋跃林, 张庆国, 张仕定, 等, 2006. 大气CO_2浓度对茶叶品质的影响[J]. 茶叶科学, 4: 299-304.
蒋跃林, 张仕定, 张庆国, 等, 2005. 大气CO_2浓度升高对茶树光合生理特性的影响[J]. 茶叶科学, 1: 43-48.
金玉香, 2015. 临翔区和双江县茶园遥感信息提取及其生态适宜性评价[D]. 昆明: 云南大学.
金志凤, 胡波, 严甲真, 等, 2014. 浙江省茶叶农业气象灾害风险评价[J]. 生态学杂志, 33(3): 771-777.
金志凤, 黄敬峰, 李波, 2011. 基于GIS及气候-土壤-地形因子的浙江省茶树栽培适宜性评价[J]. 农业工程学报, 3: 231-236.
金志凤, 叶建刚, 杨再强, 等, 2014. 浙江省茶叶生长的气候适宜性[J]. 应用生态学报, 4: 967-969.

金子武, 1976. 吸汁害虫の多发倾向との要因[J]. 茶（日本）, 29(3): 49-53.
靳伟刚, 张洋, 罗鋆琳, 等, 2011. 茶渣资源的开发与利用——茶渣中茶叶蛋白的酶法提取和酶法水解[J]. 中国食品添加剂(4): 54-58.
孔繁涛, 张建华, 吴建寨, 2015. 农业全程信息化建设研究[M]. 北京: 科学出版社.
赖继平, 2017. 用“智慧城市”建设助推普洱“绿色发展”[C]. 第七届云南省科协学术年会论文集——专题二: 绿色经济产业发展, 1-3.
黎健龙, 涂攀峰, 陈娜, 等, 2008. 茶树与大豆间作效应分析[J]. 中国农业科学, 41: 2040-2047.
黎南华, 1994. 不同生态环境的茶叶氟含量浅析[J]. 福建茶叶, 2: 21-23.
李柏贞, 谢佳杏, 孔萍, 等, 2015. 江南茶叶农业气象灾害风险区划[J]. 干旱气象, 33(6): 1017-1023.
李长青, 2006. 茶树花粉的营养与开发前景[J]. 茶叶科学技术(4): 6-9.
李琛, 2010. 陕南地区绿茶中氟离子含量的测定[J]. 化工技术与开发, 39(10):39-42.
李合生, 2002. 现代植物生理学[M]. 北京: 高等教育出版社.
李慧, 周顺武, 陆尔, 等, 2018. 1961—2010 年中国华南地区夏季降水结构变化分析[J]. 气候变化研究进展, 14(3): 247-256.
李家光, 1986. 适制乌龙茶的茶树品种、生态环境与成茶品质[J]. 福建茶叶(3): 7-9.
李金, 2019. 茶树花黄酮提取分离的参数优化与品种间的差异性研究[D]. 杭州: 浙江大学.
李腊梅, 2007. 茶叶中八氯二丙醚(S-421)的残留及其可能的环境影响因子[D]. 杭州: 浙江大学.
李兰, 江用文, 2008. 我国保存的茶树种质资源地区分布及相关性状分析[J]. 中国茶叶(5): 17-20.
李丽霞, 罗学平, 李清, 等, 2016. 不同季节四川工夫红茶香气成分的 SPME-GC-MS 分析[J]. 福建农业学报, 31(7): 737-742.
李利欢, 赖榕辉, 黄秀鑫, 等, 2018. 茶树花的生化特征与综合利用研究进展[J]. 广东茶业 (4): 2-7.
李玲琴, 2007. 茶叶中农药残留动态及降解技术[D]. 福州: 福建农林大学.
李名君, 刘维华, 游小清, 等, 1988. 红壤与茶叶品质的研究——Ⅳ. 海拔高度对红壤茶叶品质的影响[J]. 茶叶科学, 8(2): 27-36.
李明静, 陈映霞, 何建英, 等, 2000. 信阳废次茶残渣对 Au(Ⅲ)的吸附研究[J]. 化学研究, 11(2): 40-42.
李明阳, 2002. 化妆品化学[M]. 北京: 科学出版社.
李明月, 2015. 四川白茶加工技术及品质评价研究[D]. 雅安: 四川农业大学.
李秋庭, 陆顺忠, 2001. 茶皂素提取新工艺[J]. 广西林业科学, 30(4): 186-188.
李仁忠, 金志凤, 杨再强, 等, 2016. 浙江省茶树春霜冻害气象指标的修订[J]. 生态学杂志, 35: 2659-2666.
李诗龙, 刘协航, 张永林, 等, 2014. 双螺杆冷榨茶籽油的中试生产[J]. 农业工程学报, 30(19): 300-308.
李时睿, 王治海, 杨再强, 等, 2014. 江南茶区茶叶生产现状和气候资源特征分析[J]. 干旱气象, 32(6): 1007-1014.
李湘阁, 阂庆文, 余卫东, 1995. 南京地区茶树生长气候适应性研究[J]. 南京气象学院学报, 18(4): 572-576.
李小然, 毛桃嫣, 郑成, 等, 2018. 茶叶籽皂素的微波辅助提取及其表面性能[J]. 精细化工, 35(8): 1299-1354.
李鑫鑫, 桑燕芳, 谢平, 等, 2018. 我国不同历时年最大降雨量的随机性及空间差异性[J]. 地球信息科学学报, 20(8): 1094-1101.
李星辰, 黄亚辉, 2010. 华南茶区主要虫害及其与气候的关系——华南茶区茶叶生产概况材料之一[J]. 广东茶业, 1: 17-20.
李旭玫, 2004. 茶叶中氟含量的研究及对人体健康的影响[J]. 中国茶叶加工, 1: 35-38.
李英华, 胡福良, 朱威, 等, 2005. 我国花粉化学成分的研究进展[J]. 养蜂科技 (4): 7-16.

李增智, 杨建平, 汪命龙, 1985. 圆孢虫疫霉在茶尺蠖中的流行[J]. 茶业通报, 10(2): 10-12.
李贞霞, 陈倩倩, 胡宏赛, 等, 2018. 信阳茶区不同植茶年限土壤酶活性演变[J]. 生态环境学报, 27(6): 1076-1081.
李正才, 徐德应, 傅懋毅, 等, 2007. 北亚热带土地利用变化对土壤有机碳垂直分布特征及储量的影响[J]. 林业科学研究, 20: 744-749.
李治鑫, 李鑫, 范利超, 等, 2015. 高温胁迫对茶树叶片光合系统的影响[J]. 茶叶科学, 35(5): 415-422.
李忠佩, 丁端兴, 1992. 黄棕壤茶园土壤有机质的平衡及有机肥的施用效果[J]. 中国茶叶, 14(6): 13-15.
厉剑剑, 2012. 茶渣中膳食纤维成分提取及作为染料吸附剂的研究[D]. 广州: 华南理工大学.
梁名志, 浦绍柳, 孙荣琴, 等, 2002. 茶花综合利用初探[J]. 中国茶叶, 24(5): 16-17.
梁月荣, 傅柳松, 张凌云, 等, 2001. 不同茶类和产区茶叶氟含量研究[J]. 茶叶, 27(2): 32-34.
梁月荣, 刘祖生, 1994. 不同茶树品种化学成分与红碎茶品质关系的研究[J]. 浙江农业大学学报, 20(2): 149-154.
廖汉荣, 2012. 六堡茶中氟的检测与降氟方法的研究[D]. 天津: 天津大学.
林而达, 许吟隆, 蒋金荷, 等, 2006. 气候变化国家评估报告(Ⅱ): 气候变化的影响与适应[J]. 气候变化研究进展, 2(2): 51-56.
林馥茗, 孙威江, 2012. 红茶品质影响因素的研究进展[J]. 中国茶叶(3): 6-7.
林笑茹, 高吟婷, 2009. 福鼎市发展茶叶生产的气象条件分析[J]. 中国茶叶, 3: 24-25.
林心炯, 郭专, 姚信恩, 1991. 乌龙茶鲜叶原料成熟度的生物生化特征[J]. 茶叶科学, 11(1): 85-86.
林郑和, 郝志龙, 陈良城, 等, 2004. 乌龙茶品种与品质关系的研究进展[J]. 福建茶叶(2): 30-31.
林智, 舒爱民, 蒋迎, 等, 2002. 降低砖茶氟含量技术研究初报[J]. 中国茶叶, 24(1): 16-17.
凌彩金, 庞式, 2003. 茶花制茶工艺技术研究报告[J]. 广东茶业 (1): 12-15, 32.
刘昌盛, 黄凤洪, 夏伏建, 等, 2006. 超声波法提取茶皂素的工艺研究[J]. 中国油料作物学报, 28(2): 203-206.
刘超, 吴方正, 傅柳松, 等, 1998. 茶叶中的氟含量及测定方法研究[J]. 农业环境保护, 17(3): 37-40
刘东娜, 罗凡, 李春华, 等, 2018. 白茶品质化学研究进展[J]. 中国农业科技导报, 20(4): 79-91.
刘恩平, 2013. 中国热带地区农业信息化发展研究[M]. 北京: 中国农业科学技术出版社.
刘美秀, 2016. 茶叶产品中铅含量的抽样检测及分析[D]. 雅安: 四川农业大学.
刘青, 2015. 茶叶籽粕油脂与多糖分离工艺及其性质评价[D]. 杭州: 浙江工业大学.
刘声传, 陈亮, 2014. 茶树耐旱机理及抗旱节水研究进展[J]. 茶叶科学, 34(2): 111-121.
刘姝, 涂国全, 2001. 茶渣经微生物固体发酵成饲料的初步研究[J]. 江西农业大学学报, 23(1): 130-133.
刘顺航, 贾黎辉, 吴春燕, 等, 2016. 茶渣有机肥发酵工艺研究[J]. 安徽农业科学, 44(11): 165-167.
刘婷婷, 齐桂年, 2015. 6 个茶树品种的红茶适制性研究[J]. 食品科学技术学报, 33(2): 58-61.
刘威, 袁丁, 尹鹏, 等, 2016. 茶树炭疽病的研究进展[J]. 热带农业科学, 36(11): 20-26.
刘洋, 2016. 茶叶农残限量——欧盟 400 多项 VS 中国 28 项[J]. 食品安全导刊, 156(33): 80-82.
刘云, 高凛, 2017. 论扩大茶叶出口的农药残留限量问题及法律应对措施[J]. 安徽农学通报, 23(20): 3-7.
刘芸, 2017. 让标准回归本质——解读新《标准化法》[J]. 大众标准化, 281(12):17.
刘仲华, 2019a. 中国茶叶深加工产业发展历程与趋势[J]. 茶叶科学, 39(2): 527-533.
刘仲华, 2019b. 中国茶叶深加工四十年[J]. 中国茶叶, 8(1): 1-8.
刘仲华, 黄建安, 1998. 二十个茶树品种(品系)红碎茶适制性的研究[J]. 中国茶叶加工(2): 29-32.
柳荣祥, 夏春华, 朱全芬, 等, 1996b. 茶皂素表面活性理论体系的建立及其应用(续)[J]. 茶叶, 22(2): 13-15.
柳荣祥, 朱全芬, 夏春华, 1995. 茶籽油的氢化及其在制茶专用油脂研制中的应用[J]. 中国茶叶加工 (3): 28-31.
柳荣祥, 朱全芬, 夏春华, 1996a. 茶皂素生物活性应用研究进展及发展趋势[J]. 茶叶科学, 16(2): 81-86.

娄伟平, 吴利红, 吉宗伟, 2014. 气候变化对绍兴市乌牛早茶树春茶经济产出的影响[J]. 生态学杂志, 33(12): 3358-3367.

卢丽丽, 2002. 印度的茶标准化[J]. 世界标准化与质量管理, 4: 36-37.

陆景冈, 唐根年, 毛东明, 等, 2009. 土壤地质环境与茶叶的内在品质[J]. 茶叶, 35(1): 19-21.

陆文渊, 钱文春, 顾译, 等, 2009. 安吉白茶茶园风扇防霜冻效果的研究[J]. 茶叶, 35: 215-218.

陆锦时, 魏芳华, 李春华, 1994. 茶树品种主要化学成分与品质关系的研究[J]. 西南农业学报, 7(1): 1-4.

陆厚祥, 1988. 生态条件对绿茶品质的影响[J]. 茶业通报, 7: 21-24.

罗明标, 刘艳, 张国庆, 等, 2004. 茶汤中铝的浓度、形态和生物可给性[J]. 茶叶科学, 3: 153-158.

罗淑华, 贾海云, 童雄才, 等, 2002. 砖茶中氟的浸出规律研究[J]. 茶叶科学, 22(1): 38-42.

罗兴武, 2018. 现代农业信息化理论与应用研究[M]. 北京: 中国农业出版社.

罗学平, 何春雷, 李丽霞, 2006. 不同茶树品种含氟量的研究[J]. 福建茶叶, 4: 10-13.

罗雅慧, 2014. 茶树良种浙农 21 叶籽两用栽培技术[J]. 浙江农业科学 (6): 828-830.

罗宗秀, 蔡晓明, 边磊, 等, 2016a. 茶树害虫性信息素研究与应用进展[J]. 茶叶科学, 36(3): 229-236.

罗宗秀, 李兆群, 蔡晓明, 等, 2016b. 灰茶尺蠖性信息素的初步研究[J]. 茶叶科学, 36(5): 537-543.

罗宗秀, 李兆群, 蔡晓明, 等, 2018. 基于性信息素的茶树主要鳞翅目害虫防治技术[J]. 中国茶叶, 4: 5-9.

骆世明, 2009. 生态农业的模式与技术[M]. 北京: 化学工业出版社.

麻成金, 吴竹青, 黄伟, 2008. 响应面法优化茶叶籽油超临界二氧化碳萃取工艺[J]. 食品科学, 29(10): 281-285.

麻万诸, 章明奎, 2011. 浙江省典型茶园生态系统中重金属流及其平衡分析[J]. 茶叶科学, 31: 362-370.

马力, 2008. 茶籽油在润肤霜中的应用研究[D]. 长沙: 湖南农业大学.

马力, 陈勇忠, 2009. 氯化锌法制备油茶籽壳活性炭的研究[J]. 粮食与食品工业, 16(3): 19-21.

马力, 黄纪刚, 吴昊, 2017. 庐山云雾茶气候品质分析[J]. 中国高新区(23): 229, 242.

马立锋, 石元值, 阮建云, 2000. 苏、浙、皖茶区茶园土壤 pH 状况及近十年来的变化[J]. 土壤通报, 31: 205-207.

马立锋, 石元值, 阮建云, 等, 2002. 我国茶叶氟含量状况研究[J]. 农业环境科学学报, 21(6): 537-539.

马骐, 2019. 茶叶籽油极性伴随物成分分析及抗氧化能力研究[D]. 扬州: 扬州大学.

马新颖, 陈雪芬, 金建忠, 2000. 粉虱拟青霉对黑刺粉虱的侵染过程[J]. 中国病毒学(15): 145-147.

马跃青, 张正竹, 2010. 茶叶籽综合利用研究进展[J]. 中国油脂, 35(9): 66-69.

缪强, 金志凤, 羊国芳, 等, 2010. 龙井 43 春茶适采期预报模型建立及回归检验[J]. 中国茶叶, 32(6): 22-24.

欧阳林, 麻成金, 黄群, 等, 2007. 混合溶剂浸提茶叶籽油的研究[J]. 四川食品与发酵(4): 20-23.

庞晶, 覃军, 2013. 西南干旱特征及其成因研究进展[J]. 南京信息工程大学学报（自然科学版）, 5(2): 127-134.

庞式, 赵超艺, 苗爱清, 等, 2011. 茶花酒酿造工艺研究[J]. 广东农业科学, 38(5): 119-120, 133.

彭晚霞, 宋同清, 肖润林, 等, 2006. 覆盖与间作对亚热带丘陵茶园地温时空变化的影响[J]. 应用生态学报, 17(5): 778-782.

彭晚霞, 宋同清, 邹冬生, 等, 2008. 覆盖与间作对亚热带丘陵茶园生态的综合调控效果[J]. 中国农业科学, 41: 2370-2378.

彭应兵, 2010. 茶籽壳制备茶皂素与活性炭技术研究[D]. 长沙: 湖南农业大学.

彭忠瑾, 2012. 茶叶籽油的提取及制备生物柴油研究[D]. 吉首: 吉首大学.

齐庆华, 蔡榕硕, 郭海峡, 2019. 中国东部气温极端特性及其气候特征[J]. 地球科学, 39(8): 1340-1350.

秦大河, 罗勇, 陈振林, 等, 2007. 气候变化科学的最新进展: IPCC, 第四次评估综合报告解析[J]. 气候变化研究进展, 3(6): 311-314.

秦迎旭, 王生英, 杨欢春, 2015. 宁夏南部山区市售砖茶氟含量及其泡茶方式对氟浸出的影响[J]. 宁夏医科大学学报, 37(2): 207-209.

任明兴, 骆耀平, 2005. 茶树 VA 菌根的研究进展[J]. 茶叶, 31(1): 28-31.

阮建云, 马立锋, 石元值, 2003a. 茶树根际土壤性质及氮肥的影响[J]. 茶叶科学, 23: 167-170.

阮建云, 王国庆, 石元值, 等, 2003b. 茶园土壤铝动态及茶树铝吸收特性[J]. 茶叶科学, 23: 16-20.

阮建云, 杨亚军, 马立锋, 2007. 茶叶氟研究进展：累积特性、含量及安全性评价[J]. 茶叶科学, 27: 1-7.

阮宇成, 1997. 茶叶咖啡碱与人体健康[J]. 茶叶通讯 (1): 3-4.

单武雄, 罗文, 肖润林, 等, 2010. 连续5年施菜籽饼肥和稻草覆盖对茶园土壤生态系统的影响[J]. 中国生态农业学报, 18(3): 472-476.

鄯颖霞, 陈启文, 白蕊, 等, 2013. 茶树花苹果酒的发酵工艺研究[J]. 食品工业科技, 34(16): 207-211.

商业部茶叶畜产局, 1989. 茶叶品质理化分析[M]. 上海: 上海科学技术出版社.

邵懿, 朱丽华, 王君, 2011. 我国的污染物基础标准与国际食品法典的污染物通用标准的比较[J]. 中国食品卫生杂志, 23(3): 277-281.

沈锐, 谢青松, 李磊, 等, 2017. 正交法提取绿茶茶渣中可溶性膳食纤维工艺研究[J]. 食品安全导刊 (33): 109-110.

沈伟十, 李朝军, 1999. 铝对体外培养小鼠母细胞减数分裂的影响[J]. 卫生研究, 28: 267-268.

沈娴, 2017. 茶树花皂苷类物质分析鉴定及动态变化研究[D]. 杭州: 浙江大学.

谌介国, 刘志明, 张振德, 1985. 茶树需水规律和茶园喷灌的研究[J]. 中国农业科学, 18: 36-43.

施兆鹏, 黄建安, 2010. 茶叶审评与检验[M]. 4 版. 北京: 中国农业出版社.

石建良, 郑志强, 1985. 浙江茶叶含氟量的研究[J]. 中国茶叶(3):35-36.

石元值, 方丽, 吕闰强, 2014. 树冠微域环境对茶树碳氮代谢的影响[J]. 植物营养与肥料学报, 20: 1250-1261.

石元值, 韩文炎, 马立峰, 等, 2004. 龙井茶中重金属元素 Pb 含量的影响因子探究[J]. 农业环境科学学报(5): 899-903.

石元值, 马立峰, 韩文炎, 等, 2003. 铅在茶树中的吸收累积特性[J]. 中国农业科学, 36(11): 1272-1278.

石元值, 王新超, 方丽, 2013. 四个茶树品种的氟吸收累积特性比较研究[J]. 植物营养与肥料学报, 2: 396-403.

史劲松, 孙达峰, 顾龚平, 2006. 茶树鲜花饮料澄清技术研究[J]. 中国野生植物资源, 25(4): 41-43, 54.

束际林, 李名君, 1987. 茶树 VA 菌根的生理学效应研究[J]. 茶叶科学, 7: 7-14.

水野卓, 1968. 茶の炭水化物に関する研究(第 12 報)[J]. 日本農芸化学会誌, 42(8): 491-501.

宋冰, 牛书丽, 2016. 全球变化与陆地生态系统碳循环研究进展[J]. 西南民族大学学报（自然科学版）, 42(1): 14-23.

宋同清, 王克林, 彭晚霞, 等, 2006. 亚热带丘陵茶园间作白三叶草的生态效应[J]. 生态学报, 26: 3647-3655.

宋振硕, 冯林, 董皓, 2009. 川湘黑茶的铅含量分析评价[C]. 茶叶科技创新与产业发展学术研讨会论文集: 593-595.

苏松坤, 陈盛禄, 林雪珍, 等, 2011. 茶(*Camellia sinensis*)花粉营养成分的测定[J]. 中国养蜂, 51(2): 3-5.

孙达, 2012. 高结实力茶树品种资源调查与茶叶籽油超临界萃取工艺研究[D]. 杭州: 浙江大学.

孙继鹏, 杜德红, 徐召学, 等, 2005. 加工工艺对茶叶中敌敌畏残留降解的影响[J]. 茶叶, 31(3): 187-188.

孙慕芳, 郭桂义, 张莉, 等, 2014. 不同海拔高度信阳毛尖茶香气成分的 GC-MS 分析[J]. 河南农业科学, 43(5): 181-185.

孙威江, 叶秋萍, 张孔禄, 等, 2007. 茶叶和茉莉花中八氯二丙醚的残留动态及降解[J]. 福建农林大学学报, 36(5): 471-475.

谈伟君, 王心如, 徐锡坤, 2005. 八氯二丙醚对小鼠肝肺细胞 DNA 损伤的影响[J]. 中国公共卫生, 21(10): 1212-1214.

谭和平, 冯德建, 史谢飞, 等, 2012. 生态茶叶卫生质量标准[J]. 中国测试, 38(4): 47-54.
谭琳, 谭济才, 文国华, 等, 2008. 八氯二丙醚的研究进展[J]. 湖南农业大学学报, 34(1): 91-94.
谭月萍, 彭雄根, 尹钟, 等, 2019. 茶树花的主要生化成分及生物活性研究进展[J]. 茶叶通讯, 46(1): 6-9.
汤富彬, 陈宗懋, 刘光明, 等, 2006. 八氯二丙醚在茶汤中的浸出研究[J]. 中国茶叶, 28(3): 19-20.
汤富彬, 陈宗懋, 刘光明, 等, 2007. 茶叶中八氯二丙醚(S-421)的检测及污染来源研究[J]. 农药学学报, 2: 153-158.
唐德松, 2003. 儿茶素与 Al^{3+}的作用及饮茶于铝的聚集性研究[D]. 杭州: 浙江大学.
唐萌, 曾垂焕, 王波, 等, 2007. 八氯二丙醚生产工人 p53 蛋白及氧化损伤检测[J]. 中国公共卫生, 23(8): 964-965.
唐明熙, 1983. 不同品种(品系)茶多酚、水浸出物含量与红绿茶品质的关系[J]. 茶叶, 4: 3.
陶汉之, 王新长, 1989. 茶树光合作用与光质的关系[J]. 植物生理学通讯, 1: 19-23.
提坂裕子, 植村照美, 鈴木裕子, 等, 1996. 茶葉サポニンの抗菌作用及び抗炎症作用[J]. YAKUGAKU ZASSHI, 116(3): 238-243.
田洁华, 1988. 中国主要茶树品种茶籽皂素含量的研究[J]. 中国农业科学, 21(1): 73-77.
田世宏, 2017. 深化标准化改革实施标准化战略以优异成绩迎接党的十九大胜利召开在全国标准化工作会议上的报告(节选)[J]. 中国标准化, 491(3):11-15.
田永辉, 梁远发, 魏杰, 等, 2003. 灾害性气候对茶树的影响[J]. 贵州农业科学, 31(2): 20-23.
宛晓春, 2006. 茶叶生物化学[M]. 3 版. 北京: 中国农业出版社.
汪辉煌, 2010. 茶籽的综合开发及其应用[J]. 蚕桑茶叶通讯 (2): 30-31.
汪少芸, 陈旭, 蔡茜茜, 等, 2018. 一种同步制备茶渣功能肽和茶精华素的方法及其应用. 中国, 107997185[P]. 2018-05-08.
王斌, 顾蕴倩, 刘雪, 等, 2012. 中国冬小麦种植区光热资源及其配比的时空演变特征分析[J]. 中国农业科学, 45(2): 228-238.
王博, 2012. 对绿茶茶渣进行挤压膨化的实验研究[D]. 北京: 中国农业科学院.
王承南, 谢碧霞, 钟海燕, 1998. 茶皂素的利用研究进展[J]. 经济林研究, 16(3): 50-52.
王存龙, 蔡青, 张祖陆, 等, 2013. 日照市生态地球化学环境对绿茶品质的影响[J]. 物探与化探, 37(5): 876-882.
王峰, 陈玉真, 尤志明, 等, 2015. 生物黑炭对强酸性茶园土壤氮淋失的影响[J]. 水土保持学报, 29: 111-115.
王海斌, 叶江华, 陈晓婷, 等, 2016. 不同品种乌龙茶种植后土壤肥力和茶叶品质的变化[J]. 中国土壤与肥料 (6): 51-55.
王浩, 章明奎, 2008. 天然矿物对茶园土壤中铅的固定作用[J]. 茶叶科学, 28(2): 129-134.
王金鑫, 2018. 基于欧盟官网通报不合格茶叶信息分析茶叶农残现状及应对措施[J]. 中国茶叶, 40(1): 37-39.
王敬敬, 麻成金, 曾巧辉, 等, 2010a. 响应面优化超声波辅助水酶法提取茶叶籽油工艺优化[J]. 中国食物与营养 (10): 53-57.
王敬敬, 麻成金, 黄伟, 等, 2010b. 水酶法提取茶叶籽油工艺条件研究[J]. 中国食物与营养 (6): 49-53.
王娟, 余锐, 张俊艳, 等, 2015. 超临界 CO_2、亚临界 CO_2 与石油醚萃取的茶树花精油的挥发性成分的对比（英文）[J]. 现代食品科技, 31(2): 240-248.
王力, 林智, 吕海鹏, 等, 2010. 茶叶香气影响因子的研究进展[J]. 食品科学, 31(15): 293-298.
王立, 1991. 茶树的地域性及相应的栽培技术[J]. 中国茶叶, 4: 2-4.
王丽霞, 2014. 茶树对氟的富集及其生理响应机制研究[D]. 杨陵: 西北农林科技大学.
王苹, 王春荣, 张坚, 等, 1993. 茶油对动物血脂和血小板功能的影响[J]. 营养学报, 15(4): 377-384.
王庆, 2019. 中国茶叶行业发展报告[D]. 北京: 中国茶叶流通协会.

王琼琼, 2016. 不同茶树种质间氟铝元素积累特性的研究[J]. 热带作物学报, 37(5): 862-869.
王晟强, 郑子成, 李廷轩, 2013. 植茶年限对土壤团聚体氮、磷、钾含量变化的影响[J]. 植物营养与肥料学报, 19(6): 1393-1402.
王守生, 何首林, 王德军, 等, 1997. VAM 真菌对茶树营养生长和茶叶品质的影响[J]. 土壤学报, 34: 97-102.
王婷婷, 金心怡, 2014. 生态条件对茶叶品质的影响探析[J]. 茶叶科学技术 (3): 6-12.
王贤波, 李锋, 邹礼根, 2012. 茶叶副产物的开发利用[J]. 中国茶叶 (12): 4-6.
王小艺, 黄炳球, 1999. 茶皂素对菜青虫的拒食作用方式及机制[J]. 昆虫知识, 36(5): 277-281.
王晓琴, 2011. 水酶法提取茶叶籽油及副产物茶皂素工艺研究[J]. 中国粮油学报, 26(11): 76-78, 87.
王晓琴, 2013. 响应面分析水酶法提取茶叶籽油工艺优化研究[J]. 中国粮油学报, 28(5): 40-43, 48.
王效举, 陈鸿昭, 1994. 三峡地区茶园土壤化学特征与茶叶品质的关系[J]. 植物生态学报, 18: 253-260.
王修兰, 徐师华, 1996. 气候变暖对土壤化肥用量和肥效影响的实验研究[J]. 气象, 22(7): 12-16.
王艳林, 刘瑾, 付玉, 2017. 企业标准法律地位的新认识与《标准化法》修订[J]. 标准科学, 521 (10): 6-11.
韦朝领, 江昌俊, 陶汉之, 等, 2003. 茶树叶片光合作用的光抑制及其恢复研究[J]. 安徽农业大学学报, 30: 157-162.
韦利革, 李桂明, 谢明, 2013. 冷榨茶叶籽油甘油三酯的组成分析[J]. 现代食品科技, 29(4): 911-915.
魏书精, 孙龙, 魏书威, 等, 2013. 气候变化对森林灾害的影响及防控策略[J]. 灾害学, 28(1): 36-40.
魏赞道, 周琳业, 1984. 关于氟与健康问题[J]. 地方病译丛, 5: 1-9.
邬龄盛, 王振康, 2005. 茶树花菌类茶研究初报[J]. 福建茶叶 (4): 10.
邬龄盛, 叶乃兴, 杨江帆, 等, 2005. 茶树花酒的研制[J]. 中国茶叶, 27(6): 40.
邬秀宏, 2009. 砖茶中氟的研究进展[J]. 南方农业, 3(6): 79-82.
吴国宏, 陈盛相, 齐桂年, 2010. 高香红茶研究进展[J]. 福建茶叶, 32(6): 10-16.
吴慧敏, 杨江帆, 叶乃兴, 等, 2015. 茶渣、茶末对蛋鸡生产性能及鸡蛋品质的影响研究进展[J]. 亚热带农业研究, 11(3): 212-215.
吴建伟, 2014. 实现浙南茶叶市场数字信息化管理的实践探究[J]. 今日科技, 7: 55-56.
吴莉, 王玉, 2017. ICP-AES 测定茶包中总铝及水溶性铝的含量[J]. 药物分析杂志, 37(5): 869-874.
吴叶青, 2013. 德兴市茶叶生产的气候条件分析及高产对策[J]. 农民致富之友, 22: 237-238.
吴永刚, 姜志林, 罗强, 2002. 公路边茶园土壤与茶树中重金属的积累与分布[J]. 南京林业大学学报（自然科学版）, 26(4): 39-42.
吴志丹, 江福英, 张磊, 2016. 茶树品种及采摘时期对茶叶铝含量的影响[J]. 茶叶学报, 57(1): 13-17.
伍锡岳, 熊宝珍, 何睦礼, 等, 1996. 茶树花果利用研究总结[J]. 广东茶业 (3): 11-23, 38.
武夷山市人民政府办公室, 2018. 武夷山市人民政府办公室关于做好智慧茶山项目有关工作的通知[Z]. 武政办[2018]168 号. http://fi.cma.gov.cn/npsqxj/xwzx/gzdt/201812/20181224_104103.htm, 2018-11-21.
夏辉, 2007. 茶皂素提取纯化及生物活性研究进展[J]. 粮食与油脂 (6): 41-43.
夏会龙, 2003. 茶渣复混肥对茶园土壤的生态效应[J]. 污染防治技术 (2): 76-78.
夏会龙, 陈宗懋, 1989. 化学农药在茶树上多种降解因子定量关系的研究[J]. 植物保护学报,16(2): 125-130.
夏会龙, 屠幼英, 2003. 茶树根系吸收对茶叶中农药残留的影响[J]. 茶叶, 29(1): 23-24.
向佐湘, 肖润林, 王久荣, 等, 2008. 间种白三叶草对亚热带茶园土壤生态系统的影响[J]. 草业学报, 17: 29-35.
肖登攀, 陶福禄, 沈彦俊, 等, 2014. 华北平原冬小麦对过去 30 年气候变化响应的敏感性研究[J]. 中国生态农业学报, 22(4): 430-438.

肖润林, 向佐湘, 徐华勤, 等, 2008. 间种白三叶草和覆盖稻草控制丘陵茶园杂草效果[J]. 农业工程学报, 24(11): 183-187.

肖正广, 2017. 茶渣的综合利用及研究进展[J]. 贵州茶叶, 45(4): 23-25.

谢晨, 赵宣, 王赛, 等, 2010. 气候变化对森林和林业的影响及适应性政策选择——基于全球和我国的相关研究进展[J]. 林业经济, 6: 94-104.

谢蓝华, 周春灵, 李伟云, 等, 2010. 热榨法和冷榨法制取茶油的品质差异及其在护肤美容上的应用研究[J]. 农产品加工学刊 (7): 58-61, 65.

谢庆梓, 1982. 茶树群体自动调节效果的初步观察[J]. 茶叶通讯, 1: 20-23.

谢忠雷, 邱立民, 董德明, 等, 2001. 茶叶中氟含量及其影响因素[J]. 吉林大学自然科学学报 (2): 81-84.

谢子汝, 1994. 新法提取茶皂素的工艺研究[J]. 日用化学工业, 1: 45-48.

忻耀年, 2005. 油料冷榨的概念和应用范围[J]. 中国油脂, 30(2): 20-22.

徐人杰, 王琳, 汪名春, 等, 2012. HPLC 法测定茶树花中可溶性糖、儿茶素和游离氨基酸[J]. 食品科学 (10): 246-250.

徐奕鼎, 王文杰, 王烨军, 等, 2011. 皖南有性系茶树品种茶籽油的脂肪酸组成测定[J]. 中国茶业加工, 2: 41-44.

许宁, 陈宗懋, 游小清, 1999. 引诱茶尺蠖天敌寄生蜂的茶树挥发物的分离与鉴定[J]. 昆虫学报, 42(2): 126-131.

许允文, 1985. 土壤水分对茶籽萌发和幼龄茶树生育的影响[J]. 茶叶科学, 5(2): 1-8.

薛建辉, 费颖新, 2006. 间作杉木对茶园土壤及茶树叶片重金属含量与分布的影响[J]. 生态与农村环境学报, 22(4): 71-73.

亚杰, 2004. 卫生部抽检显示: 铅含量超标是茶叶不合格主要原因[J]. 江苏食品与发酵 (1): 37.

颜明娟, 林诚, 陈子聪, 等, 2019. 海拔高度和植茶年限对茶园土壤肥力和酸度的影响[J]. 茶叶学报, 60(1): 27-31.

杨豆豆, 张静, 郭家刚, 等, 2014. 茶渣栽培平菇的子实体营养成分分析[J]. 食品工业科技, 35(22): 353-355.

杨菲, 李蓓蓓, 何辰宇, 2017. 高温干旱对茶树生长和品质影响机理的研究进展[J]. 江苏农业科学, 45(3): 10-13, 40.

杨坤国, 黄明泉, 罗国强, 2000. 以无水乙醇为提取剂的茶皂素提取方法研究[J]. 湖北民族学院学报, 18(3): 19-21.

杨普香, 刘小仙, 李文金, 2009. 茶树花主要生化成分分析[J]. 中国茶叶, 31(7): 24-25.

杨清平, 胡楠, 2014. 茶花保健酒的研制[J]. 武汉工程大学学报, 36(1): 22-25.

杨庆渝, 常汞, 2019. 中国与斯里兰卡茶叶标准比对分析[J]. 标准科学 (7): 17-20.

杨伟丽, 何文斌, 张杰, 等, 1993. 论适制乌龙茶品种的特殊性状[J]. 茶叶科学, 13(2): 93-99.

杨绚, 李栋梁, 汤绪, 2014. 基于 CMIP5 多模式集合资料的中国气温和降水预估及概率分析[J]. 中国沙漠, 34(3): 795-804.

杨亚军, 1990a. 茶树育种品质早期化学鉴定Ⅰ. 鲜叶的主要生化组分与红茶品质的关系[J]. 茶叶科学, 10(2): 59-64.

杨亚军, 1990b. 茶树育种品质早期化学鉴定Ⅱ. 鲜叶的主要生化组分与绿茶品质的关系[J]. 茶叶科学, 11(2): 127-131.

杨阳, 刘振, 杨培迪, 等, 2015. 8 个茶树品种的黑茶适制性研究[J]. 茶叶学报, 56(1): 39-44.

尧水根, 2012. 论发展生态茶业[J]. 农业考古, 120(2): 183-188.

姚国坤, 黄寿波, 范兴海, 1992. 条栽茶树树冠小气候与茶树生长发育的关系[J]. 浙江农业大学学报, 18(1): 14-20.

姚惠明, 周孝贵, 2016. 2016 年秋季茶尺蠖暴发成因分析及防治启示[J]. 中国茶叶, 38(12): 21-22.

姚建仁, 焦淑贞, 钱盖新, 等, 1989. 化学农药光解研究进展[J]. 农药译丛, 1: 26-30.

姚美芹, 丁丽芬, 方泽美, 等, 2011. 云南茶叶中氟含量的调查研究初探[J]. 茶叶, 37(3), 143-146.

姚敏, 谭书明, 徐素云, 等, 2014. 茶树花酒的氨基酸与风味物测定[J]. 食品科技 (12): 303-307.

姚清华, 颜孙安, 张炳铃, 等, 2018. 茶园土壤类型对铁观音茶叶稀土元素分布和组成的影响[J]. 热带亚热带植物学报, 26(6): 644-650.

野口浩, 玉木佳男, 新井茂, 等, 1981. チャハマキの合成性フェロモンの野外における誘引性[J]. 日本応用動物昆虫学会誌, 25(3): 170-175.

叶乃兴, 2010. 茶叶品质性状的构成与评价[J]. 中国茶叶, 8: 10-11.

叶乃兴, 刘金英, 饶耿慧, 2008. 茶树的开花习性与茶树花产量[J]. 福建茶叶, 4: 16-18.

叶乃兴, 杨江帆, 邬龄盛, 等, 2005. 茶树花主要形态性状和生化成分的多样性分析[J]. 亚热带农业研究, 4: 32-35.

叶新民, 方德国, 鲍智洪, 2001. 茶油体外抗氧化作用的研究[J]. 安徽农业科学, 29(6): 791-792.

尤雪琴, 杨亚军, 阮建云, 2008. 田间条件下不同园龄茶树氮、磷、钾养分需求规律的研究[J]. 茶叶科学, 28: 207-213.

于翠平, 2014. 茶树耐铝的基因型差异及机理研究[D]. 杭州: 浙江大学.

于健, 张玲, 麻汉林, 2008. 茶树花酸奶的研制[J]. 食品工业(4): 42-44.

余海云, 石元值, 马立锋, 等, 2013. 茶树树冠不同冠层叶片光合作用特性的研究[J]. 茶叶科学, 33(6): 505-511.

俞春芳, 2018. 中国茶叶生产布局特征及影响因素研究[D]. 杭州: 浙江大学.

俞少娟, 王婷婷, 陈寿松, 等, 2016. 光对茶树生产与茶叶品质影响及其应用研究进展[J]. 福建茶叶, 38(5): 3-5.

喻云春, 罗显杨, 周国华, 等, 2009. 茶树花泡制酒研究初报[J]. 贵州茶叶(4): 19-20.

袁丁, 李金枝, 孙慕芳, 等, 2013. 信阳茶区气候资源分析与评价[J]. 信阳农业高等专科学校学报, 13(3): 37-40.

曾垂焕, 唐萌, 熊丽林, 等, 2006. 八氯二丙醚吸人染毒对小鼠脏器组织的氧化损伤作用[J]. 环境与职业医学, 23(2): 151-153.

曾益坤, 2006. 茶叶籽制油及综合开发利用[J]. 中国油脂, 31(1): 69-71.

曾泽彬, 刘学锋, 王一, 等, 2014. 茶渣栽培杏鲍菇试验研究[J]. 食用菌 (2): 31-32.

张汉鹄, 谭济才, 2004. 中国茶树害虫及其无公害治理[M]. 合肥: 安徽科学技术出版社.

张华, 黄伙水, 钟臻安, 2012. 三唑磷在乌龙茶加工过程中降解的研究[J]. 福建茶叶 (6): 17-21.

张家春, 张清海, 林绍霞, 等, 2013. 不同生态区域贵州鸟王茶土壤性状及茶叶品质相关性研究[J]. 广东农业科学, 40(8): 60-63.

张觉晚, 2016. 茶园杂草识别与防治原色图谱[M]. 香港: 中国文化出版社.

张军科, 郝庆菊, 江长胜, 等, 2009. 废弃茶叶渣对废水中铅(Ⅱ)和镉(Ⅱ)的吸附研究[J]. 中国农学通报, 25(4): 256-259.

张开慧, 2011. 茶皂素的国内外研究进展[J]. 西部大开发 (2): 33-34.

张丽霞, 赵淑娟, 王桂雪, 等, 2006. 泰安市茶树种植气候条件分析[J]. 中国农业气象, 27(3): 244-248.

张龙云, 陈文, 罗陵, 等, 2011. 不同海拔高度对安吉白茶生长发育的影响[J]. 中国茶叶, 33(1): 9.

张鹏霞, 曾菊平, 曾城, 等, 2014. 2000—2010 年全国森林病害发生、损失与趋势分析[J]. 生物灾害科学, 37(2): 101-108.

张士康, 陆晨, 朱科学, 等, 2012. 茶渣蛋白功能特性研究[J]. 中国茶叶加工(3): 31-34, 7.

张寿宝, 包文权, 2000. 汽车尾气中的铅对茶园污染的研究[J]. 江苏环境科技, 13(3): 1-2.

张颂培, 黄文飞, 王华, 2009. 茶皂素及其在日用洗护品中的应用[J]. 中国茶叶 (6): 4-5.

张天福, 1994. 茶树品种与制茶工艺对乌龙茶品质风格的影响[J]. 福建茶叶 (3): 5-7.

张伟敏, 魏静, 钟耕, 2007. 茶叶籽与其他油料作物油脂理化与功能性质的比较[J]. 中国食品添加剂 (2): 145-149.

张晓玲, 李亦超, 王芸芸, 等, 2019. 未来气候变化对不同国家茶适宜分布区的影响[J]. 生物多样性, 27(6): 595-606.

张星海, 许金伟, 周晓红, 等, 2015. 茶树花多糖的修正系数蒽酮-硫酸检测新方法研究[J]. 茶叶科学, 35(2): 151-157.

张雪波, 2014. 不同季节安溪铁观音茶叶多酚类物质含量差异及其与品质的关系（英文）[J]. Agricultural Science & Technology, 15(7): 1191-1195.

张燕, 杨浩, 金峰, 等, 2003. 宜兴茶园土壤侵蚀及生态影响[J]. 土壤学报, 40: 815-821.

张泽岑, 1991. 对茶树早期鉴定品质指标和酚氨比的一点看法[J]. 茶叶通讯, 3: 22-25.

张泽岑, 王能彬, 2022. 光质对茶树花青素含量的影响[J]. 四川农业大学学报, 20(4): 337-339.

张正竹, 施兆鹏, 宛晓春, 2000. 萜类物质与茶叶香气（综述）[J]. 安徽农业大学学报, 27(1): 51-54.

章明奎, 黄昌勇, 2004. 公路附近茶园土壤中铅和镉的化学形态[J]. 茶叶科学, 24(2): 109-114.

章一平, 1989. 茶籽的加工及其利用的研究[J]. 粮油食品科技 (4): 33-35.

赵冬香, 陈宗懋, 程家安, 2002. 茶树-假眼小绿叶蝉-白斑猎蛛间化学通讯物的分离与活性鉴定[J]. 茶叶科学, 2(2): 109-114.

赵世明, 1988. 茶皂素的化学结构及药理活性研究[J]. 国外医药・植物药分册, 13(1): 3-6.

赵文翔, 2016. 气候变化对农业的影响与对策[J]. 中国农业信息, 28(2): 28-29.

赵旭, 顾亚萍, 钱和, 等, 2008. 茶树花冰茶的研制[J]. 安徽农业科学, 36(7): 2924-2925.

赵振东, 孙震, 2004. 生物活性物质角鲨烯的资源及其应用研究进展[J]. 林产化学与工业, 24(3): 107-112.

郑生宏, 李大祥, 方世辉, 等, 2011. 茶籽壳酸水解制备木糖工艺研究[J]. 茶叶科学, 31(3): 195-200.

中国茶叶流通协会, 2010. 2010 年全国春茶产销形势分析报告[J]. 中国茶叶, 39(6): 6-7.

中国茶叶学会, 2019. 茶学学科发展报告[D]. 北京: 中国科学技术出版社.

钟红英, 徐炎, 2010. 茶叶籽油的加工工艺研究[J]. 粮油加工 (5): 3-4.

钟亮, 邵增琅, 唐杏燕, 等, 2017. 茶渣生物质颗粒燃料关键制备技术及生产线的研究[J]. 中国茶叶加工 (1): 28-32, 45.

钟希琼, 傅小媚, 邓泰濠, 2016. 部分市售茶叶中氟含量的测定及分析[J]. 佛山科学技术学院学报（自然科学版）(2):4.

周波, 唐颢, 黎健龙, 等, 2018. 蚯蚓生物处理技术在工业废弃茶渣肥料化利用中的应用研究[J]. 茶叶科学, 38(2): 202-211.

周晋, 2015. 不同林龄茶树林土壤理化性质及茶叶品质变化规律[J]. 河南农业科学, 44(4): 72-76.

周天军, 邹立维, 2014. IPCC 第五次评估报告全球和区域气候预估图集评述[J]. 气候变化研究进展, 10(2): 149-152.

周志, 刘扬, 张黎明, 等, 2019. 武夷茶区茶园土壤养分状况及其对茶叶品质成分的影响[J]. 中国农业科学, 52(8): 1425-1434.

朱建民, HUFF W, 1990. 铝中毒骨病发病机理的实验研究[J]. 中华内科杂志, 29: 485-488.

朱晋萱, 朱跃进, 张士康, 等, 2013. 茶叶籽热处理对其压榨油的品质影响[J]. 食品与生物技术学报, 32(3): 369-374.

朱敏, 2017. 基于茶油的抗衰老化妆品的研究开发[D]. 合肥: 合肥工业大学.

朱琴, 周建平, 2007. 茶籽壳的加工应用[J]. 农产品加工 (3): 36-37.

朱全芬, 夏春华, 梁亚全, 等, 1993. 茶皂素的鱼毒活性及其应用的研究[J]. 茶叶科学, 13(1): 69-78.

朱文婷, 吴士筠, 乐薇, 等, 2018. 茶渣非水溶性膳食纤维脱色工艺优化及其理化特性研究[J]. 食品工业, 39(4): 32-36.

竹尾忠一, 1985. 不同产地乌龙茶香气的特征[J]. 福建茶叶, 2: 44-47.

邹华, 赵颖璠, 2018. 基于物联网技术的智慧茶园应用现状浅析[J]. 南方农机, 21: 26-31.

ANDO T, OHTANI K, YAMAMOTO M, et al., 1997. Sex pheromone of Japanese giant looper, ascotis selenaria cretacea: Identification and field tests[J]. Journal of Chemical Ecology, 23(10): 2413-2423.

ANDO T, TAGUCHI K Y, UCHIYAMA M, et al., 1985. Female sex pheromone of the tea leafroller, *Caloptilia theivora* Walsingham (*Lepidoptera: Gracillariidae*) [J]. Agricultural and Biological Chemistry, 49(1): 233-234.

BARBONE F, DELZELL E, AUSTIN H, et al., 1992. A case control study of lung cancer at a dye and resin manufacturing plant[J]. American Journal of Industrial Medicine, 22: 835-849.

BAROOAH A K, BORTHAKUR M, 2008. Dissipation of pesticides in tea shoots and the effect of washing[J]. Pesticide Science, 20(1): 121-124.

BHUYAN L P, HUSSAIN A, TAMULY P, et al., 2009. Chemical characterisation of CTC black tea of northeast India: Correlation of quality parameters with tea tasters' evaluation[J]. Journal of the Science of Food and Agriculture, 89(9): 1498-1507.

BIAN L, YANG P X, YAO Y J, et al., 2016. Effect of trap color, height and orientation on the capture of yellow and stick tea thrips(Thysanoptera: Thripidae) and nontarget insects in tea gardens[J]. Journal of Economics Entomology, 3: 598-602.

BIAN L, CAI X M, LUO Z X, et al., 2018. Decreased capture of natural enemies of pests in light traps with light emitting diode technology[J]. Annals of Applied Biology, 173: 251-260.

BIAN L, SUN X L, LUO Z X, et al., 2014. Design and selection of trap color, height and orientation on the capture of the tea leafhopper, *Empoasca vitis*, by orthogonal optimization[J]. Entomologia Experimentalis et Applicata, 151(3): 247-258.

BRISCOE A D, CHITTKA L, 2001. The evolution of color vision in insects[J]. Annual Review of Entomology, 46: 471-510.

BURGESS P J, CARR M K V, 1996. Responses of young tea (*Camellia sinensis*) clones to drought and temperature. II. Dry matter production and partitioning[J]. Experimental Agriculture, 32(4): 377-394.

CAI X M, LUO Z X, MENG Z N, et al., 2019. Primary screening and application of repellent plant volatiles to control tea leafhopper, *Empoasca onukii* Matsuda[J]. Pest Management Science, 76(11): 1304-1312.

CAI X, LUO Z, LI Z, et al., 2021. Sticky card for *Empoasca onukii* with bicolor patterns captures less beneficial arthropods in tea gardens[J]. Crop Protection, 149: 105761.

CAIRNS W R L, HILL S J, EBDON L, 1996. Directly coupled high performance liquid chromatography-inductively coupled plasma-mass spectrometry[J]. Microchemical Journal, 54(2): 88-110.

CAKMAKCI R, DONMEZ M F, ERTURK Y, 2010. Diversity and metabolic potential of culturable bacteria from the rhizosphere of Turkish tea grown in acidic soils[J]. Plant Soil, 332(1-2): 299-318.

CAO H, QIAO L, ZHANG H, et al., 2010. Exposure and risk assessment for aluminium and heavy metals in Puerh tea[J]. Science of the Total Environment, 408(14): 2777-2784.

CHEN X H, ZHUANG C G, HE Y F, et al., 2010. Photosynthesis, yield, and chemical composition of Tieguanyin tea plants [*Camellia sinensis* (L.) O Kuntze] in response to irrigation treatments[J]. Agricultural Water Management, 97: 419-425.

CHEN Y D, LI J, ZHANG Q, et al., 2018. Projected changes in seasonal temperature extremes across China from 2017 to 2100 based on statistical downscaling[J]. Global and Planetary Change, 166: 30-40.

CHEN Z M, WAN H, 1988. Factors affecting residues of pesticides in tea [J]. Pest Management Science, 23(2): 109-118.

CHEN Z M, XU N, HAN B Y, et al., 1999. Role of volatile allele-chemicals on host location on tea pests and host foraging of natural enemies in tea ecosystem[G] //Special Committee of Chemical Ecology, ESC and Shanghai Institute of Entomology, Chinese Academy of Sciences, First Asia-pacific Conference on Chemical Ecology, Shanghai, China, 1-4.

CHEN Z M, ZHOU L, YANG M, et al., 2020. Index design and safety evaluation of pesticides application based on a fuzzy AHP model for beverage crops: Tea as a case study[J]. Pest Management Science, 76(2): 520-526.

CHIU F L, LIN J K, 2005. HPLC analysis of naturally occurring methylated catechins, 3"-and 4"-methyl-epigallocatechin gallate, in various fresh tea leaves and commercial teas and their potent inhibitory effects on inducible nitric oxide synthase in macrophages[J]. Journal of Agricultural and Food Chemistry, 53(18): 7035-7042.

DAI W D, QI D D, YANG T, et al., 2015. Nontargeted analysis using ultraperformance liquid chromatography-quadrupole time-of-flight mass spectrometry uncovers the effects of harvest season on the metabolites and taste quality of tea *Camellia sinensis* (L.)[J]. Journal of Agricultural and Food Chemistry, 63(44): 9869-9878.

DAS A, DAS S, MONDAL T K, 2012. Identification of differentially expressed gene profiles in young roots of tea [*Camellia sinensis* (L.) O Kuntze] subjected to drought stress using suppression subtractive hybridization[J]. Plant Molecular Biology Reporter, 30: 1088-1101.

DE COSTA W A J M, NAVARATNE D M S A A, 2009. Physiological basis of yield variation of tea *Camellia sinensis* (L.) during different years of the pruning cycle in the central highlands of Sri Lanka[J]. Experimental Agriculture, 45: 429-450.

EGUCHI T, KUMAGAI C, FUJIHARA T, et al., 2013. Black tea high-molecular-weight polyphenol stimulates exercise training-induced improvement of endurance capacity in mouse via the link between AMPK and GLUT4[J]. PLoS One, 8(7): 1-8.

GAO H, ZHANG Z, WAN X, 2012. Influences of charcoal and bamboo charcoal amendment on soil-fluoride fractions and bioaccumulation of fluoride in tea plants[J]. Environmental Geochemistry and Health, 34(5): 551-562.

GHABRU A, SUD R, 2017. Variations in phenolic constituents of green tea [*Camellia sinensis* (L.) O Kuntze] due to changes in weather conditions[J]. Journal of Pharmacognosy and Phytochemistry, 6(5): 1553-1557.

GUPTA M, SHANKER A, 2009. Fate of imidacloprid and acetamiprid residues during black tea manufacture and transfer into tea infusion[J]. Food Additives and Contaminants, 26(2): 157-163.

HADFIELD W, 1976. The effect of high temperature on some aspects of the physiology and cultivation of the tea bush in North East India[C]. Proceedings of the 16th symposium of British Ecological Society, Blackwell.

HAN W Y, ZHAO F J, SHI Y Z, et al., 2006. Scale and causes of lead contamination in Chinese tea[J]. Environmental Pollution, 139(l): 125-132.

HAYATSU M, 1993. The lowest limit of pH for nitrification in tea soil and isolation of an acidophilic ammonia oxidizing bacterium[J]. Soil Science and Plant Nutrition, 39: 219-226.

HEATH R R, MCLAUGHLM J R, TUMLMSON J H, et al., 1979. Identification of the white peach scale sex pheromone[J]. Journal of Chemical Ecology, 5(6): 941-953.

HINKO-NAJERA N, FEST B, LIVESLEY S J, et al., 2015. Reduced through fall decreases autotrophic respiration, but not heterotrophic respiration in a dry temperate broadleaved evergreen forest[J]. Agricultural and Forest Meteorology, 200: 66-77.

HO C T, ZHENG X Q, LI S M, 2015. Tea aroma formation[J]. Food Science and Human Wellness, 4: 9-27.

HO H Y, TAOBAO T M, TSAI R S, et al., 1996. Isolation, identification then synthesis of sex pheromone components of female tea cluster caterpillar, *Andraca bipunctata* Walker(Lepidoptera: Bomycidae) in Taiwan[J]. Journal of Chemical Ecology, 22(2): 271-285.

HODGSON J M, CROFT K D, 2010. Tea flavonoids and cardiovascular health[J]. Molecular Aspects of Medicine, 31(6): 495-502.

HOERGER F, KENEGA E E, 1972. In environmental quality and safety, global aspects of chemistry, toxicology and technology as applied to the environment[M]. New York: George Thieme Publishers.

HOLOUBEK I, HOUSKOVA L, SEDA Z, 1991. Project TOCOEN. The fate of selected organic-compounds in the environment-part V. The model source of Pahs. Preliminary study[J]. Environmental Toxicology and Chemistry, 29: 251-260.

HOU R, HU J, QIAN X, et al., 2013. Comparison of the dissipation behaviour of three neonicotinoid insecticides in tea[J]. Food Additives and Contaminants Part A-Chemistry Analysis Control Exposure and Risk Assessment, 30(10): 1761-1769.

HSDB, 2005. NTP technical report on the toxicology and carcinogenesis studies of anthraquinone(CAS No. 84-65-1) in F344/N rats and B6C3F1 mice(Feed Studies)[J]. National Toxicology Program Technical Report Series , 494: 1-358.

HUANG Y, JIAN B, 2012. Evaluation and projection of temperature extremes over China based on CMIP5 model[J]. Advances in Climate Change Research, 3(4): 179-185.

ISHIDA H, WAKIMOTO T, KITAO Y, et al., 2009. Quantitation of chafurosides A and B in tea leaves and isolation of prechafurosides A and B from oolong tea leaves[J]. Journal of Agricultural and Food Chemistry, 57(15): 6779-6786.

INTERNATIONAL TEA COMMITTEE, 2018. Annual bulletin of Statistics[M]. London: International Tea Committee.

JACKSON WA, JOSEPH P, LAXMAN P, et al., 2005. Perchlorate accumulation in forage and edible vegetation[J]. Journal of Agricultural and Food Chemistry, 53(2): 369-373.

JAGGI S, SOOD C, KUMAR V, et al., 2001. Leaching of pesticides in tea brew[J]. Journal of Agricultural and Food Chemistry, 49(11): 5479-5483.

JAKOBER C A, RIDDLE S G, ROBERT M A, et al., 2007. Quinone emissions from gasoline and diesel motor vehicles[J]. Environmental Science and Technology, 41: 4548-4554.

JECFA(Joint FAO/WHO Expert Committee on Food Additives), 1999. Summary of evaluations performed by the joint FAO/WHO expert committee on food additives, JECFA 1956—1995[M]. Washington D C: ILSI Press.

JEYARAMRAJA P R, PIUS P K, RAJ KUMAR R, et al., 2003. Soil moisture stress-induced alterations in bioconstituents determining tea quality[J]. Journal of the Science of Food and Agriculture, 83: 1187-1191.

JI L, WU Z, YOU Z, et al., 2018. Effects of organic substitution for synthetic N fertilizer on soil bacterial diversity and community composition: A 10-year field trial in a tea plantation[J]. Agriculture, Ecosystems and Environment, 268: 124-132.

JIN C W, ZHE S J, HE Y F, et al., 2005. Lead contamination in tea garden soils and factors affecting its bioavailability[J]. Chemosphere, 59(8): 1151-1159.

JIN S, CHEN Z M, BACKUS A E, et al., 2012. Characterization of EPG Waveforms for the tea green leafhopper, *Empoasca vitis* Gothe(Hemiptera: Cicadellidae), on tea plants and their correlation with stylet activities[J]. Journal of Insect Physiology, 58(9): 1235-1244.

JIN X C, YU N, 2012. Antioxidant and antitumor activities of the polysaccharide from seed cake of *Camellia oleifera*

Abel[J]. International Journal of Biological Macromolecules, 51(4): 364-368.

JOINT FAO/WHO EXPERT COMMITTEE ON FOOD ADDITIVES, 2011. Safety evaluation of certain food additives and contaminants[C]. WHO Food Additives Series 64. Geneva: WHO Press.

KARTHIKA C, MURALEEDHARAN N, 2010. Influence of manufacturing process on the residues of certain fungicides used on tea[J]. Toxicological and Environmental Chemistry, 92(7-8): 1249-1257.

KERIO L C, WACHIRAA F N, WANYOKO J K, et al., 2012. Characterization of anthocyanins in Kenyan teas: Extraction and identification[J]. Food Chemistry, 131(1): 31-38.

KITAGAWA I, HORI K, MOTOZAWA T, et al., 1998. Structures of new acylated oleanene-type triterpene oligoglycosides, theasaponins E1 and E2, from the seeds of tea plant [*Camellia sinensis* (L.) O Kuntze][J]. Chemical and Pharmaceutical Bulletin, 46(12): 1901-1906.

KOBAYASHI A, KUBOTA K, 1994. Chirality in tea aroma compounds[M] //KURIHARA K, SUZUKI N, OGAWA H, (Eds.), Olfaction and Taste XI. Tokyo: Springer.

KOLAYLL S, OCAK M, KUEGUEK M, 2004. Does caffeine bind to metal ions[J]. Food Chemistry, 84(3): 383-388.

LI L, FU Q L, ACHAL V, et al., 2015. A comparison of the potential health risk of aluminum and heavy metals in tea leaves and tea infusion of commercially available green tea in Jiangxi, China[J]. Environmental Monitoring and Assessment, 187(5): 1-12.

LI L K, WANG M F, POKHAREL S S, et al., 2019. Effects of elevated CO_2 on foliar soluble nutrients and functional components of tea, and population dynamics of tea aphid, *Toxoptera aurantii*[J]. Plant Physiology and Biochemistry, 145: 84-94.

LI X, AHAMMED G J, LI Z X, et al., 2016. Decreased biosynthesis of jasmonic acid via lipoxygenase pathway compromised caffeine-induced resistance to colletotrichum gloeosporioides under elevated CO_2 in tea seedlings[J]. Phytopathology, 106(11): 1270-1277.

LI X, WEI J P, AHAMMED G J, et al., 2018. Brassinosteroids attenuate moderate high temperature-caused decline in tea quality by enhancing theanine biosynthesis in *Camellia sinensis* (L.)[J]. Frontiers in Plant Science, 9: 1-8.

LI X, ZHANG L, AHAMMED G J, et al., 2017. Stimulation in primary and secondary metabolism by elevated carbon dioxide alters green tea quality in *Camellia sinensis* (L.)[J]. Scientific Reports, 7(1): 1-12.

LIAO M, SHI Y, CAO H, et al., 2016. Dissipation behavior of octachlorodipropyl ether residues during tea planting and brewing process[J]. Environmental Monitoring and Assessment, 188(10): 1-9.

LIU J, ZHANG Q, LIU M, et al., 2016. Metabolomic analyses reveal distinct change of metabolites and quality of green tea during the short duration of a single spring season[J]. Journal of Agricultural and Food Chemistry, 64(16): 3302-3309.

LOLADZE I, 2002. Rising atmospheric CO_2 and human nutrition: toward globally imbalanced plant stoichiometry?[J]. Trends in Ecology and Evolution, 17(10): 457-461.

LUO J, NI D, HE C, et al., 2019. Influence of exogenous calcium on the physiological, biochemical, phytochemical and ionic homeostasis of tea plants[*Camellia sinensis*(L.) O Kuntze] subjected to fluorine stress[J]. Plant Growth Regulation, 87: 455-465.

LUO Y, ZHOU X, 2006. Soil respiration and the environment[M]. Oxford: Academic Press.

LUO Z X, LI Z Q, CAI X M et al., 2017. Evidence of premating isolation between two sibling moths: *Ectropis grisescens* and *Ectropis obliqua* (Lepidoptera: Geometridae)[J]. Journal of Economic Entomology, 110(6): 2364-2370.

LV H P, ZHANG Y, SHI J, et al., 2017. Phytochemical profiles and antioxidant activities of Chinese dark teas obtained by different processing technologies[J]. Food Research International, 100: 486-493.

MANIKANDAN N, SEENIVASAN S, MNK G, et al., 2009. Leaching of residues of certain pesticides from black tea to brew[J]. Food Chemistry, 113(2): 522-525.

MATSUMOTO H, HIRASAWA E, MORIMURA S, et al., 1976. Localization of aluminum in tea leaves[J]. Plant Cell Physiology, 17: 627-631.

MATTHEWS R B, STEPHENS W, 1998. The role of photoperiod in determining seasonal yield variation in tea[J]. Experimental Agriculture, 34(3): 323-340.

MIKKELSEN B L, OLSEN C E, LYNGKJÆR M F, 2015. Accumulation of secondary metabolites in healthy and diseased barley, grown under future climate levels of CO_2, ozone and temperature[J]. Phytochemistry, 118: 162-173.

MIYAZAKI T, 1982. Residues of the synergist S-421 in human milk collected from the Tokyo metropolitan area[J]. Bulletin of Environmental Contamination and Toxicology, 29(5): 566-569.

MOCHIZUKA F, FUKUMOTO T, NOGUCHI H, et al., 2001. Resistance to a mating disruptant composed of(*Z*)-11-tetradecenyl acetate in the smaller tea tortrix, *Adoxophyes honmai* (Yasuda) (Lepidoptera: Tortricidae)[J]. Applied Entomology and Zoology, 37: 299-304

MOLLOY D W, STANDISH T I, NIEBOER E, et al., 2007. Effects of acute exposure to aluminum on cognition in humans[J]. Journal of Toxicology and Environmental Health A, 70: 2011-2019.

MU B, ZHU Y, LV H P, et al., 2018. The enantiomeric distributions of volatile constituents in different tea cultivars[J]. Food Chemistry, 265: 329-336.

MÜLLER M, ANKE M, ILLING-GÜNTHER H, 1997. Availability of aluminum from tea and coffee[J]. Z Lebensm Unters Forsch A, 205: 170-173.

MUNIVENKATAPPA N, SARIKONDA S, RAJAGOPAL R, et al., 2018. Variations in quality constituents of green tea leaves in response to drought stress under south Indian condition[J]. Scientia Horticulturae, 233: 359-369.

NA-HYUNG KIM, SUN-KYUNG CHOI, SU-JIN KIM, 2008. Green tea seed oil reduces weight gain in C57BL/6J mice and influences adipocyte differentiation by suppressing peroxisomeproliferator-activated receptor[J]. Pflugers Archiv-European Journal of physiology, 457: 293-302.

NARIN I, COLAK H, TURKOGLU O, et al., 2004. Heavy metals in black tea samples produced in Turkey[J]. Bulletin of Environmental Contamination and Toxicology, 72(4): 844-849.

NATESAN S, RANGANATHAN V, 1990. Content of various elements in different parts of the tea plant and in infusions of black tea from southern India[J]. Journal of the Science of Food and Agriculture, 51: 125-139.

NGURE F M, WANYOKO J K, MAHUNGU S M, et al., 2009. Catechins depletion patterns in relation to theaflavin and thearubigins formation[J]. Food Chemistry, 115(1): 8-14.

NICOLE E, TIMH S, ANNETTE M, 2010. Trends and temperature response in the phenology of crops in Germany[J]. Global Change Biology, 13(8): 1737-1747.

NOGUCHI H Y, TAMAKI S, ARAI M, et al., 1981. Field evaluation of synthetic sex pheromone of the oriental tea tortrix moth, *Homona magnanima* Diakonoff (Lepidoptera: Tortricidae)[J]. Japanese Journal of Applied Entomology and Zoology, 25: 170-175.

NORMAN D M, DIXON E J, 1977. Distribution of lead and other metals in tea leaves, dust and liquors[J]. Journal of the Science of Food and Agriculture, 28(2): 215-224.

NTP, 2005. NTP technical report on the toxicology and carcinogenesis studies of anthraquinone(CAS No. 84-65-1)in F344/N rats and B6C3F1 mice(Feed Studies)[J]. National Toxicology Program Technical Report Series, 494: 1-358.

ONIANWA P C, ADETOLA I G, IWEGBUE C M A, et al., 1999, Trace heavy metals composition of some nigerian beverages and food drinks[J]. Food Chemistry, 66: 275-279.

OPIE S C, ROBERTSON A, CLIFFORD M N, 1990. Black tea thearubigins-their HPLC separation and preparation during in-vitro oxidation[J]. Journal of the Science of Food and Agriculture, 50(4): 547-561.

PREEDY V R, 2012. Tea in health and disease prevention[M]. Pittsburgh: Academic Press.

RAMAKRISHNA R S, PALMAKUMBURA S, CHATT A, 1987. Varietal variation and correlation of trace metal levels with catechins' and caffeine in Sri Lanka tea[J]. Journal of the Science of Food and Agriculture, 38(4): 331-339.

RUAN J Y, MA L F, SHI Y Z, et al., 2003. Uptake of fluoride by tea plant *Camellia sinensis* (L.) and the impact of aluminum[J]. Journal of the Science of Food and Agriculture, 83: 1342-1348.

RUAN J Y, WONG M H, 2001. Accumulation of fluoride and aluminum related to different varieties of tea plant[J]. Environmental Geochemistry and Health, 23: 53-63.

SABELIS M W, DICKE M, 1985. Long-range disperse and searching behavior[G] //HELLER W, SABELIS M W. Spider mites: Their biology, natural enemies and control. Vol 1B Elsevier, Amsterdam, 141-160.

SEYFFERTH A L, STURCHIO N C, PARKER D R, 2008. Is perchlorate metabolized or re-translocated within lettuce leaves? A stable-isotope approach[J]. Environmental Science and Technology, 42: 9437-9442.

SIMPRAGA M, TAKABAYASHI J, HOLOPAINEN K, 2016. Language of planted: Where is the word?[J]. Journal of Integrative Plant Biology, 58(4): 343-349.

SMITH B T, GETZ W M, 1994. Nonpheromonal olfactory processing in insects[J]. Annual Review of Entomology, 39: 351-375.

SOUD C, JAGGI S, KUMAR V, et al., 2004. How manufacturing processes affect the level of pesticide residues in tea[J]. Journal of the Science of Food and Agriculture, 84(15): 2123-2127.

STERN V M, 1973. Economic thresholds[J]. Annual Review Entomology, 18: 259-280.

TAMAKI Y, NOGUCHI H, SUGIE H, et al., 1979. Minor component of the female sex-attractant pheromone of smaller tea tortrix moth (Lepidoptera: Tortricidae): Isolation and identification[J]. Applied Entomology and Zoology, 14(1): 101-113.

TAMAKI Y, NOGUCHI H, YUSHIMA T, 1971. Two sex pheromone of the smaller tea tortrix: Isolation, identification, and synthesis[J]. Applied Entomology and Zoology, 6(3): 139-141.

TAMAKI Y, SUGIE H, 1983. Biological activities of *R*- and *S*-10-methyldodecyl acetates, the chiral component of the sex pheromone of the smaller tea tortrix moth (*Adoxophyes* sp., Lepidoptera: Tortricidae)[J]. Applied Entomology and Zoology, 18(2): 292-294.

TANTON T W, 1982. Environmental factors affecting the yield of tea (*Camellia sinensis*). II. Effects of soil temperature, day length, and dry air[J]. Experimental Agriculture, 18(1): 53-63.

TAO F L, ZHANG S, ZHANG Z, et al., 2014. Maize growing duration was prolonged across China in the past three decades under the combined effects of temperature, agronomic management, and cultivar shift[J]. Global Change Biology, 20(12): 3686-3699.

TODA H, MOCHIZUKI Y, KAWANISHI T, et al., 1997. Estimation of reduction in nitrogen load by tea and paddy field land system in the Makinohara area of Shizuoka[J]. Japanese Journal of Soil Science and Plant Nutrition, 68(4):

369-375.

TSUSHIDA T , TAKEO T, 1977. Zinc, copper, lead and cadmium contents in green tea[J]. Journal of the Science of Food and Agriculture, 28(3): 255-258.

VALSHAMPAYAN S M, WALDBAUER G P, KOGAN M, 1975. Visual and olfactory responses in orientation to plants by the greenhouse whitefly, *Trialeurodes vaporariorum* (Homoptera: Aleyrodidae)[J]. Entomologia Experimentalis et Applicata, 18(4): 412-422.

WAKAMURA S, YASUDA T, HIRAI Y, et al., 2007. Sex pheromone of the oriental tussock moth *Artaxa subflava* (Bremer) (Lepidoptera: Lymantriidae): Identification and field attraction[J]. Applied Entomology and Zoology, 42 (3): 375-382.

WAKAMURA S, YASUDA T, ICHIKAWA A, et al.,1994. Sex attractant pheromone of the tea tussock moth, *Euproctis pseudoconspersa* (Strand) (Lepidoptera: Lymantriidae): Identification and field attraction[J]. Applied Entomology and Zoology, 29(3): 403-411.

WANG H F, PROVAN G J, HELLIWELL K, 2000. Tea flavonoids: Their functions, utilisation and analysis[J]. Trends in Food Science and Technology, 11(4-5): 152-160.

WANG L, WEI K, JIANG Y, et al., 2011a. Seasonal climate effects on flavanols and purine alkaloids of tea *Camellia sinensis* (L.)[J]. European Food Research and Technology, 233(6): 1049-1055.

WANG X R, ZHOU L, ZHANG X Z, et al., 2019. Transfer of pesticide residue during tea brewing: Understanding the effects of pesticide's physico-chemical parameters on its transfer behavior[J]. Food Research International, 121: 776-784.

WANG X, ZHOU L, LUO F, et al., 2018. 9,10-Anthraquinone deposit in tea plantation might be one of the reasons for contamination in tea[J]. Food Chemistry, 244: 254-259.

WANG Y F, LIU Y Y, MAO F F, et al., 2013. Purification, characterization and biological activities in vitro of polysaccharides extracted from tea seeds[J]. International Journal of Biological Macromolecules, 62: 508-513.

WANG Y F, MAO F F, WEI X L, et al., 2012. Characterization and antioxidant activities of polysaccharides from leaves, flowers and seeds of green tea[J]. Carbon Hydrate Polymers, 88(1): 146-153.

WANG Y F, SUN D, CHEN H, et al., 2011b. Fatty acid composition and antioxidant activity of tea *Camellia sinensis* (L.) seed oil extracted by optimized super critical carbon dioxide[J]. International Journal of Biological Macromolecules, 12(11): 7708-7719.

WANG Y, GAO L, SHAN Y, et al., 2012. Influence of shade on flavonoid biosynthesis in tea [*Camellia sinensis* (L.) O Kuntze][J]. Scientia Horticulturae, 141: 7-16.

WEI K, WANG L, ZHOU J, et al., 2011a. Catechin contents in tea *Camellia sinensis* (L.) as affected by cultivar and environment and their relation to chlorophyll contents[J]. Food Chemistry, 125(1): 44-48.

WEI X L, MAO F F, CAI X, et al., 2011b. Composition and bioactivity of polysaccharides from tea seeds obtained by water extraction[J]. International Journal of Biological Macro Molecules, 49(4): 587-590.

WEI Y, HAN I K, HU M, et al., 2010. Personal exposure to particulate PAHs and anthraquinone and oxidative DNA damages in humans[J]. Chemosphere, 81(1): 1280-1285.

WEN B, LI L, DUAN Y, et al., 2018. Zn, Ni, Mn, Cr, Pb and Cu in soil-tea ecosystem: The concentrations, spatial relationship and potential control[J]. Chemosphere, 204(8): 92-100.

WERNER S, DELIBERTO S, MANGAN A, et al., 2015. Anthraquinone-based repellent for horned larks, great-tailed grackles, American crows and the protection of California's specialty crops[J]. Crop Protection, 72: 158-162.

WERNER S, TUPPER S, PETTIT S, et al., 2014. Application strategies for an anthraquinone-based repellent to protect oilseed sunflower crops from pest blackbirds[J]. Crop Protection, 59: 63-70.

WICKREMASINGHE R L, 1974. The mechanism of operation of climatic factors in the biogenesis of tea flavor[J]. Phytochemistry 13: 2057-2063.

WONG M H, ZHANG Z Q, LAN C Y, et a1., 2003. Fluoride and aluminum concentrations of tea plants and tea products from Sichuan Province, P R China[J]. Chemosphere, 52(9): 1475-1482.

WRIGHT L P, MPHANGWE N I K, NYIRENDA H E, et al., 2000. Analysis of caffeine and flavan-3-ol composition in the fresh leaf of *Camellia sinensis* (L.) for predicting the quality of the black tea produced in Central and Southern Africa[J]. Journal of the Science of Food and Agriculture, 80(13): 1823-1830.

WU C, CHU C, WANG Y, et al., 2007. Dissipation of carbofuran and carbaryl on Oolong tea during tea bushes, manufacturing and roasting processes[J]. Journal of Environmental Science and Health Part B, 42(6): 669-675.

WU Y Y, XI X C, TANG X, et al., 2018. Policy distortions, farm size, and the overuse of agricultural chemicals in China[J]. Proceedings of the National Academy of Sciences of the United States of America, 115(27): 7010-7015.

XU Y B, CAI Z C, 2007. Denitrification characteristics of subtropical soils in China affected by soil parent material and land use[J]. European Journal of Soil. Science, 58: 1293-1303.

YANG J, LUO F, ZHOU L, et al., 2020. Residue reduction and risk evaluation of chlorfenapyr residue in tea planting, tea processing, and tea brewing[J]. Science of the Total Environment, 738: 1-19.

YANG T B, LIU J, YUAN L Y, et al., 2017. Main predators of insect pests: Screening and evaluation through comprehensive indices [J]. Pest Management Science, 73(11): 2302-2309.

YANG X D, MA L F, JI L F, et al., 2019. Long-term nitrogen fertilization indirectly affects soil fungi community structure by changing soil and pruned litter in a subtropical tea *Camellia sinensis* (L.) plantation in China[J]. Plant and Soil, 444: 409-426.

YANG X D, NI K, SHI Y Z, et al., 2018. Effects of long-term nitrogen application on soil acidification and solution chemistry of a tea plantation in China[J]. Agriculture, Ecosystems and Environment, 252: 74-82.

YANG Z Y, BALDERMANN S, WATANABE N, 2013. Recent studies of the volatile compounds in tea[J]. Food Research International, 53(2): 585-599.

YASUDA T, YOSHII S, WAKAMURA S, 1994. Identification of sex attractant pheromone of the browntail moth, *Euproctis similis* (Fuessly) (Lepidoptera: Lymantriidae)[J]. Applied Entomology and Zoology, 29(1): 21-30.

YASUDA T, YOSHII S, WAKAMURA S, et al.,1995. Identification of sex attractant pheromone components of the tussock moth, *Euproctis taiwana*(Shiraki) (Lepidoptera: Lymantriidae)[J]. Journal of Chemical Ecology, 21(11): 1813-1822.

YE X, JIN S, WANG D, et al., 2017. Identification of the origin of white tea based on mineral element content[J]. Food Analytical Methods, 10(1): 191-199.

YIN J, YAN D, YANG Z, et al., 2016. Projection of extreme precipitation in the context of climate change in Huang-Huai-Hai region, China[J]. Journal of Earth System Science, 125(2): 417-429.

YOSHIDA S, KITAGAWA M, TAGUCHI S, et al., 1996. Levels of octachlorodipropylether and hexachlorocyclohexanes in surface water, sediments and rain[J]. Japanese Journal of Toxicology and Environmental Health, 42(6): 529-533.

YOSHIDA S, TAGUCHI S, FUKUSHIMA S, 1997. Octachlorodipropylether residue in house dust[J]. Japanese Journal of Toxicology and Environmental Health, 43(1): 64-67.

YOSHIDA S, TAGUCHI S, FUKUSHIMA S, 2000. Residual status of chlorpyrifos and octachlorodipropylether in ambient air and polished rice stock in houses five years after application for termite control[J]. Journal of Health Science, 46(2): 104-109.

YOSHIDA S, TAGUCHI S, TANAKA, et al., 2003. Occurrence of an organochlorine synergist S-421 in fish and shellfish[J]. Journal of the Food Hygienic Society of Japan, 44(3): 175-179.

YU L, CANAS J E, COBB G P, et al., 2004. Uptake of perchlorate in terrestrial plans [J]. Ecotoxicology and Environmental Safety, 58: 44-49.

YUAN Z, YANG Z, YAN D, et al., 2015. Historical changes and future projection of extreme precipitation in China[J]. Theoretical and Applied Climatology, 1-15.

ZHANG J Y, MA G, CHEN L, et al., 2017a. Profiling elements in Puerh tea from Yunnan province, China[J]. Food Additives and Contaminants, 10(3): 1-10.

ZHANG Q, SHI Y, MA L, et al., 2014a. Metabolomic analysis using ultra-performance liquid chromatography-quadrupole-time of flight mass spectrometry(UPLC-Q-TOF MS) uncovers the effects of light intensity and temperature under shading treatments on the metabolites in tea[J]. PLoS One, 9(11): 1-9.

ZHANG R, ZHANG H, CHEN Q, et al., 2017b. Composition, distribution and risk of total fluorine, extractable organofluorine and perfluorinated compounds in Chinese teas[J]. Food Chemistry, 219: 496-502.

ZHANG Z Q, BIAN L, SUN X L, et al., 2014b. Electrophysiological and behavioural responses of the tea geometrid *Ectropis obliqua*(Lepidoptera: Geometridae)to volatiles from a non-host plant, rosemary, *Rosmarinus officinalis* (Lamiaceae)[J]. Pest Management Science, 71(1): 96-104.

ZHANG Z Q, SUN X L, LUO Z X, et al., 2013. The manipulation mechanism of "push-pull" habitat management strategy and advances in its application[J]. Acta Ecologica Sinica, 33(2): 94-101.

ZHAO Z C, AKIMASA S, CHIKAKO H et al., 2003. Projections of extreme temperature over East Asia for the 21st century as simulated by the CCSR/NIES2 coupled model[C] //WMO and CMA, Proceedings of International Symposium on Climate Change. Beijing: China Meteorological Press.

ZHOU C Y, WU J, CHI H, et al., 1996. The behaviour of leached aluminum in tea infusions[J]. Science of the Total Environment, 177(1-3): 9-16.

ZHOU L, JIANG Y, LIN Q, et al., 2018. Residue transfer and risk assessment of carbendazim in tea[J]. Journal of the Science of Food and Agriculture, 98(14): 5329-5334.

ZHOU L, ZHOU X, SHAO J, et al., 2016. Interactive effects of global change factors on soil respiration and its components: A meta-analysis[J]. Global Change Biology, 22(9): 3157-3169.

ZHOU L, ZHOU X, ZHANG B, et al., 2014. Different responses of soil respiration and its components to nitrogen addition among biomes: A meta-analysis[J]. Global Change Biology, 20(7): 2332-2343.

ZHOU Z H, ZHANG Y, XU M, et al., 2005. Puerins A and B, two new 8-C substituted flavan-3-ols from Pu-er tea[J]. Journal of Agricultural and Food Chemistry, 53(22): 8614-8617.

ZHU M Z, LI N, ZHOU F, et al., 2020. Microbial bioconversion of the chemical components in dark tea[J]. Food Chemistry, 312: 1-18.

索　引